LED

驱动电源设计100例

（第二版）

周志敏　纪爱华　编著

中国电力出版社
CHINA ELECTRIC POWER PRESS

内 容 提 要

本书结合目前国内外 LED 照明技术的发展动态，以 100 个 LED 照明驱动电路设计实例为本书的核心内容。全书分为 4 章，系统地介绍了 LED 驱动电源基础知识、通用 LED 照明驱动电路设计实例、车用 LED 照明驱动电路设计实例、LED 背光照明驱动电路设计实例。本书内容丰富、深入浅出，具有很高的实用价值，是从事 LED 照明设计和应用的工程技术人员的必备读物。

本书可供电信、信息、航天、汽车、国防及家电等领域从事 LED 照明研发、设计、应用和生产企业的工程技术人员及相关专业高等院校的师生阅读参考。

图书在版编目（CIP）数据

LED 驱动电源设计 100 例/周志敏，纪爱华编著 . —2 版 . —北京：中国电力出版社，2009. 11
ISBN 978-7-5198-1813-5

Ⅰ．①L… Ⅱ．①周… ②纪… Ⅲ．①发光二极管—电源电路—电路设计 Ⅳ．①TN383.02

中国版本图书馆 CIP 数据核字（2018）第 043137 号

出版发行：中国电力出版社
地　　址：北京市东城区北京站西街 19 号（邮政编码 100005）
网　　址：http：//www.cepp.sgcc.com.cn
责任编辑：杨　扬（y-y@ sgcc.com.cn）
责任校对：李　楠
装帧设计：赵姗姗
责任印制：杨晓东

印　　刷：三河市百盛印装有限公司
版　　次：2010 年 1 月第一版　2018 年 6 月第二版
印　　次：2018 年 6 月北京第四印刷
开　　本：787 毫米×1092 毫米　16 开本
印　　张：15.75
字　　数：407 千字
定　　价：59.00 元

前　言

LED 是一种可将电能转变为光能的半导体发光器件，属于固态光源。高亮度的白光 LED 的开发成功，使得 LED 在照明领域得以推广应用。LED 属于典型的绿色照明光源，作为新型光源，LED 具有寿命长、启动时间短、无紫外线、色彩丰富饱满、可作全彩变化、低压安全等特点，除了应用于大型广告显示屏、建筑和交通照明、城市重点建筑的夜景照明之外，LED 照明也迅速成为非豪华汽车的标准配置，白光 LED 已经成为电子产品显示屏的主要光源，并朝日常照明应用的方向发展。

目前，随着我国能源规划的方针政策和低碳经济产业链上的高能源利用效率的提升，绿色照明工程的组织实施及我国城市建设和电子信息产业的高速发展，人们对绿色光源的需求与日俱增，促进了 LED 照明技术的创新和发展，使得 LED 显示出了强大的发展潜力，其产品的开发研制也成为发展前景十分诱人的朝阳产业。

本书第一版于 2010 年出版，由于以其内容通俗、具体实用，深受广大读者欢迎。但是，LED 驱动技术的高速发展，使得第一版在某些章节上已不能很好地满足读者的需求。鉴于此，作者结合目前国内外 LED 驱动电源应用技术的发展动向，在保留第一版第 1 章的基础上，对第 2、3、4 章内容做了一定的删减合并和补充，重新撰写了本书。第二版具有技术前沿、实用性强等特点，更加贴近从事 LED 驱动电源开发、设计、应用的技术人员的需要。

本书在编写过程中，以及在资料的收集和技术信息交流上都得到了国内专业学者和同行的大力支持，在此一并表示衷心的感谢。

由于时间短，水平有限，书中难免有不当之处，敬请广大读者批评指正。

编　者

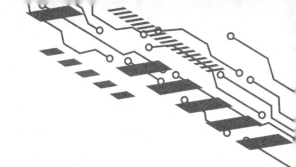

目 录

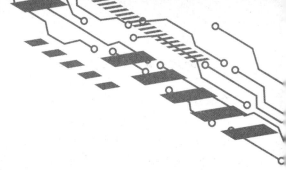

第1章

LED驱动电源基础知识

〰️ 1.1 LED 的发展历程及应用领域

1.1.1 LED 的发展历程

LED 是 Light Emitting Diode 的缩写，顾名思义，这是一种会发光的半导体组件，且具有二极管的电子特性。LED 属于半导体光电组件，除了具有发光的特性之外，它完全具备半导体整流二极管的特性，如果取它的整流特性，它不但可以完全符合需求，而且在外加正偏压的情况下，会发出具有某种波长的光。LED 虽然具有整流二极管的功能，而通常是利用 LED 的发光特性而非整流特性。这种发光的特性是发生在二极管特性曲线正偏压部分。

1907 年 Henry Joseph Round 第一次在一块碳化硅里观察到电致发光现象，但由于其发出的黄光太暗，不适合实际应用，并因碳化硅与电致发光不能很好地适应，而放弃了继续研究。20 世纪 20 年代晚期 Bernhard Gudden 和 Robert Wichard 在德国使用从锌硫化物与铜中提炼的黄磷作为发光材料，却再一次因发光暗淡而停止研发。

1936 年，George Destiau 出版了一个关于硫化锌粉末发射光的报告，随着电子器件的研发和业界的认识，最终出现了"电致发光"这个术语。20 世纪 50 年代，英国科学家在电致发光的实验中使用半导体砷化镓，发明了第一个具有现实意义的 LED，并于 20 世纪 60 年代面世。在早期的试验中，LED 需要放置在液化氮里，因此，需要进一步的研发工作以使其能在室温下高效工作。第一个商用 LED 仅仅能发出不可见的红外光，仍被迅速地应用于感应与光电领域。

20 世纪 60 年代末，在砷化镓基体上使用磷化物发明了第一个可见红光的 LED。磷化镓的改变使得 LED 更高效，并使发出的红光更亮，甚至产生出橙色的光。全球第一款商用化 LED 是在 1965 年用锗材料做成的，随后不久 Monsanto 和惠普公司也推出了用 GaAsP 材料制作的商用化 LED。Monsanto 公司将其作为指示灯，Hewlett-Packard 公司则首次将其用于电子显示设备。早期产品为 GaAsP LED，性能相当差，工作电流 20mA 时，光能量只有千分之几流明，相应的发光效率为 0.1lm/W，而且只有一种 650nm 的红色光。这些早期的红色 LED 每瓦大约能提供 0.1lm 的光通量，比一般的 60~100W 白炽灯的 15lm 要低 100 倍。1968 年，LED 的研发取得了突破性进展，利用氮掺杂工艺使 GaAsP 器件的效率达到了 1lm/W，并且能够使之发出红光、橙光和黄色光。

20 世纪 70 年代，由于 LED 器件在家庭与办公设备中的大量应用，拓展了 LED 产品的类型，此后 LED 开始应用于文字点阵显示器、背景图案用的灯栅和条线图阵列。数字显示屏的尺寸和复杂度在不断增长，从 2 位数字到 3 位甚至 4 位，从 7 段数字到能够显示复杂的文字与图案组合的 14 或 16 段阵列。20 世纪 80 年代 GaALAS LED 的红光效率提高到 10lm/W。

20 世纪 70 年代，磷化镓被作为发光光源，随后能发出黄光（LED 采用双层磷化镓芯片，一个是红色，另一个是绿色能够发出黄色光）。1972 年开始有少量 LED 显示屏用于钟表和计算器。

1

全球首款采用 LED 的手表最初还是在昂贵的珠宝商店出售的，几乎与此同时，惠普与德州仪器也推出了带 7 段红色 LED 显示屏的计算器。到 70 年代中期，业界又推出了具有相同效率的 GaP 绿色裸片 LED。在 70 年代末，研发出能发出纯绿色光的 LED。

20 世纪 80 年代早期的重大技术突破是开发出了 AlGaAsLED，它能以 10lm/W 的发光效率发出红光。这一技术进步使 LED 能够应用于室外各种信息发布以及汽车信号灯。对砷化镓磷化铝的使用使第一代高亮度的 LED 的诞生，先是红色，接着就是黄色，最后为绿色。

到 20 世纪 90 年代早期，采用铟铝磷化镓生产出了橘红、橙、黄和绿光的 LED。业界又开发出了能够提供相当于最好的红色器件性能的 AllnGaP 技术，这比当时标准的 GaAsP 器件性能要高出 10 倍。第一只具有历史意义的蓝光 LED 也出现在 20 世纪 90 年代早期，在 20 世纪 90 年代中期，出现了超亮度的氮化镓 LED，随即又制造出能产生高强度的绿光和蓝光铟氮镓 LED。超亮度蓝光芯片是白光 LED 的核心，在这个发光芯片上涂上荧光磷，然后荧光磷通过吸收来自芯片上的蓝色光源再转化为白光，就是利用这种技术人们制造出任何可见颜色的光。在 1991～2001 年期间，材料技术、裸片尺寸和外形方面的进一步发展使商用化 LED 的光通量提高了将近 20 倍。

20 世纪 90 年代初期，惠普公司光电部、Lumi LEDs Lighting 公司和松下公司就已经掌握了如何用金属有机化学气相沉积法在 GaAs 衬底上外延生长 AllnGaP 的工艺，AllnGaP 材料在可见光谱区产生红光和橙光。合金有序化、受主原子的氢钝化、PN 结排列，以及把氧掺入含铝器件层都是相当复杂的，这些问题历经近 10 年时间才得以解决。最终实现了内量子效率接近 100% 的 AllnGaPLED。几乎每个注入器件中的电子空穴对都产生一个光子，因此如何使在 PN 结内形成的光子到达 LED 外就成了一种挑战。首先是如何防止光被窄带隙（0.87nm）GaAs 衬底吸收。研究中曾经尝试过在布喇格反射镜的外延结构中掺杂并在 GaP 衬底上直接生长的技术。但是最成功的还是通过蚀刻法强力除去 GaAs 衬底，采用芯片接合法取代 GaP 技术。采用该技术研制的发光器的发光效率为 25lm/W，几乎是带红色滤光的灯泡发光效率的 10 倍。每只 LED 的光通量为几流明，由它们组成的 LED 阵列首先被制成了汽车上的停车灯、红色交通信号灯以及单色室外信号标志。

继 AllnGaP 的发展后，Nichia 化学公司（日本德岛）和名古屋大学（日本名古屋市）的研究人员掌握了使用金属有机化学气相沉积技术在蓝宝石衬底上外延生长 AllnGaN 的复杂工艺。Alln-GaN 材料的带隙比 AllnGaP 的宽，可以覆盖高能量的蓝光和绿光波段。AllnGaN 材料系并不像 AllnGaP 材料系那样为人们所熟悉。AllnGaN 绿光组件在标准的工作电流下内量子效率停留在 40%～50%，而蓝光器件的内量子效率为 60%～80%。通过利用透明的蓝宝石衬底，以及人眼对绿光比对蓝光或红光更敏感的特点，人们已经制造出几流明的绿光 LED。这种 LED 和红光 Alln-GaPLED、近流明级的蓝光 LED 组合起来，就可完全由固体光源制作大型全色信号标志。蓝光 AllnGaN LED 产生的光子和荧光粉的发光将一部分蓝光光子转变为其互补色（黄色）。人眼看到这种蓝光和黄光的混合是一种不鲜明的白色。

Lumi LEDs Lighting 公司在 Philips Lighting（新泽西州 Somerset）公司的技术指导下生产了一系列大功率 LED，在 12W 输入功率下，Lumi LEDs Lighting 公司生产的 Luxeon 型器件比传统的 φ5mm 指示灯型 LED 的发光效率高出 50%，寿命可达几万小时。目前市场上出售的器件不仅有红光和橙光 AllnGaPLED，而且还有绿光、蓝光和白光 AllnGaNLED。LED 的封装热电阻由 300Ω/W 降到 15Ω/W 以下，由于 LED 的封装热电阻的降低使其能应用于 20 倍泵浦能量激光器中，并获得 55lm 红光、30lm 绿光、10lm 蓝光与荧光粉转换为 25lm 的白光输出。单管 5W 封装的 110lm

白光 LED 和 15W 白炽灯的光输出相当，而封装体积仅相当于白炽灯的 1%，功率损耗仅为 1/3。12 个 110lm 的器件足以制成一只汽车前灯。这种前灯并非传统的 6V 汽车前灯，而是冷光蓝色高强度等效放电的超亮度前灯。每只单色绿光 5W LED 的光通量超过 130lm。两只这样的光源即可以替代传统 8～12in 的 150W 交通信号灯，可节约 90% 的能源。由红光、绿光、蓝光组合的这些光源的发光效率可与液晶显示屏电视机和监视器的背光照明应用的冷阴极荧光灯相比，而且具有体积小和窄谱带光色的特点。

对高强度蓝光 LED 的不断研发产生了好几代亮度越来越高的器件，在 1990 年左右推出的基于碳化硅（SiC）裸片材料的 LED 效率大约是 0.04lm/W，发出的光强度很少有超过 15mcd（millicandel）的。20 世纪 90 年代中期研发出了第一个基于 GaN 的实用 LED。现在还有许多公司在用不同的基底如蓝宝石和 SiC 生产 GaNLED，这些 LED 能够发出绿光、蓝光或紫罗兰等颜色。高亮蓝色 LED 的发明使真彩广告显示屏的实现成为可能，这样的显示屏能够显示真彩、全运动的视频图像。

蓝光 LED 的出现使人们还能利用倒行转换的磷光材料，将较高能量的蓝光部分转换成其他颜色。将蓝光与磷转换的黄光整合在一起就能得到白光，而整合适当数量的蓝光与红橙磷（reddish orange phospher）则可以产生略带桃色或紫色的色彩。现在仅用 LED 光源就能完全覆盖 CIE 色度曲线中的所有饱和颜色，并且各种颜色 LED 与磷的有机整合几乎能够毫无限制地产生任何颜色。

在可靠性方面，LED 的半衰期（即光输出量减少到最初值一半的时间）大概是 1 万～10 万 h。相反，小型指示型白炽灯的半衰期（此处的半衰期指的是有一半数量的灯失效的时间）典型值是 10 万到数千小时不等，具体时间取决于灯的额定工作电流。

LED 的发展不单纯是它的颜色还有它的亮度，像计算机一样，其发展遵守摩尔定律的发展。每隔 18 个月它的亮度就会增加一倍。早期的 LED 只能应用于指示灯、早期的计算器显示屏和数码手表。而现在开始应用于超亮度的领域。LED 的产生基于两种需求。其一是 LED 的制造工艺流程较简单，制造成本较低，经常作为激光的代用光源；其二是，绝大部分的光通信是在红外光谱进行。既然发光组件可以产生光源，即可设计成可见光的形式，应用于信号判别、数字显示，甚至用于影像处理或显示屏。由于这两种不同的需求，LED 渐渐地独立而自成一体系。而且最大的应用领域在显示器及相关工业，其波长包含了可见光的大部分范围，主要为红、黄、绿以及最近发展出来的蓝色光谱。

1.1.2　LED 的应用领域

最早应用半导体 PN 结发光原理制成的 LED 光源问世于 20 世纪 60 年代初。当时所用的材料是 GaAsP，发红光（$\lambda_p=650$nm），在驱动电流为 20mA 时，光通量只有千分之几流明，相应的发光效率约 0.1lm/W。70 年代中期，引入元素 In 和 N，使 LED 产生绿光（$\lambda_p=555$nm），黄光（$\lambda_p=590$nm）和橙光（$\lambda_p=610$nm），光效也提高到 1lm/W。

到了 20 世纪 80 年代初，出现了 GaAlAs LED 光源，使得红色 LED 的光效达到 10lm/W。20 世纪 90 年代初，发红光、黄光的 GaAllnP 和发绿、蓝光的 GaInN 两种新材料的开发成功，使 LED 的光效得到大幅度的提高。在 2000 年，发红光、黄光的 GaAllnP LED 在红、橙区（$\lambda_p=615$nm）的光效达到 100lm/W，而发绿、蓝光的 GaInN LED 在绿色区域（$\lambda_p=530$nm）的光效可以达到 50lm/W。

最初 LED 用作仪器仪表的指示光源，后来各种光色的 LED 在交通信号灯和大面积显示屏中得到了广泛应用，产生了很好的经济效益和社会效益。以 12in（1in=25.4mm）的红色交通信号灯为例，若采用长寿命，低光效 140W 白炽灯作为光源，它产生 2000lm 的白光。经红色滤光片后，光损失 90%，只剩下 200lm 的红光。而在新设计的红色交通信号灯中，Lumi LEDs Lighting 公司采用了 18 个红色 LED 光源，包括电路损失在内，共耗电 14W，即可产生同样的光效。

自从 1968 年第一批 LED 开始进入市场，至今已有 50 多年，随着新材料的开发和工艺的改进，LED 趋于高亮度化、全色化，在氮化镓基底的蓝色 LED 出现后，更是扩展了 LED 的应用领域，LED 的主要应用领域包括：大屏幕彩色显示、照明灯具、激光器、多媒体显像、液晶显示屏（Liquid Crystal Display，LCD）背景光源、探测器、交通信号灯、仪器仪表、光纤通信、卫星通信、海洋光通信、图形识别等，但目前还主要是作为照明和显示用。

汽车信号灯也是 LED 光源应用的重要领域。1987 年，我国开始在汽车上安装高位刹车灯，由于 LED 响应速度快（纳秒级），可以及早让尾随车辆的司机知道行驶状况，减少汽车追尾事故的发生。另外，LED 灯在室外红、绿、蓝全彩显示屏，微型电筒等领域都得到了应用。

由于 LED 的颜色、尺寸、形状、发光强度及透明情况等不同，所以使用 LED 时应根据实际需要进行恰当选择。LED 具有最大正向电流 I_{Fm}、最大反向电压 U_{Rm} 的限制，使用时，应保证不超过此值。为安全起见，实际电流 I_F 应在 $0.6I_{Fm}$ 以下，应让可能出现的反向电压 $U_R < 0.6U_{Rm}$。

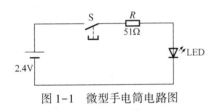

图 1-1 微型手电筒电路图

LED 被广泛用于各种电子仪器和电子设备中，可作为电源指示灯、电平指示或微光源用。红外 LED 常被用于电视机、录像机等的遥控器中。利用高亮度或超高亮度 LED 制作微型手电筒的电路如图 1-1 所示。图 1-1 中 R 为限流电阻，其值应保证电源电压最高时应使 LED 的电流小于最大允许电流 I_{Fm}。

LED 在指示电路中的应用如图 1-2 所示，图 1-2（a）中的电阻 $R \approx (E - U_F)/I_F$；图 1-2（b）中的电阻 $R \approx (1.4U_i - U_F)/I_F$；图 1-2（c）中的电阻 $R \approx U_i/I_F$，其中，U_i 为交流电压有效值。

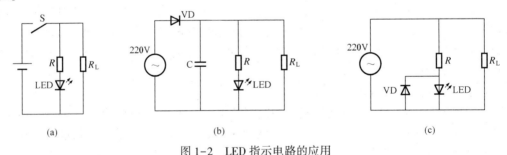

(a)   (b)   (c)

图 1-2 LED 指示电路的应用

（a）直流电源指示电路；（b）整流电源指示电路；（c）交流电源指示电路

在放大器、振荡器或脉冲数字电路的输出端，可用 LED 表示输出信号是否正常，如图 1-3 所示。在图 1-3 中 R 为限流电阻。只有当输出电压大于 LED 的阈值电压时，LED 才可能发光。

由于 LED 正向导通后，电流随电压变化非常快，具有普通稳压管的稳压特性。LED 的稳定电压在 1.4~3V，应根据需要选择 U_F，LED 应用于低压稳压电路如图 1-4 所示。

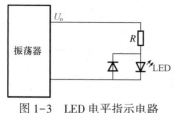

图 1-3　LED 电平指示电路

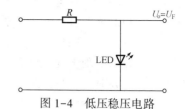

图 1-4　低压稳压电路

1. LED 照明产品

在爱迪生 1879 年发明碳丝白炽灯之后，照明技术便进入一个崭新的时代。回顾 20 世纪的照明史，荧光类、汞灯、高低压钠灯、金属卤化物灯、紧凑型荧光灯、高频无极荧光灯、微波硫灯等新光源层出不穷。白炽灯从它问世的那一天起，就带有先天性缺陷，钨丝加热耗电大，灯泡易碎，耗能大，而且容易触电。荧光灯虽说比白炽灯节电节能，但对人的视力不利，灯管内的汞也有害于人体和环境。然而，真正引发照明技术发生质变的，还是 LED。与传统照明技术相比，LED 的最大区别是结构和材料的不同，它是一种能够将电能转化为可见光的半导体，上下两层装有电极、中间有导电材料，可以发光的材料在两电极的夹层中，光的颜色根据材料性质的不同而有所变化。

LED 属于全固体冷光源，更小、更轻、更坚固，工作电压低，使用寿命长。按照通常的光效定义，LED 的发光效率并不高，但由于 LED 的光谱几乎全部集中于可见光频段，效率可达 80%~90%，同等光效的白炽灯可见光效率仅为 10%~20%；单体 LED 的功率一般在 0.05~1W，通过集群方式可以满足不同需要。

LED 照明产品就是利用 LED 作为光源制造出来的照明器具，在照明领域，LED 发光产品的应用正吸引着世人的目光，LED 作为一种新型的绿色光源产品，必然是未来发展的趋势，21 世纪将进入以 LED 为代表的新型照明光源时代。

LED 是由超导发光晶体产生超高强度的光，它发出的热量很少，不像白炽灯浪费太多热量，不像荧光灯因消耗高能量而产生有毒气体，也不像霓虹灯要求高电压而容易损坏，LED 已被全球公认为新一代的环保高科技光源。

LED 具有高光效能，比传统霓虹灯节省电能 80% 以上，工作安全可靠。LED 改变了白炽灯钨丝发光与节能灯三基色粉发光的原理，而采用电场发光。LED 光源具有寿命长、光效高、无辐射与低功率损耗等特点。LED 的光谱几乎全部集中于可见光频段，其发光效率可达 80%~90%。将 LED 与普通白炽灯、螺旋节能灯及 T5 三基色荧光灯作比较，其结果显示：普通白炽灯的光效为 12lm/W，寿命小于 2000h，螺旋节能灯的光效为 60lm/W，寿命小于 8000h，T5 荧光灯则为 96lm/W，寿命大约为 1 万 h，而直径为 5mm 的白光 LED 为 20~28lm/W，寿命可大于 10 万 h。

2. LED 光源的优点

LED 光源具有以下优点：

（1）新型绿色环保光源。LED 为固体冷光源，眩光小，无辐射，使用中不发出有害物质。LED 工作电压低，直流驱动，超低功率损耗（单管 0.03~0.06W），电光功率转换效率接近 100%，相同照明效果比传统光源节能 80% 以上。LED 环保效益更佳，光谱中没有紫外线和红外线，而且废弃物可回收，不含汞元素没有污染，可以安全触摸，属于典型的绿色照明光源。

（2）寿命长。LED 采用环氧树脂封装，抗振动，灯体内也没有松动的部分，不存在灯丝发光易烧、热沉积、光衰等缺点，使用寿命可达 6 万~10 万 h，比传统光源寿命长 10 倍以上。LED

性能稳定，可在-30~+50℃环境下正常工作。

（3）多变幻。LED光源可利用红、绿、蓝三基色原理，在计算机技术控制下使三种颜色具有256级灰度并任意混合，即可产生256×256×256=16 777 216种颜色，形成不同光色的组合，LED组合的光色变化多端，实现丰富多彩的动态变化效果及各种图像。

（4）高新技术。LED光源与传统光源的发光效果相比，LED光源是低压微电子产品，成功融合了计算机技术、网络通信技术、图像处理技术、嵌入式控制技术等。传统LED灯中使用的芯片是0.25mm×0.25mm，而照明用的LED一般都要在1.0mm×1.0mm以上。LED裸片成型为工作台式结构、倒金字塔结构，其倒装芯片设计能够改善LED的发光效率，从而使芯片发出更多的光。LED封装设计方面的革新包括将高传导率的金属材料用作基底、倒装芯片设计和裸盘浇铸式引线框等，这些方法都能设计出高功率、低热阻的器件，而且这些器件能比传统的LED产品光效更高。

目前一个典型的高光通量LED器件能够产生几流明到数十流明的光通量，更新的设计可以在一个器件中集成更多的LED，或者在单个组装件中安装多个器件，从而使输出的流明数相当于不同功率的白炽灯。例如，一个高功率的12芯片单色LED器件能够输出200lm的光能量，所消耗的功率在10~15W之间。

LED光源应用非常灵活，可以做成点、线、面各种形式的轻薄短小产品；LED的控制极为方便，只要调整电流，就可以随意调光，不同光色的组合变化多端，利用时序控制电路，更能达到丰富多彩的动态变化效果。LED已经被广泛应用于各种照明设备中，如电池供电的闪光灯、微型声控灯、安全照明灯、室内室外道路和楼梯照明灯以及建筑物标记连续照明灯。

白光LED的出现，是LED从标识功能向照明功能跨出的实质性一步。白光LED最接近日光，更能较好反映照射物体的真实颜色，所以，从技术角度看，白光LED无疑是LED最尖端的技术。目前，白光LED已开始进入一些应用领域，应急灯、手电筒、闪光灯等产品相继问世。但是，由于价格十分昂贵，故而难以普及。白光LED普及的前提是价格下降，而价格下降必须在白光LED形成一定市场规模才有可能，毫无疑问，两者的融合最终有赖于技术进步。

3. 超高亮度LED的应用

LED已有近50年的发展历程。20世纪70年代最早的GaP、GaAsP同质结红、黄、绿色LED已开始应用于指示灯、数字和文字显示。从此LED开始进入多种应用领域，包括宇航、飞机、汽车、工业应用、通信、消费类产品等。尽管多年以来LED一直受到颜色和发光效率的限制，但由于GaP和GaAsPLED具有长寿命、高可靠、工作电流小、可与TTL、CMOS数字电路兼容等许多优点而得以广泛应用。

最近十年，高亮度化、全色化一直是LED材料和器件工艺技术研究的前沿课题。超高亮度（UHB）是指发光强度达到或超过100mcd的LED，又称坎德拉（cd）级LED。高亮度AlGaInPLED和InGaNLED的研制进展十分迅速，现已达到常规材料GaAlAs、GaAsP、GaP不可能达到的性能水平。1991年日本东芝公司和美国HP公司研制出采用InGaAlP材料的620nm橙色超高亮度LED，1992年采用InGaAlP材料的590nm黄色超高亮度LED实用化。同年，东芝公司研制采用InGaAlP材料的573nm黄绿色超高亮度LED，法向光强达2cd。1994年日本日亚公司研制出采用InGaN材料的450nm蓝（绿）色超高亮度LED。至此，彩色显示所需的三基色红、绿、蓝以及橙、黄多种颜色的LED都达到了坎德拉级的发光强度，实现了超高亮度化、全色化，使LED的户外全色显示成为现实。

（1）超高亮度LED的结构及性能。超高亮度红色AlGaAsLED与GaAsPLED和GaPLED相比，具有更高的发光效率，超高亮度InGaAlPLED提供的颜色与GaAsPLED和GaPLED相同，包括：

绿黄色（560nm）、浅绿黄色（570nm）、黄色（585nm）、浅黄（590nm）、橙色（605nm）、浅红（625nm）和深红（640nm）。吸收衬底（AS）的 InGaAlPLED 流明效率为 10lm/W，透明衬底（TS）为 20lm/W，在 590~626nm 的波长范围内比 GaAsP-GaPLED 的流明效率要高 10~20 倍；在 560~570nm 的波长范围内比 GaAsPLED 和 GaPLED 高出 2~4 倍。

超高亮度 InGaNLED 提供了蓝色光和绿色光，其波长范围为：蓝色为 450~480nm，蓝绿色为 500nm，绿色为 520nm；其流明效率为 3~15lm/W。超高亮度 LED 目前的流明效率已超过了带滤光片的白炽灯，可以取代功率 1W 以内的白炽灯，而且用 LED 阵列可以取代功率 150W 以内的白炽灯。对于许多应用，白炽灯都是采用滤光片来得到红色、橙色、绿色和蓝色，而用超高亮度 LED 不需滤光片则可得到相同的颜色。采用 AlGaInP 材料和 InGaN 材料制造的超高亮度 LED 将多个（红、蓝、绿）超高亮度 LED 芯片组合在一起，不用滤光片也能得到各种颜色。包括红、橙、黄、绿、蓝，目前其发光效率均已超过白炽灯，正向荧光灯接近。发光亮度已高于 1000mcd，可满足室外全天候、全色显示的需要，用 LED 彩色大屏幕可以表现大空和海洋，实现三维动画。

由于高亮度 LED 制造工艺、器件设计、组装技术三方面的进展，LED 发光器的性能一直在提高，其成本一直在降低。PN 结设计、再辐射磷光体和透镜结构都有助于提高效率，因此也有助于提高光输出。

（2）超高亮度 LED 的应用。超高亮度 LED 取代白炽灯，用于交通信号灯、警示灯、标志灯现已遍及世界各地，市场广阔，需求量增长很快。每个国家的主管部门都对交通信号灯制定相应的规范，规定信号的颜色、最低的照明强度，光束空间分布的图样以及对安装环境的要求等。尽管这些要求是按白炽灯编写的，但对采用超高亮度 LED 交通信号灯基本上是适用的。

LED 交通信号灯与白炽灯相比，工作寿命长，一般可达到 10 年，考虑到户外恶劣环境的影响，预计寿命也可达到 5~6 年。目前超高亮度 AlGaInP 红、橙、黄色 LED 已实现产业化，若用红色超高亮度 LED 组成的模块取代传统的红色白炽交通信号灯，则可将因红色白炽灯突然失效给安全造成的影响降到最低程度。一般 LED 交通信号模块由若干组串联的 LED 单灯组成，以 12in 的红色 LED 交通信号模块为例，有 3~9 组串联的 LED 单灯，每组串联的 LED 单灯数为 70~75 个（总数为 210~675 个 LED 单灯），当有一个 LED 单灯失效时，只会影响一组信号，其余各组信号减小到原来的 2/3（67%）或 8/9（89%），并不会像白炽灯那样使整个信号灯失效。

基于 LED 的交通信号灯具有能耗成本低，寿命长，即使不考虑因每盏灯使用大量 LED 而使可靠性提高这一因素，LED 灯的更换成本大大低于白炽灯。自从推出 LED 交通信号灯以来，技术进步已经使每只 LED 的光输出增加了约 20 倍。只要再将 LED 的光输出增大 1/3，就可以在交通信号灯设计中只使用一只 LED 和一个漫散器的组合，可使光线似乎不是从一个针尖大的光源，而是从一个较大的光源发出的。

超高亮度 LED 的问世和产业化不仅拓展了原有的应用领域，而且将拥有一个潜力巨大的市场。今后几年 InGaNLED 随着规模生产技术的完善和产品成本的降低，价格将和 AlGaInPLED 相近；超高亮度 LED 在我国将会有一个大发展。

超高亮度 LED 的出现具有划时代意义，全色超高亮度 LED 的实用化和商品化，使照明技术面临一场新的革命，由多个超高亮度红、蓝、绿三色 LED 制成的固体照明灯不仅可以发出波长连续可调的各种色光，而且还可以发出亮度可达几十到一百烛光的白色照明光源。最近，日本日亚公司利用 InGaN 蓝光 LED 和荧光技术，推出了白光固体发光器件产品，其色温为 6500K，效率达 7.5lm/W。对于相同发光亮度的白炽灯，LED 固体照明灯的功率损耗只占白炽灯的 10%~

20%，白炽灯的寿命一般不超过2000h，而LED灯的寿命长达数万小时。这种体积小、重量轻、方向性好、节能、寿命长、耐各种恶劣条件的固体光源必将对传统的光源市场造成冲击。尽管这种新型照明固体光源的成本依然偏高，从长远看，如果超高亮度LED的生产规模进一步扩大，成本进一步降低，其在节能和长寿命的优势足以弥补其价格偏高的劣势，超高亮度LED将有可能成为一种很有竞争力的新型电光源。

大多数白光LED是采用蓝光LED激发磷光体来输出白色光的，其他发白光的LED是采用UV（紫外光）发光器来激发组合磷光体来输出白色光的。这样发出的光都是一种"冷"光，大多数人感到不如白炽灯甚至新型荧光灯发出的光柔和、悦目。而且，与白炽灯相比，这种LED灯的光谱会因采用技术不同而相差较大，而且也会随工作条件的变化而发生较大变化。对于这一问题的解决方法是将红、绿和蓝3只LED组合在一起替代一只蓝光或UV发光器，并且用可变占空因数的脉冲波形去激励这3只LED，可以得到在整个可见光谱范围调节其输出颜色的灯，这样的LED光源可实现动态的视觉效果。

像荧光灯一样，LED灯有很高的效率；与荧光灯相比，LED灯的效率或许会稍高一些，或许稍低一些，视所发光的颜色而定。然而，随着LED灯光输出的增加（输入功率也随之上升），光源设计中的发热问题就日趋突出。因为白炽灯的灯丝为了完成它的发光功能，必须烧到白热状态，并承受极高温度；而LED则不同，它是半导体器件，因此，过高的温度会缩短甚至终止其使用寿命。由于强制空气冷却通常在光源中是不可取的，所以随着功率的提高，散热片和其他增强自然对流冷却的方法就在LED灯和光源设计中发挥日益重要的作用。

4. LED显示屏技术

随着电子工业的快速发展，在60年代，显示技术得到迅速发展，人们研究出PDP激光显示等离子显示板、LCD液晶显示器、LED、电致变色显示ECD、电泳显示EPID等多种技术。由于半导体的制作和加工工艺逐步成熟和完善，LED已日趋在固体显示器中占主导地位。LED之所以受到广泛重视并得到迅速发展，是因为它本身具有很多优点。例如，亮度高、工作电压低、功率损耗小、易于集成、驱动简单、寿命长、耐冲击且性能稳定，其发展前景极为广阔。目前正朝着更高亮度、更高耐气候性和发光密度、发光均匀性、全色化发展。

20世纪80年代初，随着计算机的发展，CGA显示方式问世了，其显示精度为320×200的分辨率（四种颜色），在短短的10年中显示方式已经经历了CGA、EGA、SEGA、VGA、SVGA，向超高分辨率发展，显示精度从320×200发展到1600×1250，由四种颜色到32位真彩，扫描频率从15.7kHz发展到150kHz。随着发展人们需要一种大屏幕的设备，于是有了投影仪，但是其亮度无法在自然光下使用，于是出现了LED显示器（屏），它具有视角大、亮度高、色彩艳丽等特点。LED显示屏的应用已经十分广泛，在体育场馆，大屏幕显示系统可以实现比赛实况及比赛比分、时间、精彩回放等功能；在交通运输业，可以显示道路运行情况；在金融行业，可实时显示金融信息，如股票、汇率、利率；在商业邮电系统，可以向广大顾客显示通知、消息、广告等。显示技术还应用于工业生产、军事、医疗单位、公安系统乃至宇航事业等国民经济、社会生活和军事领域中，并起着重要作用，显示技术已经成为现代人类社会生活的一项不可或缺的技术。

LED应用可分为两大类：一是LED单管应用，包括背光源LED，红外线LED等；二是LED显示屏，目前，我国在LED基础材料制造方面与国际先进水平还存在着一定的差距，但就LED显示屏而言，中国的设计和生产技术水平基本与国际先进水平同步。

我国LED显示产业在规模发展的同时，产品技术推陈出新，一直保持比较先进的水平。90

年代初即具备了成熟的 16 级灰度、256 色视频控制技术及无线遥控等国际先进水平技术，近年在全彩色 LED 显示屏、256 级灰度视频控制技术、集群无线控制、多级群控技术等方面均达到国际水平；LED 显示屏控制专用大规模集成电路也已由国内企业开发生产并得到应用。近几年来，LED 显示屏相关技术也取得了较大的发展，主要表现在前端显示器件和后端控制电路两方面：

（1）前端显示器件。LED 显示屏前端显示器件的性能提高很快，在原来红色、绿色和蓝色 LED 的基础上，又出现了纯绿色和高亮度的红色 LED 产品。但目前 LED 显示屏的基础材料还是要从国外进口，但 LED 的封装技术也取得了一定的进步。原来采用的是单管或点阵模块，而现在随着全彩色显示技术的不断成熟与完善，普遍采用了表面贴装技术（Surface Mounted Technology，SMT），采用 SMT 的优势在于：封装密度高，视觉效果好，且增大了 LED 显示屏的视角，可以达到 120°～150°。

（2）后端控制电路。LED 显示屏后端控制原来使用常规的控制电路，随着控制技术的不断完善和控制芯片的应用，普遍采用 LED 专用集成电路（Application Specific Intergrated Circuit，ASIC），它可根据 LED 显示的特点，对灰度及每个像素进行控制及调节，这就使得显示亮度和色彩效果都有了较大的提高。由于技术水平和造价等方面的原因，目前 LED 控制芯片产品主要掌握在国外公司手中，如 Maxim、Agilent、东芝等。

除了 LED 显示技术本身的发展，随着网络技术的不断进步和实际应用的需求，目前，网络型、智能型 LED 控制技术也出现了新的发展势头，这就对传统的一台计算机控制一个或多个 LED 显示屏提出了新的挑战。由于 LED 显示屏控制技术与网络技术原先是彼此独立的，现在要把二者结合起来，实现 LED 显示屏的网络控制，就需要从事 LED 控制技术的科研人员能够开发出符合网络系统协议与规范的相关软、硬件。LED 显示屏的发展趋势是：

（1）高亮度、全彩化。蓝色及纯绿色 LED 产品自出现以来，成本逐年快速降低，已具备成熟的商业化条件。全彩色 LED 显示屏将是 LED 显示屏的重要发展方向。LED 产品性能的提高，使全彩色显示屏的亮度、色彩、白平衡均达到比较理想的效果，完全可以满足户外全天候的环境条件要求，同时，由于全彩色显示屏价格性能比的优势，预计在未来几年的发展中，全彩色 LED 显示屏在户外广告媒体中会越来越多地代替传统的灯箱、霓虹灯、磁翻板等产品，在体育场馆的显示方面，全彩色 LED 屏更会成为主流产品。

据不完全统计，世界上目前至少有 150 家厂商生产全彩屏，其中产品齐全，规模较大的公司约有 30 家左右，主要分布在美国、欧洲、亚洲（日本、中国台湾、中国内地）。国内从 1994 年、1995 年开始生产全彩色显示屏，到 2001 年底，全国范围内的全彩色 LED 显示屏达到 300 多块。全彩色 LED 显示屏的广泛应用是 LED 显示屏产业发展的一个新的增长点。

（2）标准化、规范化。材料、技术的成熟及市场价格的基本均衡之后，LED 显示屏的标准化和规范化将成为 LED 显示屏发展的一个新趋势。近几年业内的发展，市场竞争在传统产品条件下是以价格作为主要的竞争手段，经几番价格回落调整达到基本均衡，产品质量，系统的可靠性等将成为主要的竞争因素，这就对 LED 显示屏的标准化和规范化有了较高要求。

（3）产品结构多样化。信息化社会的形成，使 LED 显示屏的应用前景更为广阔。预计大型或超大型 LED 显示屏的主流产品局面将会发生改变，适合于服务行业特点和专业性要求的小型 LED 显示屏会有较大提高，面向信息服务领域的 LED 显示屏产品门类和品种将更加丰富，部分潜在的市场需求和应用领域将会有所突破，如公共交通、停车场、餐饮、医院等综合服务方面的信息显示屏需求量将有更大的提高，大批量、小型化的标准系列 LED 显示屏在 LED 显示屏市场总量中将会占有多数份额。

信息化社会的到来，促进了现代信息显示技术的发展，形成了 CRT、LCD、PDP、LED、EL、DLP 等系列的信息显示产品，纵观各类显示产品，各有其所长和适宜的市场应用需求。随着 LED 材料技术和工艺的提升，LED 显示屏以突出的优势成为平板显示的主流产品之一，并将在社会经济的许多领域得到广泛应用。

1.1.3 LED 照明技术的发展

1. 国内 LED 技术的进展

近几年，LED 的发光效率增长 100 倍，成本下降 10 倍，广泛用于大面积图文显示全彩屏、状态指示、标志照明、信号显示、液晶显示器的背光源、汽车组合尾灯及车内照明等方面，在 LED 光源及市场开发中，极具发展与应用前景的是白光 LED，用作固体照明器件的经济性显著，且有利环保，正逐步取代传统的白炽灯，世界年增长率在 20% 以上，美国、日本、欧洲及中国台湾均推出了半导体照明计划。目前，功率型 LED 优异的散热特性与光学特性更能适应普通照明领域，为替代荧光灯，白光 LED 必须具有 150~200lm/W 的光效，且每流明的价格应明显低于 0.015 美元/lm（现价约 0.25 美元/lm，红 LED 为 0.065 美元/lm），要实现这一目标仍有很多技术问题需要研究，按固体发光物理学原理，LED 的发光效率能近似 100%，因此，LED 被誉为 21 世纪新光源，有望成为继白炽灯、荧光灯、高强度气体放电灯之后的第四代光源。LED 灯是一种点状冷光源，而且其多次反射或折射的光学表面使 LED 芯片可以彼此紧密地靠近在一起，因此浪费的光很少，同时可大大地消除了杂散光（光污染）。要实现白色 LED 具有 150~200lm/W 光效的目标，必须经过革命性变革，需从以下两方面努力：①不断改进工艺；②同时开发新材料，改进产品结构。

2. 国外 LED 技术的进展

美国波士顿的 Photonics Research 研究中心报道了 LED 技术方面的新进展，光效达到 330lm/W 的 photon-rectcling 半导体光源，发出蓝、黄两种波长的光，所发出的光能使人感到是白色的光，这种光效与目前市场上的 LED 比要高 10 倍甚至更高。

随着新材料及半导体工业技术的发展，自 1994 年起以新型可见光材料 InGaAlP 和 InGaN 为主流，实现了 LED 的高亮度，多色化，加之封装技术的改进，显示信息大型化，出现了 LED 产品新的应用领域，带来了更多的市场商机，这些产品使得 LED 应用由室内使用提升到户外使用，能在阳光强烈的场合下清晰显示，发光效率高，光强超过 1000mcd，同时满足了全彩色显示和便携产品低功率损耗要求，这些先进的 LED 包括：

（1）蓝色、绿色 LED。蓝色 LED 材料有碳化硅（SiC）、氮化镓（GaN）及铟氮镓（InGaN）三元材料等，采用 InGaN/AlGaN 结构制成的蓝色 LED 峰值波长 470nm，法向光强达到 2000mcd，绿色 LED 峰值波长 520nm，法向光强可达 5000mcd，其中还有峰值波长 500nm 的蓝绿色（交通绿）LED，在蓝色发光的基础上，包封时在其芯片上添加几毫克的荧光物质转换成白色，白光 LED 是白炽灯的最佳替代品，价格虽比白炽灯贵，但不易破碎，更加省电，工作时几乎不发热，可以连续照明 10 多年，这些产品在日本、德国、美国及中国台湾等著名的光电子公司生产并推向市场。

（2）新颖的四次元 LED。20 世纪 80 年代后期开发上市的 GaAlAs 材料，制成红色发光 LED，首先实现超高亮度的要求，发光强度超过 1000mcd，但是光衰较大，因此应用范围受到限制，20 世纪 90 年代开发成功的 InGaAlP 四次元材料，制成产品可以获得红、橙、黄、琥珀四种颜色，发光效率高，并且高温性能很好，是户外使用的理想产品。

（3）开发的 LED 新品种，主要如下。

1）工作电流为 70mA 的功率型 LED，能发出极强的光束，视角较大，一般为 40°~70°，用于汽车标志灯。

2）贴片式（Surface Mounted Devices，SMD）LED 在小电流下工作（1~2mA），可发出足够亮度的光，可节省便携式产品的耗电量。

3）恒压 LED，在 LED 封装时将电阻封装在内部，使用时不需限流电阻，一般工作在 12V 以下，使用十分方便，同样在封装中集成一块集成电路，一般在 5V 以下工作，工作时会闪烁发光，可以作为状态显示，使用也很方便。

4）集群 LED 芯片、器件，多组件集成于一体的 LED 发光模块，可实现特定的功能要求，利用 LED 多芯片的集群组成多彩色灯具，典型的红、绿、蓝三色可以组成全色灯，在三色中间交合处呈现白色光。

由于 LED 产业不断涌现新技术、新产品、新的应用，呈现了朝阳工业欣欣向荣的景象，相信在本世纪的头 20 年中，LED 产业会得到持续发展。制造厂商会在超高亮、全彩色技术面扩张投资，提升产能，我国（包括台湾和香港地区）将成为世界 LED 的主要产地，五年之后产值达到 100 亿元，超高亮度 LED 会有 30%速度增长，而传统 LED 也会有 5%~10%速度增长。

目前，随着 LED 器件结构的改进，发光效率的提高，今后 LED 发展的主流是照明光源，开始在一些领域取代白炽灯，并会与其他光源互补，并存，共同发展。世界光电子产业的发展推动应用领域的变化发展，相信随着 LED 产业的发展会有更多的资金投向 LED 的研究和生产，因此现有超高亮度蓝色、绿色 LED 的技术为少数厂商垄断将会突破，预计产品成本会有大幅度的下降，从而促进市场再开发，应用的再拓展。

可以相信，半导体发光技术不会被其他技术产品取代，而且会继续沿着原来的轨道向前发展。半导体照明由于技术的先进性和产品使用的广泛性，已经被广泛认为是最有发展潜力的高技术领域之一。半导体照明产业具有明显的节能和环保的效果，也被认为是一个战略性的高技术产业。

3. LED 产业的市场前景分析

（1）LED 显示屏的应用市场。我国 LED 显示屏市场起步较早，市场上出现了一批具有很强实力的 LED 显示屏生产厂商。目前 LED 显示屏已经广泛应用到车站、银行、证券、医院。在 LED 需求量上，LED 显示屏仅次于 LED 指示灯名列第二，占到 LED 整体销量的 23.1%。由于用于显示屏的 LED 在亮度和寿命上的要求高于 LED 指示灯，平均价格在指示灯 LED 之上，这就导致显示屏用 LED 市场规模超过指示灯位居榜首，成为 LED 的主要应用市场。

（2）中大尺寸、小尺寸背光源市场。LED 早已应用在以手机为主的小尺寸液晶面板背光市场中，手机产量的持续增长带动了背光源市场的快速发展。特别是 2003 年彩屏手机的出现更是推动白光 LED 市场的快速发展。但随着手机产量进入平稳增长阶段以及技术提升导致用于手机液晶面板背光源 LED 数量减少，使得 LED 在手机背光源中用量增速放缓。中大尺寸背光源市场虽为厂商新宠，但还不能形成规模。

（3）汽车车灯照明和信号灯市场。从整个 LED 应用市场看，汽车应用市场规模较小。LED 作为汽车车灯主要得益于低功率损耗、长寿命和响应速度快的特点。虽然 LED 目前还面临着单位瓦流明低以及相关政策的限制，但是随着成本性能比的下降以及发光效率的提升，最终 LED 将逐步实现从汽车内部、后部到前部的转移，最终占据整个汽车车灯市场。凭借着汽车的巨大产能，LED 车灯市场面临着巨大的发展潜力。

（4）室内装饰灯市场。室内装饰灯市场是 LED 的另一新兴市场。通过对电流的控制，LED 可以实现几百种甚至上千种颜色的变化。在现阶段讲究个性化的时代中，LED 颜色多样化有助于 LED 装饰灯市场的发展。LED 已经开始做成小型装饰灯，装饰幕墙应用在酒店、居室中。

（5）景观照明市场。景观照明市场主要是以街道、广场等公共场所装饰照明为主，由于 LED 功率损耗低，在用电量巨大的景观照明市场中具有很强的市场竞争力。目前，LED 已经越来越多地应用到景观照明市场中，北京、上海等地建成一批 LED 景观照明工程，这些工程在装饰街道的同时还将起到示范作用，将会使 LED 景观照明从一级城市快速向二级、三级城市扩展。

（6）通用照明市场路漫漫，任重而道远。对于 LED 进入通用照明市场，功率白光 LED 除面临着诸如发光效率低、散热不好、成本过高等问题外，还将面临到光学、结构与电控等的整合以及 LED 照明产品通用标准的制订。解决上述问题还需一段时间。

1.2 LED 驱 动 技 术

1.2.1 LED 驱动的技术方案
1. LED 驱动电源的分类

LED 虽然在节能方面比普通光源的效率高，但是 LED 光源却不能像一般的光源那样可以直接使用公用电网电压，它必须配有专用电压转换设备，提供能够满足驱动 LED 的额定电压和电流，才能使 LED 正常工作，也就所谓的 LED 专用驱动电源。

但由于各种规格不同的 LED 驱动电源的性能和转换效率各不相同，所以选择合适、高效的 LED 驱动电源，才能真正展现出 LED 光源高效能的特性，因为低效率的 LED 驱动电源本身就需要消耗大量电能，所以在给 LED 供电的过程中就无法凸显 LED 的节能特点，总之，LED 驱动电源对 LED 的稳定性、节能性、寿命长短等具有重要的作用。

LED 电源按驱动方式可以分为两大类：

（1）恒流式。驱动使用恒流驱动电路驱动 LED 是很理想的，缺点就是价格较高，恒流电路虽然不怕负载短路，但是严禁负载完全开路，恒流驱动电路输出的电流是恒定的，而输出的直流电压却随着负载阻值的大小不同在一定范围内变化，在应用中要限制 LED 的使用数量，因为恒流驱动电源有最大承受电流及电压值。

（2）稳压式。稳压式驱动电路在确定各项参数后，输出的是固定电压，输出的电流却随着负载的增减而变化，稳压式驱动电路虽然不怕负载开路，但是严禁负载完全短路，整流后的电压变化会影响 LED 的亮度，要使采用稳压式驱动电路驱动的 LED 显示亮度均匀，需要设置合适的限流电阻。

LED 恒流驱动电源按电路结构可以分为六类：

（1）常规变压器降压。这种 LED 恒流驱动电源的优点是体积小，不足之处是重量偏重、电源效率也很低，一般在 45%~60%，因为可靠性不高，所以一般很少用。

（2）电子变压器降压。这种电源结构不足之处是转换效率低，电压范围窄，一般为 180~240V，波纹干扰大。

（3）电容降压。这种方式的 LED 电源容易受电网电压波动的影响，电源效率低，不宜在

LED 闪动时使用，因为电路通过电容降压，在闪动使用时，由于充放电的作用，通过 LED 的瞬间电流极大，容易损坏 LED 芯片。

（4）电阻降压。这种供电方式的 LED 电源效率很低，而且系统的可靠也较低，因为电路通过电阻降压，受电网电压变化的干扰较大，不容易做成稳压电源，并且降压电阻本身还要消耗很大部分的能量。

（5）RCC 降压式开关电源。这种方式的 LED 电源优点是稳压范围比较宽、电源效率比较高，一般可在 70%～80%，应用较广。缺点主要是开关频率不易控制，负载电压波纹系数较大，异常情况负载适应性差。

（6）PWM 控制式开关电源。目前来说，采用 PWM 控制方式设计的 LED 电源是比较理想的，因为这种开关电源的输出电压或电流都很稳定。电源转换效率高，一般都可以高达 80%～90%。这种方式的 LED 电源主要由四部分组成，它们分别是：输入整流滤波部分、输出整流滤波部分、PWM 稳压控制部分、开关能量转换部分。而且这种电路都有完善的保护措施，属于高可靠性电源。

原始电源有各种形式，但无论哪种电源，一般都不能直接给 LED 供电。因此，要用 LED 做照明光源就要解决电源变换问题。大功率 LED 实际上是一个电流驱动的低电压单向导电器件，LED 驱动器应具有直流控制、高效率、PWM 调光、过电压保护、负载断开、小型尺寸以及简便易用等特性。给 LED 供电的电源设计必须要注意以下事项：

（1）LED 是单向导电器件，由于这个特点，就要用直流电流或者单向脉冲电流给 LED 供电。

（2）LED 是一个具有 PN 结结构的半导体器件，具有势垒电动势，这就形成了导通门限电压，加在 LED 上的电压值超过这个门限电压 LED 才会充分导通。大功率 LED 的门限电压一般在 2.5V 以上，正常工作时的管压降为 3～4V。

（3）LED 的电流电压特性是非线性的，流过 LED 的电流在数值上等于供电电源的电动势减去 LED 的势垒电动势再除以回路的总电阻（电源内阻、引线电阻、LED 体电阻之和）。因此，流过 LED 的电流和加在 LED 两端的电压不成正比。

（4）LED 的 PN 结是负的温度系数，温度升高 LED 的势垒电动势降低。由于这个特点，所以 LED 不能直接用电压源供电，必须采取限流措施，否则随着 LED 工作时温度的升高电流会越来越大以至损坏。

（5）流过 LED 的电流和 LED 的光通量的比值也是非线性的。LED 的光通量随着流过 LED 的电流增加而增加，但却不成正比，越到后来光通量增加得越少。因此，应该使 LED 在一个发光效率比较高的电流值下工作。

另外，LED 也和其他光源一样，所能承受的电功率是有限的。如果加在 LED 上的电功率超过一定数值，LED 可能损坏。由于生产工艺和材料特性方面的差异，同样型号的 LED 的势垒电动势以及 LED 的内阻也不完全一样，这就导致 LED 工作时的管压降不一致，再加上 LED 势垒电动势具有负的温度系数，因此，LED 不能直接并联使用。

2. LED 驱动方法

用原始电源给 LED 供电有四种情况：低电压驱动、过渡电压驱动、高电压驱动和市电驱动。不同的情况在电源变换技术实现上有不同的方案。下面简要地介绍一下这几种情况下的电源驱动方法。

（1）低电压驱动 LED。低电压驱动就是指用低于 LED 正向导通压降的电压驱动 LED，如一节普通干电池或镍铬/镍氢电池，其正常供电电压为0.8~1.65V。低电压驱动LED需要把电压升高到足以使LED导通的电压值。对于LED这样的低功率损耗照明器件这是一种常见的使用情况，如LED手电筒，LED应急灯，节能台灯等。由于受单节电池容量的限制，一般不需要很大功率，但要求有最低的成本和比较高的变换效率，考虑有可能配合一节5号电池工作，还要有最小的体积。其最佳技术方案是选用电荷泵式升压变换器。

（2）过渡电压驱动LED。过渡电压驱动是指给LED供电的电源电压值在LED管压降附近变动，这个电压有时可能略高于LED管压降，有时可能略低于LED管压降。如一节锂电池充满电时电压在4V以上，电快用完时电压在3V以下。用这类电源供电的典型应用如LED矿灯。

过渡电压驱动LED的电源变换电路既要解决升压问题，还要解决降压问题，为了配合一节锂电池工作，也需要有尽可能小的体积和尽量低的成本。一般情况下功率也不大，其最高性价比的电路结构是选用倍压式电荷泵式变换器。

（3）高电压驱动LED。高电压驱动是指给LED供电的电压值始终高于LED管压降。如6、12、24V蓄电池。典型应用如太阳能草坪灯，太阳能庭院灯，机动车的灯光系统等。高电压驱动LED的电源变换电路要解决降压问题，由于高电压驱动一般是由普通蓄电池供电，会用到比较大的功率，如机动车照明和信号灯光，应该有尽量低的成本。变换器的最佳电路结构是选用串联开关降压电路。

（4）市电驱动LED。这是一种对LED照明应用最有价值的供电方式，是半导体照明普及应用必须要解决好的问题。用市电驱动LED的电源变换电路要解决降压和整流问题，还要有比较高的变换效率，有较小的体积和较低的成本，还应该解决安全隔离问题，考虑对电网的影响，还要解决好电磁干扰和功率因数问题。对中小功率的LED，其最佳电路结构是选用隔离式单端反激变换器。对于大功率的应用，应该选用桥式变换电路。

1.2.2 LED驱动器特性

1. 直流控制

LED是电流驱动器件，其亮度与正向电流呈比例关系。有以下两种方法可以控制LED的正向电流：

（1）采用LED的U-I曲线来确定产生预期正向电流所需要向LED施加的电压。其实现方法一般采用一个电压电源和一个限流电阻器。如图1-5所示。图1-5所示的控制方法有多项不足之处。LED正向电压的任何变化都会导致LED电流的变化。如果额定正向电压为3.6V，则图1-5中LED的电流为20mA。如果电压变为4.0V，这是温度或制造变化引起的特定电压变化，那么正向电流则降低到14mA。正向电压变化11%会导致更大的正向电流变化，达30%。另外，根据可用的输入电压，限流电阻的电压降和功率损耗会浪费电能和降低电池使用寿命。

（2）首选的LED电流调整方法是利用恒流电源来驱动LED。恒流电源可消除正向电压变化所导致的电流变化。因此可产生恒定的LED亮度，无论正向电流如何变化。产生恒流电源的通用方法是调整通过电流检测电阻器的电压，而不用调整电源的输出电压，如图1-6所示。电源参考电压和电流检测电阻器值决定了LED电流。在驱动多个LED时，只需把它们串联就可以在每个LED中实现恒定电流。驱动并联LED需要在每个LED串中放置一个限流电阻，这会导致效率降低和电流失配。

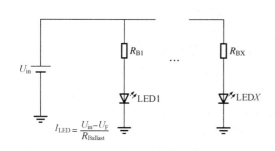

图 1-5 带限流电阻器的电压电源导致效率
降低和正向电流失配

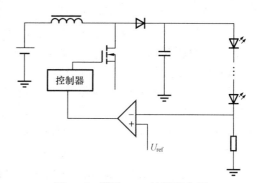

图 1-6 驱动 LED 的恒流电源

2. 高效率

便携式应用中电池使用寿命是至关重要的，LED
驱动器如果实用，就必须具备高效性。LED 驱动器的效
率测量与典型电源的效率测量不同。典型电源效率测量
的定义是输出功率除以输入功率。而对于 LED 驱动器
来说，输出功率并非相关参数。重要的是产生预期 LED
亮度所需要的输入功率值。这可以简单地通过使 LED
功率除以输入功率来确定。如果这样定义效率的话，则
电流检测电阻器中的功率损耗会导致电源功率耗散。图

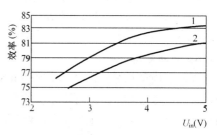

图 1-7 低电流传感电压更有效
$1—U_{c,a} = 0.25V$；$2—U_{ea} = 1V$

1-7 说明了选用 0.25V 参考电压的电源与选用 1V 参考电压的电源相比，二者效率的提高情况。
较低的电流检测电压的电源具有较高的效率，无论输入电压或 LED 电流如何，只要其他条件相
同，较低的参考电压都可以提高效率并延长电池的使用寿命。

3. PWM 调光

许多便携式 LED 应用都需要进行亮度调节。在 LCD 背光等应用中，调光功能可提供亮度及
对比度调节。目前，应用广泛的有两种调光方法：模拟方式与 PWM 调制方式。利用模拟方式调
光，通过向 LED 施加 50% 的最大电流可实现 50% 的亮度。这种方法的缺点是会出现 LED 颜色偏
移并且需要采用模拟控制信号，因此使用率一般不高。采用 PWM 调制方式调光。在 50% 占空比
时施加满电流可达到 50% 亮度。为确保人的肉眼看不到 PWM 脉冲，PWM 信号的频率必须高于
100Hz。最大 PWM 频率取决于电源启动与响应时间。为提供最大的灵活性以及集成简易性，LED
驱动器应能够接受高达 50kHz 的 PWM 频率。

4. 过电压保护

在恒流模式工作的电源需要具有过电压保护功能，无论负载为多少，恒流电源都可产生恒
定输出电流。如果负载电阻增大，电源的输出电压也必须随之增大。这就是电源保持恒流输出的
方法。如果电源检测到过大的负载电阻，或者负载断开的话，输出电压可提高到超出 IC 或其他
分立电路元件的额定电压范围。恒流 LED 驱动器可采用多种过电压保护方法，其中一个方法是
使齐纳二极管与 LED 并联。这种方法可以将输出电压限制到齐纳击穿电压和电源的参考电压。
在过电压条件下，输出电压会升高到齐纳击穿点并开始传导。输出电流会通过齐纳二极管，然后
通过电流检测电阻器接地。在齐纳二极管限制最大输出电压情况下，电源可连续产生恒定的输

出电流。更佳的过电压保护方法是监控输出电压并在达到过电压设定值时关闭电源。如果出现故障，在过电压条件下关断电源可降低功率损耗并延长电池使用寿命。

5. 负载断开

LED驱动电源中一个经常被忽视的功能是负载断开，在电源不给LED供电时负载断开功能可以把LED从电源断开。这种功能在下列两种情况下至关重要，即断电和PWM调光模式下。在升压变换器断电期间，负载仍然通过电感器和二极管与输入电压连接。由于输入电压仍然与LED连接，就会继续产生一个小电流。即使很小的泄漏电流也会在很长的空闲期间极大缩短电池寿命。负载断开在PWM调光时也很重要。在PWM空闲期间，因是输出电容器仍然与LED连接。如果没有负载断开功能，输出电容器会通过LED放电，直到PWM脉冲再次打开电源。由于电容器在每个PWM循环开始都要部分放电，一次电源必须在每个PWM循环开始时给输出电容器充电。因此会在每个PWM循环产生电流脉冲。电容的充电电流会降低系统效率并在输入总线上产生瞬时电压。如果具有负载断开功能，LED就会从电路断开，就不会存在泄漏电流，而且在PWM调光循环之间输出电容器都是充满的。实施负载断开电路时最好在LED和电流检测电阻器之间设置一个MOSFET。

6. 简便易用

简便易用是相对而言的。在评估电路的简便易用性时，不但必须考虑初始设计的复杂性，而且还必须要考虑在未来进行快速修改并把电路用于其他有不同输入或输出要求的电路时需要做的工作。总之，滞后控制器非常简便易用。滞后控制器可消除传统电源设计中必需的复杂频率补偿功能。由于最佳的补偿随输入和输出条件的不同而不同，传统的电源设计不能实现针对不同工作条件的快速修改。而滞后控制器具有内在的稳定性从而在输入、输出条件改变时无需改变。

7. 小尺寸

小尺寸是便携式应用电路的一个重要特性，电路元件的尺寸受多种因素的影响。其中一个因素是工作频率。高工作频率允许采用小型无源元件。用于便携应用的现代LED驱动器应能够以高达1MHz频率工作。由于工作频率并不能明显缩小电路尺寸，而且较高的工作频率会增加损耗而降低效率和缩短电池寿命，所以工作频率一般不应超过1MHz。把各种功能集成到控制IC是实现小型驱动解决方案的一个最重要的因素。如果驱动LED电路的所有功能都通过分离的元件来实现，它所需要的电路板空间将超出电源自身占用的空间。把它们集成到控制IC中可大大缩小整体驱动器尺寸。功能集成的第二个同样重要优势是可以降低解决方案总成本。

1.2.3 LED与驱动器的匹配

LED已经广泛应用于照明、装饰类灯产品，在设计LED照明系统时，需要考虑选用什么样的LED驱动器，以及LED作为负载采用的串并联方式，合理的配合设计，才能保证LED正常工作。LED作为驱动电路的负载，经常需要几十个甚至上百个LED组合在一起，构成发光组件，LED负载的连接形式，直接关系到其可靠性和使用寿命。设计中选择LED驱动电路时，一般考虑成本和性能因素。系统设计的一个约束条件是可用的电池功率和电压，其他约束条件还包括功能特性，例如针对环境光线做出调整。

LED可根据不同参数进行筛分，包括正向电压及在特定正向电流时的色度和亮度。举例说，白光LED的正向电压范围通常为3.5~4V，典型工作电流为15~20mA。当多个LED在一个背光照明设备应用时，这些LED通常都会进行匹配，以产生均匀的亮度。因此，经匹配的LED，在某个特定电压范围内其正向电压U_F及其他参数都是匹配的。LED的U_F值的差异通常为3.5~3.65V、3.65~3.8V，以及3.8~4.0V，飞兆半导体最新产品的$U_F=3V$。低U_F值的LED一般应用于小型显示设备中，较大的彩色显示器通常需要较高的亮度，一般采用中或高 U_F 值的 LED。

一般来说，LED 的 U_F 值是系统设计的重要变数。因为由普通电池供电的便携产品如移动电话所使用单一的锂离子电池，其电压范围为 2.7~4.2V。如果将系统对电池工作电压的要求设计为不低于 3V，设计中就可以直接使用低至 3V 且未经稳压的电池电压来驱动 LED。

匹配的差异级别包括发光强度和色度，色度决定显示的颜色，大多与执行设计所使用的半导体工艺有关。电气工作条件对色度的影响很小。对于发光强度而言，筛选工艺可测量在给定正向工作电流下的发光强度。

目前，市场上已有能够驱动多个 LED 的驱动 IC，其功能包括电压提升至可驱动多个串联 LED，以便与每列包含一个或多个 LED 及多列 LED 进行电流匹配。特定驱动 IC 可提供独立于 LED 正向电压 U_F 的精确电流匹配。另外一项常用功能是亮度控制，有助于提供更多功能和改善电源管理。

将多个 LED 连接在一起使用时，正向电压和电流均必须匹配，整个组件才能产生一致的亮度。实现恒定电流最简单的方法，是将经过正向电压筛选的 LED 串联起来。随着系统采用匹配 LED 的数量增加，采用高性能多功能驱动 IC 是良好的解决方案。现有驱动 IC 还具有其他功能特点，包括软起动、短路保护，以及能构成将外围部件数减至最少的 LED 驱动电路。

1. LED 采用全部串联方式

LED 采用全部串联方式如图 1-8 所示。即将多个 LED 的正极对负极连接成串，其优点是通过每个 LED 的工作电流一样，一般应串入限流电阻 R，串联方式要求 LED 驱动器输出较高的电压。当 LED 的一致性差别较大时，分配在不同的 LED 两端电压不同，通过每只 LED 的电流相同，LED 的亮度一致。

当某一只 LED 品质不良短路时，如果采用稳压式驱动（如常用的阻容降压方式），由于驱动器输出电压不变，那么分配在剩余的 LED 两端电压将升高，驱动器输出电流将增大，容易损坏余下所有的 LED。如采用恒流式驱动 LED，当某一只 LED 品质不良短路时，由于驱动器输出电流保持不变，不影响余下所有的 LED 正常工作。

当某一只 LED 品质不良断开后，串联在一起的 LED 将全部不亮。解决的办法是在每个 LED 两端并联一个齐纳管，如图 1-9 所示，选用齐纳管的导通电压需要比 LED 的导通电压高，否则 LED 就不亮了。

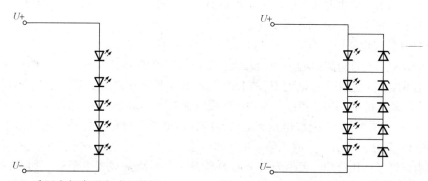

图 1-8　LED 采用全部串联方式连接图　　　　图 1-9　LED 两端并联齐纳二极管连接图

串联方式能确保各个 LED 的电流一致。如果 4 个 LED 串联后总正向电压 U_F 为 12V，就必须使用具有升压功能的驱动电路，以便为每个 LED 提供充足的电压。但由于 LED 的 U_F 值存在一个变化范围，LED 之间的压差会随之变化，对亮度的均匀性有一定的影响。

飞兆半导体的 FAN5608 可驱动未匹配的 LED，而其升压电路具有智能检测功能，可将电压提升至恰好足够的水平，以驱动具有最高总体 U_F 压降的 LED 串联组件。该串联驱动方案可以驱动两个独立的 LED 组件，各组件有四个串联 LED，每个串联组件具有独立的亮度控制功能，而且升压电路具有内置肖特基二极管，无须外部二极管，从而节省了电路板空间。内置升压电路的效率不低于 90%，有助延长电池寿命，并具有软件启动功能、低电磁干扰和极少纹波等特点。各独立的 LED 控制使设计更为灵活，并只需一个驱动器即可同时驱动应用于 LCD 和键盘背光的 LED。FAN5608 驱动 IC 带有内置 DAC，具有模拟检测功能，可选择使用模拟，数字或 PWM 方式控制 LED 的亮度。该驱动 IC 集成了温度控制功能，可将 LED 使用寿命提高 50%。

2. LED 采用全部并联方式

在并联设计中，多个 LED 由具备独立电流的驱动电路来驱动。并联设计基于低驱动电压，因此无须带电感的升压电路。此外，并联设计具有低电磁干扰、低噪声和高效率的特点，且容错性较强。在串联设计中，一个 LED 发生故障就会导致整个照明子系统失效，而并联设计可避免这种严重缺陷。LED 采用全部并联方式如图 1-10 所示，即将多个 LED 的正极与正极、负极与负极并联连接，其特点是每个 LED 的工作电压一样，总电流为 $\sum I_F n$，为了实现每个 LED 的工作电流 I_F 一致，要求每个 LED 的正向电压也要一致。但是，器件之间特性参数存在一定差别，且

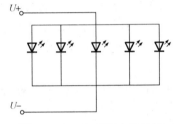

图 1-10　LED 采用全部并联方式连接图

LED 的正向电压 U_F 随温度上升而下降，不同 LED 可能因为散热条件差别，而引发工作电流 I_F 的差别，散热条件较差的 LED，温升较大，正向电压 U_F 下降也较大，造成工作电流 I_F 上升，而工作电流 I_F 上升又加剧温升，如此循环可能导致 LED 烧毁。当 LED 的一致性差别较大时，通过每只 LED 的电流不一致，LED 的亮度也不同。可挑选一致性较好的 LED，LED 采用全部并联方式适合为电源电压较低的产品供电（如太阳能电池）。

当某一个只 LED 品质不良断开时，如果采用稳压式驱动 LED（如稳压式开关电源），驱动器输出电流将减小，而不影响余下所有 LED 正常工作。如果是采用恒流式驱动 LED，由于驱动器输出电流保持不变，分配在余下 LED 电流将增大，容易损坏所有余下的 LED。解决办法是尽量多并联 LED，当断开某一只 LED 时，分配在余下 LED 电流不大，不至于影响余下 LED 的正常工作。

在 LED 并联电路中，当某一只 LED 品质不良短路时，那么所有的 LED 将不亮，但如果并联 LED 数量较多，通过短路的 LED 电流较大，足以将短路的 LED 烧成断路。现有两种用于并联配置的驱动 IC：一种适用于已匹配 U_F 的 LED 驱动 IC；另一种适用于未匹配 U_F 的 LED 驱动 IC。

（1）驱动匹配的 LED。使用具有内部匹配电流源的 LED 驱动 IC 来驱动并联的匹配 LED，驱动 IC 在现有的 3.3~5.5V 总线电压下运行，LED 的电流通过单一的外部电阻器来调节。由于不需要 DC/DC 转换进行升压，故无须采用外部电感，因此电路的电磁干扰和纹波可达到最小。如果电源电压经过稳压处理，无须为每个 LED 配备额外的电流设置电阻器。如果有更高的稳定电压，此电路还能为额外的串联 LED 提供匹配电流，但其电压必须至少为 $0.3V + NU_F$。

（2）驱动未匹配的 LED。为了驱动未匹配的 LED，需要使用可为每个 LED 提供独立电流控制的 IC 来获得均匀亮度。因 LED 的 U_F 有一定的范围，驱动 IC 将均匀地匹配各电流以获得均匀亮度，并可在现有的 3.3~5V 总线电压下运行。电路中的驱动 IC 会测量所有 LED 的 U_F，选出最

高 U_F 的 LED，并将 U_{out} 提升至驱动这个最大 U_F 值 LED 所需的最低电平。

3. LED 采用混联方式

在需要使用比较多 LED 的产品中，如果将所有 LED 串联，将需要 LED 驱动器输出较高的电压。如果将所有 LED 并联，则需要 LED 驱动器输出较大的电流。将所有 LED 串联或并联，不但限制着 LED 的使用量，而且并联 LED 负载电流较大，驱动器的成本也会增加。解决办法是采用混联方式。如图 1-11 所示，串并联的 LED 数量平均分配，分配在一串 LED 上的电压相同，通过同一串每只 LED 上的电流也基本相同，LED 亮度一致。同时通过每串 LED 的电流也相近。

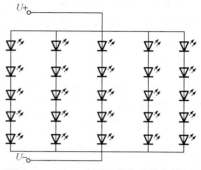

图 1-11　LED 采用混联方式的连接图

当某一串联 LED 上有一只品质不良的 LED 短路时，不管采用稳压式驱动还是恒流式驱动，这串 LED 相当于少了一只 LED，通过这串 LED 的电流将大增，很容易就会损坏这串 LED。大电流通过损坏的这串 LED 后，由于通过的电流较大，多表现为断路。断开一串 LED 后，如果采用稳压式驱动，驱动器输出电流将减小，而不影响余下所有 LED 的正常工作。

这种先串后并的线路优点是线路简单、亮度稳定、可靠性高，并且对器件的一致性要求较低，即使个别的 LED 失效对整个发光组件影响较小。假定采用了 8 只 GaAs 材料的 LED 串联，设计正向电流 $I_F = 20\text{mA}$ 为目标值，单个 LED 正向电压 $U_F = 2.0\text{V}$，则 $U_D = 8U_F = 16.0$（V），$U_R = I_F R = 20 \times 200 = 4.0$（V），$U_{cc} = U_D + U_R = 20.0$（V）。当单只 LED 的 U_F 离散性较大时，假设 $U_D = 15.6 \sim 16.4\text{V}$ 时，则对应 $U_R = 4.4 \sim 3.6\text{V}$，很容易计算 $I_F = 22 \sim 18\text{mA}$，可以看出单只 LED 光强变化量在 10% 以内，基本上保持发光组件亮度均匀。当出现一个 LED 短路时，$U_D = 14\text{V}$ 则 $U_R = 6\text{V}$；$I_F = U_R/R = 30\text{mA}$，实际上由于单管短路造成 I_F 上升，单只 LED 的 U_F 随 I_F 的增加而增加，U_D 应高于 14V，则 U_R 小于 6V，单串电流应小于 30mA，具体电流值与所采用不同的单只 LED 有关，实验中测量为 28mA 左右；当出现一个 LED 开路时，将导致这串 8 个 LED 熄灭，从原理上 LED 开路的可能性极小。无论单个 LED 开路或短路，均不影响其他 LED 串发光，不至于使整个发光组件失效，这种连接形式的发光组件可靠性较高，并且对 LED 的要求也较宽松，适用范围大，不需要特别挑选，整个发光组件的亮度也相对均匀。在工作环境因素变化较大情况下，使用这种连接形式的发光组件效果较为理想。

先并后串混合连接构成发光组件的问题主要在单组并联 LED 中，由于器件和使用条件的差别，导致单组中个别 LED 芯片丧失 PN 结特性，出现短路，个别器件短路使未失效的 LED 失去工作电流 I_F，导致整组 LED 熄灭，总电流 $\sum I_{fn}$ 全部从短路器件通过，而较长时间的短路电流又使器件内部键合金属丝或其他部分烧毁，出现开路，这时未失效的 LED 重新获得电流，恢复正常发光，只是工作电流 I_F 较原来大一点。这就是这种连接形式的发光组件出现先是一组几个 LED 一起熄灭，一段时间后，除其中一个 LED 不亮，其他 LED 又恢复正常的原因。由于 LED 的 U_F 不稳定性，在多个 LED 并联使用时，工作电流精度范围受到限制。因此，采用 LED 并联形式，应考虑器件和环境差别等因素对电路的影响，设计时留有一定的余量，以保证其可靠性。

混联方式还有另一种接法，即是将 LED 平均分配后，分组并联，再将每组串联一起。当有一只 LED 品质不良短路时，不管采用稳压式驱动还是恒流式驱动，并联在这一路的 LED 将全部不亮，如果是采用恒流式 LED 驱动，由于驱动器输出电流保持不变，除了并联在短路 LED 的这一并联支路外，其余的 LED 正常工作。假设并联的 LED 数量较多，驱动器的驱动电流较大，通过这只短路的 LED 电流将增大，大电流通过这只短路的 LED 后，很容易就变成断路。由于并联的 LED 较多，断开一个 LED 的并联支路，平均分配电流不大，依然可以正常工作，那么整个 LED 灯，仅有一只 LED 不亮。

如果采用稳压式驱动，LED 品质不良短路瞬间，负载相当少了一个 LED 并联支路，加在其余 LED 上的电压增高，驱动器输出电流将大增，极有可能立刻损坏所有余下的 LED，只将这只短路的 LED 烧成断路，驱动器输出电流将恢复正常，由于并联的 LED 较多，断开一个 LED 的并联支路，平均分配电流不大，依然可以正常工作，那么整个 LED 灯，也仅有一只 LED 不亮。

通过对以上分析可知，驱动器与负载 LED 串并联方式搭配选择是非常重要的，恒流式驱动功率型 LED 是不适合采用并联负载的，同样的，稳压式 LED 驱动器不适合驱动串联负载。

4. 交叉阵列形式

为了提高可靠性，降低熄灯概率，出现各种各样的连接设计，交叉阵列形式就是其中一种。交叉阵列形式电路如图 1-12 所示，每串以 3 个 LED 为一组，其共同电流输入来源于 a、b、c、d、e 串，输出也同样分别连接至 a、b、c、d、e 串，构成交叉连接阵列，这种交叉连接方式的目的是，即使个别 LED 开路或短路，不会造成发光组件整体失效。

5. LED 驱动电路拓扑结构

与荧光灯的电子镇流器不同，LED 驱动电路的主要功能是将交流电压转换为直流电压，并同时完成与 LED 的电压和电流的匹配。飞利浦照明电子近年来致力于 LED 驱动电路的开发，已研发出多种 LED 驱动电路拓扑结构以适合各方面应用的需求，产品已广泛地运用于照明、汽车电子、路标、显示背光等领域。一种简单的 LED 驱动电路的拓扑结构如图 1-13 所示。

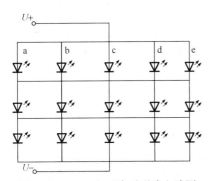

图 1-12　LED 交叉阵列形式电路图

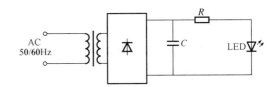

图 1-13　简单的 LED 驱动电路的拓扑结构图

这种 LED 驱动电路主要由电源隔离变压器，AC/DC 整流器和限流电阻组成，变压器起到隔离和变压的作用，而限流电阻的作用主要是控制 LED 电流，限流电阻 R 应该比 LED 的正向等效电阻 R_s 要大，这样才能克服 LED 电流随输入电压和环境温度等因素而产生的变化，但是从效率角度，却不应取得太大。

在实际运用中，负载常采用通过串并联构成的 LED 阵列，这会使输出电流随输入电压和环境温度等因素而发生的变化更加显著，并且阵列形式或 LED 个数变化，限流电阻也应相应变化，所以采用这种简单结构的 LED 驱动电路一般只适合于驱动阵列形式固定的，并且 LED 个数较少的阵列。

在飞利浦开发的一个高档次的 LED 驱动电路系列产品中，引入了电压或电流反馈控制环节。用户可以根据需要改变负载 LED 阵列形式和 LED 个数，得到不同的输出功率。同时该驱动电路也克服了因输入电压，环境温度等因素而使 LED 灯光的颜色易变动等弊端，功率因数达到 0.9 以上，THD 可做到 20% 以下，寿命可达到 5 万 h 以上，同时还可完成从 100%~1% 的调光功能，并且此系列产品还具备过电压和过电流保护功能。其结构框图如图1-14所示。

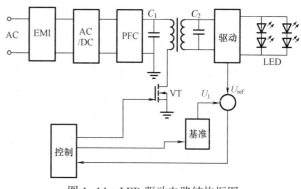

LED 驱动电路主体结构采用 flyback 拓扑结构，MOSFET 的通断由控制 IC 控制。这种结构在完成向负载提供直流电压的同时，既实现了功率因数的校正，又完成了负载与电源的隔离。

LED 驱动电路的另一个任务是使 LED 的负载电流能够在各种因素

图 1-14　LED 驱动电路结构框图

的影响下都能控制在预先设计的水平上。电路将一个基准电压或电流信号与 LED 负载电压或电流反馈信号在控制模块中进行比较，误差信号经处理后送回初级控制 IC 中进行处理，当负载电流因各种因素而产生变化时，初级控制 IC 可以通过控制开关使负载电流回到初始设计值上。

1.2.4　LED 驱动器应具备的要素

LED 所应用的电源环境有 AC/DC 和 DC/DC 变换器两种方式，所以驱动芯片的选择也要从这两方面考虑。目前 LED 均采用直流驱动，因此在市电与 LED 之间需要加一个电源适配器即 LED 驱动电源。它的功能是把交流市电转换成适合 LED 的直流电。根据电网的用电规则和 LED 的驱动特性要求，选择和设计 LED 驱动电源。

1. 驱动器需要适合 LED 的工作特性

大功率 LED 是低电压，大电流的驱动器件，当 LED 电压变化很少时，电流变化很大。LED 发光的强度由流过 LED 的电流决定，电流过大会引起 LED 的发光性能衰减，电流过小会影响 LED 的发光强度，因此，驱动 LED 的电源需要提供恒流电源，以保证大功率 LED 使用的安全性，同时达到理想的发光强度。

G220/C600 系列驱动器提供的是一个脉冲的恒流源，其电流脉冲的频率和占空比可以调整，该驱动器提供恒定的电流并充分可控。由于采用脉冲供电，LED 处于间歇工作的状况，LED 的温升比较慢，延长了大功率 LED 的使用寿命。另外，该驱动器是高频工作，充分利用了 LED 内荧光粉的余晖效应，不但不会有光的闪烁现象，还进一步提高了 LED 的发光效率。所以，与同类的驱动器相比，基于 G220/C600 系列 IC 设计的 LED 驱动电源将会提高大功率 LED 的光通量。

2. LED 驱动器具备高可靠性

目前，照明 LED 灯的价格还是比较高，LED 驱动器的可靠性低，制约着 LED 在照明领域的发展。LED 驱动电源的成本只占 LED 照明系统成本的很小部分，但它关系到整个系统性能的可靠性。就目前 LED 在照明领域的推广应用而言，应根据照明应用的特殊要求，开发更多功能更可靠的 LED 驱动器，在照明领域应用的 LED 驱动器除了常规的保护功能外，应在恒流输出中增加 LED 温度负反馈，防止 LED 温度过高。图 1-15 是 CREE 公司生产的 XL7090LED 的温度与电流曲线图，由图 1-15 可知，在大功率 LED 应用中，LED 能承受的电流与温度有一定的关系。所以在 LED 驱动器设计时，要设有过热保护电路。

LED 抗浪涌的能力是比较差的，特别是抗反向电压能力。加强这方面的保护也很重要。有些

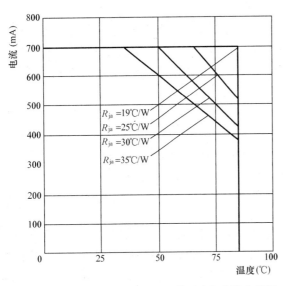

图 1-15 CREE 公司 XL7090LED 的温度与电流曲线图

R_{ja} 为热阻

LED 灯应用在户外，如 LED 路灯。由于电网负载的启停和雷击的感应，从电网系统会侵入各种浪涌，有些浪涌会导致 LED 损坏。因此 LED 驱动电源要有抑制浪涌的侵入，保护 LED 不被损坏的能力。在实际应用中，电网的浪涌电压是随机存在。尤其在雷雨季节，雷电的浪涌电压会通过电源线传导到 LED 驱动电源，所以在设计 LED 驱动器及 LED 灯具时，要在整个产品上加上浪涌抑制器，以在浪涌发生时保护 LED 驱动器及 LED 灯具。

LED 是低电压的产品，而整个灯具又是高压的，在设计中要考虑对人体的安全性，高压和低压电路需要有效的隔离，以符合整个产品的安全性。

3. 高功率因数

功率因数是加在负载上的电压和电流波形之间的相角余弦（若电压波形与电流波形的相角差为 φ，则 $\cos\varphi$ 便是电源的功率因数）。当加在负载上的电压和电流波形相位一致时（即相角差 $\varphi = 0$），则功率因数 $\cos\varphi = 1$ 是理想的情况；当加在负载上的电压和电流波形相角差为 90° 时（即 $\varphi = 90°$），则功率因数等于零（处于最小值）；通常，电源的功率因数处于 0~1 之间，即 $0 \leq \cos\varphi \leq 1$，可用百分数表示。

加在负载上的电压和电流波形之间存在相位差导致的不良结果之一是供电效率降低，二是产生过多的高次谐波。大量的高次谐波反馈到主输入（电网），造成电网被高次谐波污染。功率因数是电网对负载的要求。一般 70W 以下的用电器，没有强制性指标。虽然功率不大的单个用电器功率因数低一点对电网的影响不大，但同类负载太集中，会对电网产生较严重的污染。

随着节能理念的深入人心，大功率 LED 的发展日趋成熟，"功率因数"的指标也被 LED 电源驱动行业提上议题，交流系统里实际功率等于视在功率乘以功率因数。目前，基本上所有的电源都有功率因数指标，所以在 LED 驱动器的设计中，必须满足标准对功率因数指标的要求。

4. 高效率

在由 RC 构成的 LED 驱动电路中，驱动 1W 的 LED 需要 9.6W 的输入功率。从这个数据可知，整个效率才 10% 左右。而第三代 LED 驱动 IC 产品，在 220V 工作条件下，输入电流仅为 11mA，CREE 公司生产的 XL7090 系列的 LED 驱动 IC，输出电流为 600mA，电压为 3.3V，整个输入功率为 2.42W；输出功率为 1.98W；功率因数为 0.9999，整个电源的效率可达到 81% 左右。

5. 长寿命

LED 在一定的条件下，寿命可达 10 万 h。而整个 LED 灯具如果要有如此长时间，那整个电源的结构要改变。传统电源在输入端都有高压电解电容，好的高压电解电容最长寿命不到 1 万 h，正常为 4000h 或 6000h。在 LED 照明领域如果考虑传统的电源方式，显然它的寿命会很短，在设计时应采用金属电容，因为金属电容中无电解液，整个电容寿命达到 5 万 h，通过这个改变，新一代 LED 驱动器至少能达到 3 万 h。从而符合整个 LED 灯具的需求。

1.2.5　LED 驱动电源

从系统设计的观点而言，驱动 LED 有三项主要相关问题：①提供一个高效率供电源；②调节白光 LED 电流；③当灯光关闭时，确保 LED 完全与电源端切断。

LED 驱动电路除了要满足安全要求外，另外的基本功能是应尽可能保持恒流特性，尤其在电源电压发生±15%的变动时，仍应能保持输出电流在±10%的范围内变动。驱动电路应保持较低的自身功率损耗，这样才能使 LED 的系统效率保持在较高水平。

LED 工作的正向电压为 3.4V，典型的正向电流 350mA。较高的 LED 正向电流（Flash 模式，500~700mA）导致较高的正向电压，较低的正向电流（Torch 或 Video 模式，100~350mA）则产生较低的正向电压。而正向电压也会随温度呈反向变化，LED 的正向电压会随着温度的上升产生数百毫伏的漂移。因此，有效的供电是保证 LED 正常工作的前提，因为 LED 的正向电压将依据工作状况而变化。

1. 电阻限流电路

如图 1-16 所示的电阻限流驱动电路是最简单的 LED 驱动电路，限流电阻按下式计算

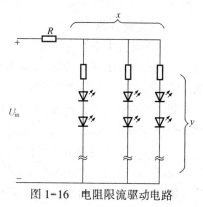

图 1-16　电阻限流驱动电路

$$R = \frac{U_{\text{in}} - yU_{\text{F}} - U_{\text{D}}}{xI_{\text{F}}} \tag{1-1}$$

式中：U_{in} 为电路的输入电压；U_{F} 为 LED 的正向压降；I_{F} 为 LED 在正向电流；U_{D} 为防反二极管的压降（可选）；y 为每串 LED 的数目；x 为并联 LED 的串数。由图 1-16 可得 LED 的线性化数学模型为

$$U_{\text{F}} = U_0 + R_{\text{S}}I_{\text{F}} \tag{1-2}$$

式中：U_0 为单个 LED 的导通压降；R_{S} 为单个 LED 的线性化等效串联电阻。
则式（1-1）限流电阻的计算式可写为

$$R = \frac{U_{\text{in}} - yU_{\text{F}} - U_{\text{D}}}{xI_{\text{F}}} - \frac{y}{x}R_{\text{S}} \tag{1-3}$$

当电阻选定后，电阻限流电路的 I_{F} 与 U_{F} 的关系为

$$I_{\text{F}} = \frac{U_{\text{in}} - yU_0 - U_{\text{D}}}{xR + yR_{\text{S}}} \tag{1-4}$$

由式（1-4）可知在输入电压波动时，通过 LED 的电流也会跟随变化，因此调节性能差。另外，由于电阻 R 的接入损失的功率为 xRI_{F}^2，因此电路的效率低。

2. 线性调节器

线性调节器的核心是利用工作于线性区的功率三极管或 MOSFFET 作为一动态可调电阻来控制负载。线性调节器有并联型和串联型两种，其电路图如图 1-17 所示。图 1-17（a）为并联型线性调节器又称为分流调节器（图中仅画出了一个 LED，实际上负载可以是多个 LED 串联），它与 LED 并联，当输入电压增大或者 LED 减少时，通过分流调节器的电流将会增大，这将会增大限流电阻上的压降，以使通过 LED 的电流保持恒定。

由于分流调节器需要串联一个电阻，所以效率不高，并且在输入电压变化范围比较宽的情况下很难做到恒定的调节。图 1-17（b）为串联型线性调节器，当输入电压增大时，调节动态电阻增大，以保持 LED 上的电压（电流）恒定。

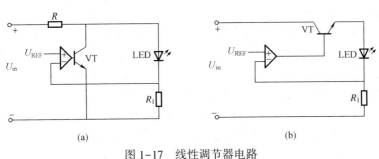

图 1-17　线性调节器电路

（a）并联型线性调节器；（b）串联型线性调节器

由于功率三极管或 MOSFET 管都有一个饱和导通电压，因此，输入的最小电压必须大于该饱和电压与负载电压之和，电路才能正确地工作。

3. 开关调节器

上述驱动技术不但受输入电压范围的限制，而且效率低。在用于低功率的普通 LED 驱动时，由于电流只有几个 mA，因此损耗不明显，当用于驱动电流有几百毫安甚至更高的 LED 时，功率电路的损耗就成了比较严重的问题。开关电源是目前能量变换中效率最高的，可以达到 90% 以上。开关电源的调节方式有：PFM、PWM、chargepump、FPWM、PFM/PWM 以及 pulse-skipPWM、digital PWM 方式。

（1）PFM 是通过调节脉冲频率（即开关管的工作频率）的方法实现稳压输出的技术。它的脉冲宽度固定而内部震荡频率是变化的，所以滤波较 PWM 困难。PFM 方式受限于输出功率，只能提供较小的电流。因而在输出功率要求低，静态功率损耗较低场合可采用 PFM 方式控制。

（2）PWM 的原理就是在输入电压、内部参数及外接负载变化的情况下，控制电路通过被控制信号与基准信号的差值进行闭环反馈，调节集成电路内部开关器件的导通脉冲宽度，使得输出电压或电流等被控制信号稳定。PWM 的开关频率一般为恒定值，所以比较容易滤波。但是 PWM 方式由于受误差放大器的影响，回路增益及响应速度受到限制，尤其是回路增益低，很难用于 LED 恒流驱动，尽管目前很多产品都应用这种方案，但普遍存在恒流问题。在要求输出功率较大而输出噪声较低的场合可采用 PWM 方式控制。

（3）chargepump（电荷泵）解决方案是利用分立电容将电源从输入端送至输出端，整个过程不需要使用电感。电荷泵主要缺点是只能提供有限的电压输出范围（输出一般不会超过 2 倍输入电压），原因是当多级电荷泵级联时，其效率下降很明显。用电荷泵驱动一个以上的 LED 时，必须采用并联驱动的方式，因而只适用于输入输出电压相差不大的应用。

（4）采用 Digital PWM（数字脉宽调制）方式通过对独立数字控制环路和相位的数字化管理，实现对 DC/DC 负载点电源转换进行监测、控制与管理，以提供稳定的电源，减少传统供电模组的电压波幅造成系统的不稳定，而且 Digital PWM 方式不需要采用传统较高容量的电容用作储能及滤波作用。采用 Digital PWM 数字控制技术能够使 MOSFET 运行在更高的频率下，有效地缓解了电容所受到的压力。Digital PWM 适用于大电流密度，其响应速度很快，但回路增益仍受到限制，目前成本相对较高。因此其在 LED 恒流驱动上的应用仍需进一步研究。

（5）FPWM（强制的脉宽调制）是一种以恒流输出为基础的控制方式，它的工作原理是无论输出负载如何变化总是以一种固定频率工作，高侧 FET 在一个时钟周期打开，使电流流过电感，电感电流上升产生通过感抗的电压降，这个压降通过电流检测放大器放大，来自电流检测放大器的电压被加到 PWM 比较器输入端，和误差放大器的控制端作比较，一旦电流检测信号达到这个控制电压，PWM 比较器就会重新启动关闭高侧 FET 开关，低侧的 FET 会在延迟一段时间后打开。在轻负载下工作时，为了维持固定频率，电感电流必须按照反方向流过低侧的 FET。FPWM 技术驱动芯片目前只有 MAXIM 和 National Semiconductor 公司生产有系列产品。

Buek、Boost 和 Buck-Boost 等功率变换器都可以用于 LED 的驱动，只是为了满足 LED 的恒流驱动，采用检测输出电流而不是检测输出电压进行反馈控制。

图 1-18（a）为采用 Buck 变换器的 LED 驱动电路，与传统的 Buek 变换器不同，MOSFET 开关管 VT 移到电感 L 的后面，使得 VT 的源极接地，而续流二极管 VD 与该串联电路反并联，该驱动电路简单而且不需要输出滤波电容，降低了成本。但是，Buck 变换器是降压变换器，不适用于输入电压低或者多个 LED 串联的场合。

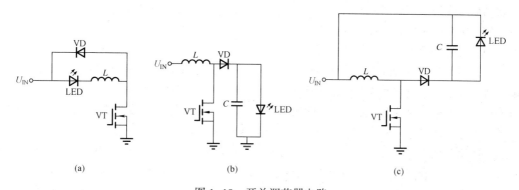

图 1-18　开关调节器电路
（a）Buck 变换器；（b）Boost 变换器；（c）Buck-Boost 变换器

图 1-18（b）为采用 Boost 变换器的 LED 驱动电路，通过电感储能将输出电压升至比输入电压更高的期望值，实现在低输入电压下对 LED 的驱动。

图 1-18（c）为采用 Buck-Boost 变换器的 LED 驱动电路。与 Buek 电路相似，该电路 VT 的源极可以直接接地。Boost 和 Buck-Boost 变换器虽然比 Buck 变换器多一个电容，但是，它们都可以提升输出电压的绝对值，因此，在输入电压低，并且需要驱动多个 LED 时应用较多。

最常见驱动 LED 的解决方案是利用一个传统升压 DC/DC 变换器，配置一个从 FB 脚至 GND 的电阻器以调节 LED 电流。以此方式，升压变换器的输出会连接至 LED 正极，而 LED 电流则由阴极经 FB 脚电阻器流至接地端。其输出电压会一直上升到 LED 电流达到 FB 脚电阻器的设定值，即直到跨在 FB 脚电阻器两端的电压降到 IC 器件 FB 端的给定电压，虽然此方式提供精确的电流调节，但也有很多缺点，最严重的是效率不佳，但在短时间 Flash 的应用场合中，高效率并不是主要的，而在 Torch 或 Video 模式下的效率，将因长时间工作而成为设计的关键，升压变换器效率在 Torch 模式状态下是最低的。

针对一个升压式的电路结构而言，输入电流将保证大于或等于输出电流，因为 LED 正向电压通常低于电源（电池）电压，即使在最佳情况下，相对于一个降压或全桥式电路而言，升压式电路效率也是不佳的。此外，由于升压变换器无法控制输出电压低于输入电压 U_{IN}，一个相对高的 FB 端电压因而成为必须，以确保调节器永远是升压，以高 U_{IN} 及低 U_{LED} 状态调节 LED 电流。对于高 U_{FB} 的需求降低了效率，因为 $I_{LED}U_{FB}$ 代表额外的功率损失。在多数 LED 应用中，60%~70% 范围内的 P_{LED}/P_{IN} 效率为一般升压式电路的典型值。

如果使用两个或多个并联的LED，若不能实现精确的电流匹配，两个LED之间发光效率和发光亮度将产生较大的差异，解决的方法是将LED串联连接，因此需要升压变换器的输出电压满足两个LED正向电压的要求，如果两个LED必须并联连接，应设计有对每个LED独立的电流控制功能，此电流控制电路应尽可能地将跨在电流检测电阻上的电压降控制到最小，LED驱动电路应设有LED切断连接功能，应在LED回路中串联一个开关，在关机时此开关同时关断，以保证没有电流流经LED。

1.2.6　LED驱动电路设计

1. 驱动电路拓扑

设计LED驱动器面临的挑战是构造一个控制良好的、可编程的、稳定的电流源，而且还有较高的效率。主要的电源要求包括高效率、小型的解决方案及调节LED亮度的可能性。对于具有无线功能的便携式电子产品而言，可接受的EMI性能成为关注的另一个焦点。当高效率为选择电源最为关心的标准时，升压变换器就是一款颇具吸引力的解决方案，而其他常见的解决方案是采用电荷泵变换器。

一旦为LED选定了电源以后，对于一个便携式电子产品来说，其主要的要求就是效率、整体解决方案尺寸、解决方案成本以及最后一项但非常重要的EMI（电磁干扰）性能。根据便携式电子产品的不同，对这些要求的强调程度也不尽相同。效率通常是关键的设计参数中最重要或次重要的考虑因素，因此在选择电源时，要认真考虑这一因素。

（1）使用串联电阻器（线性法）调节LED电流是最简单方式，如图1-19（a）所示。其优点在于成本低、实施简单，而且不会由于开关而产生噪声。这种拓扑的主要缺点是：电阻器上的功率损耗导致系统效率降低；并不能控制LED的亮度。而且，这种方案需要用稳压源来得到恒定的电流。例如，假设U_{DD}是5V，而LED的U_F是3.0V，那么如果需要产生350mA的恒定电流，将需要串联的电阻为$R=U/I$，此时$R=(5-3.0)/350=5.7（\Omega）$，电阻$R$将消耗的功率为$RI^2$，即0.7W（几乎相当于白光LED的功率），因此总体效率就不可避免地低于50%。

实际上LED的正向电压U_F会随着温度的变化而变化，使得电流也发生变化。采用较高的U_{DD}可以将由U_F引起的总体电流变动降至最低，但是会在电阻器上产生巨大损耗，从而进一步降低效率。

LED需要以其标称电流来驱动的，可以用可编程的占空比来控制LED的电流，从而实现对LED亮度的控制，可控制LED亮度的电路如图1-19（b）所示。

（2）采用线性电流源加上一个晶体管和一个运算放大器，可以把电流非常精确地设置为350mA，但仍存在电路总体效率低和电阻R的功率损耗问题。

（3）采用低端开关（开关模式法）电路如图1-19（c）所示，通过电感L上的电流在开关导通时上升，在开关断开时下降，可以调节流经LED的电流。同任何感性负载一样，当开关断开时，需要为电流提供一条通路。这可以通过图1-19（d）中的续流二极管来实现，图1-19（d）中用N通道MOSFET来代替开关，并且加上电阻R用以检测流

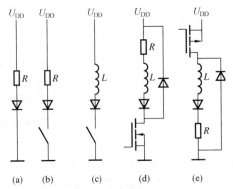

图1-19　LED驱动器拓扑

（a）使用串联电阻器调节LED电流；（b）用可编程的占空比来控制LED的电路；（c）采用低断开关（开关模式法）电路；（d）通过续流二极管实现；（e）采用高端开关

经 LED 的电流。当电流降至低电流阈值（如 300mA）时，开关将导通，而当电流升至高亮度阈值（如 400mA）时，开关将断开。导通 FET 只需在其门极上加 5V 电压，这可以由微控制器的一个输出口直接提供。而且，这种拓扑不再需要恒定的 U_{DD} 电压，即使输入电压在波动，也能稳定地调节 LED 电流。

电流检测电阻 R 必须位于电路的"高端"部分。如果把它连到 MOSFET 的源极，就只能测得开关导通时 LED 的电流，不能用来调节另一个阈值了，如图 1-20 所示。

这种拓扑类似于升压变换器的前端，具有使用 N 通道、低成本 FET 的优势，但需要在电阻 R 两端进行电压差分测量，以获取流经 LED 的电流。电路中的开关实际上提供了两种功能：首先是它使得在电感器上产生可调节的电流；其次是它允许调节 LED 的亮度。

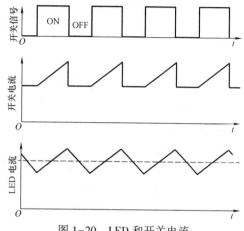

图 1-20　LED 和开关电流

（4）采用高端开关。高端开关电路与低端开关电路的差别仅是负载和晶体管交换位置，如图 1-19（e）所示的电路中开关位于"高端"，并将 FET 从 N 通道更换为 P 通道。因 N 通道 FET 要求 $U_{GS}>5V$，在 1-19（e）所示的电路中，N 通道的源极电压会不断变化，而且经常在 3V 以上，所以在门极上至少需要 8V 的电压。这就需要一个类似电荷泵的门驱动电路，使得整个电路更加复杂。如果就采用一个 P 通道 FET，而且又可以直接从微控制器的输出端为它提供 -5V 的 U_{GS}，那么电路就简单多了，这种拓扑类似于降压变换器的前端。该电路主要的优点是能直接在电阻 R 的两端进行电流检测，因此不再需要差分检测方法。

2. 亮度调节技术

有很多技术都可以对 LED 进行亮度调节，而平均发光度都是通过以非常快的速度（避免闪烁）完全点亮（以其标称电流）再关闭 LED 获得的，而且与 LED 点亮时间的百分比成正比。

（1）脉宽调制。这种技术采用周期为 T 的固定频率，如图 1-21 所示。亮度的调节通过改变脉冲宽度来实现。图 1-21 显示了三种不同的发光度级别，其占空比分别是 6%、50% 和 94%。

（2）频率调制。频率调制技术采用固定宽度的控制脉冲，如图 1-22 所示。脉冲 A 总是相同的宽度，发光度由脉冲 A 的重复间隔来控制。

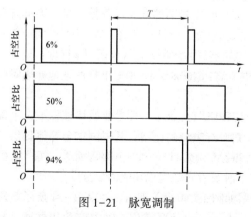

图 1-21　脉宽调制

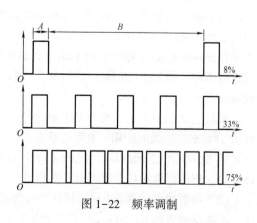

图 1-22　频率调制

（3）位角调制。位角调制技术是基于一串包含发光强度的二进制脉冲列。脉冲列中的每一位都按其位值的比例延展。如果最低位 b0 的持续时间为 1 那么 b1 位的持续时间就为 2，相应地，b2~b7 位的持续时间就分别为 4、8、16、32、64 和 128，如图 1-23 所示。

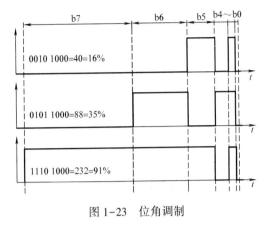

图 1-23　位角调制

应用中的关键参数就是开关速度，开关速度越慢，电感器越大，成本也就越高。大多数微控制器都可以在大约 15μs 内完成 A/D 转换。加上一些比较读数和内部阈值的指令，一个完整的开关周期为 30~40μs，再加上 15μs 的不确定时间。这个误差定义了基本设计电路的最小电感值。另外一个方案就是任意设置导通和关断的持续时间，然后根据实际情况重新调节这些值，去尝试并达到两个电流阈值。这种间接方案允许采用更小、成本更低的电感器，但是准确度较差。

在 100% 的发光度上无须调制晶体管，对最低的发光度级别（如 1%）来说，需要将晶体管开启 1% 的时间。假设亮度调节必须在 100Hz 或更高的频率上完成，以避免闪烁现象，则 PWM 频率必须是 10kHz 或更高。但是肉眼在低发光度区间可以分辨出细微的变化，因此 100 级是远远不够的。如果需要 4000 级（12 位分辨率），则 PWM 的频率必须达到 400kHz 以上。

3. 大功率 LED 恒流驱动电路

（1）AC/DC 变换器。AC/DC 分为 220V 交流输入和 12V 交流输入。12V 交流电是酒店中广泛应用的卤素灯电源，现有的 LED 可以在保留现有交流 12V 的条件下进行设计。针对替代卤素灯的设计，美国国家半导体生产的 LM2734 的主要优势是体积小、可靠性高、输出电流高达 1A，恰好适合卤素灯灯口直径小的特点。取代卤素灯之后，LED 灯一般做成 1W 或 3W。LED 灯与卤素灯相比有两大优势：

1）光源比较集中，1W 照明所获得的亮度等同于十几瓦卤素灯的亮度，因此比较省电。

2）LED 灯的寿命比卤素灯长。

LED 灯的主要弱点是灯光的射角太窄，成本相对较高。但从长远来看，由于 LED 灯的寿命较长，所以还是具有非常大的成本优势。220V AC/DC 变换器（例如 LM5021）主要应用于舞台灯和路灯市场。

（2）DC/DC 变换器。目前，LED 手电筒占据了 DC/DC 变换器的绝大部分需求量。手电筒采用的 LED 功率基本上是 1W，供电方式包括锂电池和镍锌电池、碱性电池等。3W 手电筒的应用一直还存在一些难点，因为 3W 的 LED 本身需要散热，散热装置的体积大，从而在一定程度上削弱了 LED 灯体积小的优势。此外，由于 3W 的 LED 灯的电流高达 700mA，一次充电后的电池使用时间缩短。

矿灯也是 LED 灯的主要应用领域之一，它属于特种照明行业，需要专业的认证标准，中国对 LED 在矿灯领域的应用一直都很重视。对于 LED 在矿灯领域的应用，美国国家半导体提供了丰富的 DC/DC 稳压器产品，包括 LM3485、LM3478 和 LM5010。已经被应用的是采用一只 1W 的 LED 灯，周围再放 6 只普通的高亮度 LED 灯，构成一种具有特殊闪烁功能的矿灯。

（3）高效的恒流驱动电路。恒压供电的基本电路如图 1-24（a）所示，在图 1-24 所示电路中，采用反馈电阻 R_{FB1} 和 R_{FB2}，当负载电流发生变化时，U_{FB} 也随之变化，DC/DC 稳压器通过检

测 U_{FB} 的变化，使输出电压维持在一个固定的电平。

$$U_0 = [\, U_{FB} \times (R_{FB1} + R_{FB2}) \,] / R_{FB1} \tag{1-5}$$

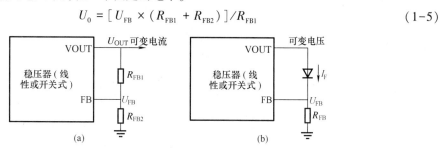

图 1-24　利用 DC/DC 驱动电路

（a）恒压驱动的基本电路；（b）恒流驱动电路

在图 1-24（b）所示电路中，DC/DC 稳压器的 FB 是高阻输入端，流经 LED 的电流 I_F 为

$$I_F = U_{FB} / R_{FB} \tag{1-6}$$

为保持 I_F 恒定，DC/DC 稳压器检测 U_{FB}，然后调整 LED 的端电压，使流经 LED 的电流保持恒定。这就是利用 DC/DC 稳压器 FB 反馈端实现恒压到恒流转换的原理。

一般来说，DC/DC 稳压器对 U_{FB} 的变化有一个检测的范围，一旦 LED 选定，其工作电流 I_F 的大小也就确定了，所选的电阻要保证 U_{FB} 落在 DC/DC 稳压器容许的范围内。

以 U_{FB} 等于 1.25V 为例，假设 I_F 分别为 15、350mA 和 700mA，采样电阻的功率损耗将分别小于 20、400mW 和 800mW。对于 1W 的 LED 来说，采样电阻的功率损耗分别占到总电源消耗的 2%、40% 和 80%。因此，采样电阻的设计对提高 LED 的效率至关重要，应尽可能选用小的数值。

由于直接将 R_{FB} 连接到 FB 端会造成 R_{FB} 的功率损耗过大，所以在 FB 端和 R_{FB} 之间放置一个运算放大器，以放大 R_{FB} 采集到的电压 U_{TAP}，如图 1-25 所示。

$$\begin{aligned} I_F &= U_{TAP} / R_{FB} \\ &= (U_{FB}/R_{FB})(1 + R_F/R_1) \end{aligned} \tag{1-7}$$

通常，1W 大功率 LED 的典型工作电流为 350mA，如果选择 R_{FB} 等于 1Ω，则 R_{FB} 的功率损耗为

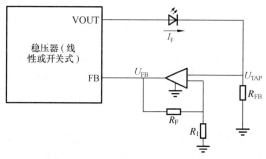

图 1-25　在 FB 反馈端和 R_{FB} 之间放置一个运算放大器电路

$$P_{RFB} = I^2 R_{FB} = 0.35^2 \times 1 = 0.12 \ (W)$$

考虑运算放大器本身的功率损耗，R_{FB} 及其附属电路的功率损耗大约为 1W 的 LED 功率的 12%。这样就能在确保 LED 获得恒流供电的同时，将 R_{FB} 的功率损耗降低到可以接受的水平，从而使 LED 两端的电压尽可能大，流经的电流也尽可能大。

LM2734 是 1A 降压型稳压器。基于 LM2734 的恒流驱动电路如图 1-26 所示，利用 LM321 运算放大器获取采样电阻 R_{set} 上的电压，结合其他电阻和电容就可以构成一个完整、高效率的大功率 LED 恒流驱动电路。在实际使用中，有些 LED 恒流驱动电路可以直接从采样电阻获取反馈电压，如图 1-27 所示。

在图 1-26 所示电路中采样电阻 R_{set} 决定了恒流驱动电路的设计，而且对整个系统的效率有重要影响，因此仔细设计 R_{set} 对节省能源至关重要。一般来说，如果要求 LED 驱动电流的变化不

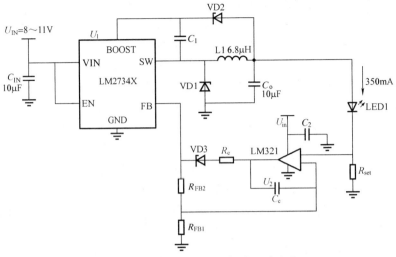

图 1-26 基于 LM2734 的恒流驱动电路

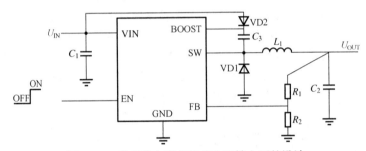

图 1-27 从采样电阻直接获取反馈电压的设计

超过标称值的 5%～10%,那么采用精度为 2% 的电阻就足够了。LED 驱动电流的典型波动范围是 ±10%。由于采样电阻消耗的功率较大,应避免使用功率较小的贴片电阻。此外,LM3478 方案适用于多个大功率 LED 的恒流驱动,而基于 LM5021 的恒流驱动设计方案则针对 220V AC/DC 变换器的应用。

(4)恒流驱动与散热的考虑。就电子系统设计而言,在设计 LED 恒流驱动电路时首先要了解 LED 的恒流参数。目前 LED 芯片的制造商很多,国内外 LED 的差异主要在于相同电参数的情况下,流明数可能不同,因此设计中要清楚地认识到 LED 功率并不是决定发光效率的唯一参数。例如,同样是 1W 的 LED,有的 LED 可以达到 40lm 的亮度,而有的只能达到 20lm 的亮度,这是因为 LED 光学效率还取决于材料和制作工艺等诸多环节。

在设计中若为了提高发光效率而采取加大 LED 驱动电流的办法,如对于同一只 1W 的 LED,加大驱动电流后,亮度可以从 20lm 提高到 40lm,则 LED 的工作温度也相应升高了。一旦温度超过 LED 的限温点,就会影响 LED 的寿命和可靠性,这是设计恒流驱动过程中需要注意的重要问题。

此外,LED 照明系统的光学效率不仅仅取决于 LED 恒流驱动方案,还与整个系统的散热设计密切相关。为缩小体积,将 LED 驱动电路与散热部分贴近设计,这样容易影响可靠性。一般来说,LED 照明系统的热源基本就是 LED 本身的热源,热源太集中会产生热损耗,因此 LED 驱动电路不能与散热系统紧贴在一起。应采取下列散热措施:

1）LED 灯采用铝基板散热。

2）功率器件均匀布局。

3）尽可能避免将 LED 驱动电路与散热部分贴近设计。

4）抑制封装至印刷电路基板的热阻抗。

5）提高 LED 芯片的散热顺畅性以降低热阻抗。

（5）高的效率与 EMI 抑制。一般来说，用于驱动 LED 的电源拓扑结构有两种：即电荷泵和升压变换器解决方案。这两款解决方案均可提供较高的输出。二者主要的不同之处在于转换增益 $M = U_{out}/U_{in}$，该增益将直接影响效率；而通常来说，电荷泵解决方案的转换增益是固定不变的。一款固定转换增益为 2 的简单电荷泵解决方案通常会产生比 LED 正向电压高很多的电压，如下式

$$U_B = U_{BAT}M = 3.7 \times 2 = 7.4 \text{ （V）}$$

式中：U_B 为电荷泵 IC 内部产生的电压；U_{BAT} 为锂离子电池的典型电池电压。

其将仅有 47% 的效率，如下式

$$\eta = \frac{U_{LED}}{U_B} = \frac{3.5}{7.4} = 47\%$$

电荷泵需要提供一个恒定的电流以及相当于 LED 的 3.5V 典型正向电压的输出电压。通常，固定转换增益为 2 的电荷泵会在内部产生一个更高的电压，该电压将会导致一个降低整体系统效率的内部压降。更为高级的电荷泵解决方案通过在 1.5 和 1 转换增益之间进行转换，克服增益为 2 的电荷泵效率低的缺点。这样就可以在电池电压稍微高于 LED 电压时，实现在 90%~95% 效率之间运行，从而允许使用增益值为 1 的转换增益。如下式

$$U_B = U_{BAT}M = 3.7 \times 1 = 3.7 \text{ （V）}$$

$$\eta = \frac{U_{LED}}{U_B} = \frac{3.5}{3.7} = 95\%$$

当电池电压进一步降低时，电荷泵需要转换到 1.5 的增益，从而导致效率下降至 60%~70%，如下式

$$U_B = U_{BAT}M = 3.7 \times 1.5 = 5.1 \text{ （V）}$$

$$\eta = \frac{U_{LED}}{U_B} = \frac{3.5}{5.1} = 68\%$$

转换增益为 2 的电荷泵具有非常低的效率（低至 40%），且对便携式电子设备没有太大的吸引力；而具有组合转换增益（增益为 1.0 和 1.5）的电荷泵则显示出了更好的效果。这样一款电荷泵需要控制的是从增益 $M = 1.0$ 向 $M = 1.5$ 转换的转换点，这是因为发生增益转换后效率将下降至 60% 的范围。当电池可在大部分时间内正常运行的地方发生效率下降（转换）时，整体效率会降低。因此，在接近 3.5V 的低电池电压处发生转换时就可以实现高效率。但是，该转换点取决于 LED 正向电压、LED 电流、电荷泵 I^2R 损耗以及电流检测电路所需的压降。这些参数将把转换点移至更高的电池电压。因此，在具体的系统中必须要对这样一款电荷泵进行精心设计，以实现高的效率数值。

计算得出的效率数值显示了电荷泵解决方案最佳的理论值。在实际电路设计中，根据电流控制方法的不同会发生更多的损耗，其对效率有非常大的影响。除了 I^2R 损耗以外，电荷泵中的开关损耗和静态损耗也将进一步降低该电荷泵解决方案的效率。

通过使用电感升压变换器可以克服这些不足之处，该升压变换器具有一个可变转换增益 M，

如下式

$$M_{\text{boott}} = \frac{1}{1-D} \qquad\qquad (1-8)$$

该升压变换器占空比 D 可在 0% 和实际的 85% 左右之间发生变化，可变转换增益可实现一个刚好与 LED 正向电压相匹配的电压，从而避免了内部压降，并实现了高达 85% 的效率。

若选用的升压变换器电流检测电阻器两端有一个在 1.233V 压降，检测电阻器的功率损耗就会降低该解决方案的效率。因此，必须降低调节 LED 电流的电流检测电阻器的压降。除此之外，对于许多应用来说，调节 LED 亮度的功能也是必须的。

在电路中可选用齐纳二极管钳位控制输出电压，以防止 LED 断开连接或出现高阻抗。一个具有 3.3V 振幅的 PWM 信号被施加到变换器的反馈电路上，同时使用了一个低通滤波器 R_F 和 C_F，以过滤 PWM 信号的 DC 部分并在 R_2 处建立一个模拟电压（U_{adj}）。通过改变所施加 PWM 信号的占空比，使该模拟电压上升或下降，从而调节变换器的反馈电压，增加或降低变换器输出至 LED 的电流。通过在 R_2 处施加一个高于变换器反馈电压（1.233V）的模拟电压，可以在检测电阻器两端实现一个更低的感应电压。对于一个 20mA 电流的 LED 而言，感应电压从 1.233V 下降到了 0.98V（对于 10mA 电流的 LED 而言，会降至 0.49V）。

当使用一个具有 3.3V 振幅的 PWM 信号时，必须将控制 LED 亮度的占空比范围从 50% 调整到 100%，以得到一个通常会高于 1.233V 反馈电压的模拟电压。在 50% 占空比时，模拟电压将为 1.65V，从而产生一个 20mA、0.98V 的感应电压。将占空比范围限制在 70%～100% 之间会进一步降低感应电压。

效率还取决于所选电感。在此应用中，一个尺寸为 1210 的小型电感可以实现高达 83% 的效率，从而使总体解决方案尺寸可与一个需要两个尺寸为 0603 的泵电容电荷泵解决方案相媲美。

由于这两款解决方案均为运行在高达 1MHz 转换频率上的开关变换器，且可以快速地上升和下降，因此无论使用哪一种解决方案（电荷泵还是升压变换器）都必须要特别谨慎。如果使用的是电荷泵解决方案，则不需要使用电感，因此也就不存在磁场会引起 EMI 的问题了。但是，电荷泵解决方案的泵电容通过在高频率时开启和关闭开关来持续地充电和放电。这将引起电流峰值极快的上升，并对其他电路发生干扰。因此泵电容应该尽可能地靠近 IC 连接，且连线要非常短以最小化 EMI 辐射。必须使用一个低 ESR 输入电容以最小化高电流峰值（尤其是出现在输入端的电流峰值）。

如果使用的是一款升压变换器，则屏蔽电感器将拥有一个更为有限的磁场，从而实现更好的 EMI 性能。应对变换器的转换频率加以选择以最小化所有对系统无线部分产生的干扰。PCB 布局将对 EMI 产生重大影响，尤其要将承载开关或 AC 电流的布线保持尽可能小的 EMI 辐射，应采用粗而短的布线，且必须使用一个星形接地或接地层以使噪声最小。输入和输出电容应为低 ESR 陶瓷电容以最小化输入和输出电压纹波。

（6）新应用对驱动器的要求。由于大功率 LED 在寿命上具有很大优势，所以发展前景非常广阔，其中最被看好的照明应用是汽车、医疗设备和仪器仪表及其他特种照明环境。但这些应用对 LED 驱动系统设计也提出了新的要求，包括输入电压范围一般要求为 6～24V；具有冲击负载保护、反相和过电压保护；待机功率损耗非常低；低带隙基准以减少电流检测损耗及具有 PWM 调整亮度的功能等。针对这些需求，美国国家半导体公司提供了全系列 LED 驱动 IC，可以提供全面的 LED 驱动器解决方案。

LED 照明系统需要借助于恒流供电，目前主流的恒流驱动设计方案是利用线性或开关型 DC/

DC 稳压器结合特定的反馈电路为 LED 提供恒流供电，根据 DC/DC 稳压器外围电路设计的差异，又可以分为电感型 LED 驱动器和电荷泵型 LED 驱动器。电感型升压驱动器方案其优点是驱动电流较高，LED 的端电压较低、功率损耗较低、效率保持不变，特别适用于驱动多只 LED 的应用。在大功率 LED 驱动器设计中，主要采用电荷泵型 LED 驱动方案，其优点是 LED 两端的电压较高、流过的电流较大，从而获得较高的功效及光学效率。先进的开关电容技术还能够提高效率，因而在大功率 LED 驱动中应用广泛。

1.2.7 三种开关式 DC/DC 变换器性能比较

1. 开关式 DC/DC 的种类

开关式 DC/DC 变换器按结构可分为以下 3 类：①电感式 DC/DC 变换器，如图 1-28（a）所示；②无调整电荷泵，如图 1-28（b）所示；③可调整电荷泵，如图 1-28（c）所示。

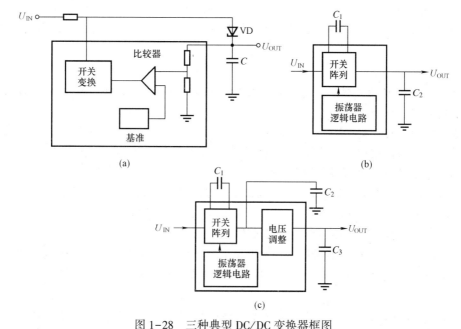

图 1-28 三种典型 DC/DC 变换器框图
（a）电感开关式；（b）无调整电荷泵式；（c）可调整电荷泵式

三种电路的工作过程均为：首先储存能量，然后以受控方式释放能量，以获得所需的输出电压。电感式 DC/DC 变换器采用电感器来储存能量，而电荷泵采用电容器来储存能量。

无调整电荷泵缺少调整电路，可调整电荷泵在基本电荷泵的后端增加线性调整器或电荷泵调制器。线性调整的输出噪声最低，并可以在更低的效率情况下提供更好的性能。因电荷泵没有串联传输晶体管，只是控制开关管的导通和截止，所以可提供高的效率，在给定的芯片面积（或消耗）下可提供更多的输出电流。增加开关管的开关频率也就增加了电荷泵的静态电流，但可降低 C_1 和 C_2 的电容值。可调整电荷泵的输入噪声也比基本电荷泵要低，电荷泵工作在高频下，简化了滤波电路，从而进一步降低了传导噪声。

由于电荷泵采用脉冲频率调制技术，当输出电压高于目标调节电压时，调制器是闲置的，此时消耗的电流最小，因为储存在输出电容器上的电荷会提供负载电流。而随着这个电容器不断放电以及输出电压逐渐降到目标调节电压以下，调制器才会被激活并向输出传输电荷。这个电荷供给负载电流，并增加输出电容器上的电压。

电荷泵消除了电感器和变压器所带来的磁场和电磁干扰，但仍然是一个微小噪声源，那就是当泵电容和一个输入源或者另外一个带不同电压的电容器相连时，流向它的高充电电流。电荷泵工作在1倍压线性模式时可改进工作效率，但又不会像电感式降压调整器那样复杂。

电荷泵可以依据电池电压输入不断改变其输出电压。例如，它在1.5倍压或1倍压的模式下都可以运行。当电池的输入电压较低时，电荷泵可以产生一个相当于输入电压的1.5倍压的输出电压。而当电池的电压较高时，电荷泵则在1倍压模式下运行，此时电荷泵仅仅是将输入电压传输到负载中。这样就在输入电压较高的时候降低了输入电流和功率损耗。

2. 选择开关式DC/DC变换器需考虑的因素

如图1-28所示三种变换器的工作原理都是先储存能量，然后以受控方式释放能量，从而得到所需要的输出电压。对某一工作来讲，最佳的开关式DC/DC变换器是可以用最小的安装成本满足系统总体需要的。这可以通过一组描述开关式DC/DC变换器性能的参数来衡量，它们包括：高效率、小的安装尺寸、小的静态电流、较小的工作电压、产生的噪声低、高功能集成度、足够的输出电压调节能力、低安装成本。

（1）工作效率。

1）电感式DC/DC变换器。电池供电的电感式DC/DC变换器的转换效率为80%~85%。损耗主要来自外部二极管和调制器开关。

2）无电压调节电荷泵。无电压调节电荷泵为基本式电荷泵（如TC7660H），具有很高的功率转换效率（一般超过90%）。这是因为电荷泵的损耗主要来自电容器的ESR和内部开关管的导通电阻（R_{DSON}），而这两者都可以做得很低。

3）带电压调节电荷泵。带电压调节电荷泵是在基本电荷泵的输出之后增加了低压差的线性调节器。虽然提供了电压调节，但效率却由于后端调节器的功率损耗而下降。为达到高的效率，电荷泵的输出应当与后端调节器的调节后电压尽可能接近。

设计应用中工作效率的最佳选择是：无电压调节电荷泵（在不需要严格的输出调节的应用中），或带电压调节电荷泵（如果后端调节器两端的压差足够小的话）。

（2）安装尺寸。

1）电感式DC/DC变换器。虽然很多新型电感式DC/DC变换器都可以提供SOT封装，但它们仍然需要通常物理外形较大的外部电感器。而电感式DC/DC变换器的电路布局，其自身也需要较大的板级空间（额外的去耦、特殊的地线处理、屏蔽等）。

2）无电压调节电荷泵。电荷泵不用电感器，但需要外部电容器。新型电荷泵器件采用SOP封装，工作在较高的频率，因此可以使用占用空间较小的小型电容器（1μF）。电荷泵IC芯片和外部电容器合起来所占用的空间，还不如电感式DC/DC变换器中的电感大，利用电荷泵获得正负组合输出也很容易。如TCM680器件仅用外部电容即可支持$\pm 2U_{IN}$的输出电压。而采用电感式DC/DC变换器要获得同样的输出电压则需要独立的两个变换器，如用一个变换器的话，就得用具有复杂拓扑结构的变压器。

3）带电压调节电荷泵。增加分立的后端电压调节器占用了更多空间，然而许多此类调节器都有SOT形式的封装，相对减少了占用的空间。新型带电压调节电荷泵器件，如TCM850，在单个8引脚SOIC封装中集成了电荷泵、后端电压调节器和关闭控制。

设计应用中安装尺寸的最佳选择是：无电压调节或带电压调节电荷泵。

（3）静态电流。

1）电感式DC/DC变换器。频率调制（PFM）电感式DC/DC变换器是静态电流最小的开关式 DC/DC 变换器，通过频率调制进行电压调节可在小负载电流下使供电电流最小。

2）无电压调节电荷泵。电荷泵的静态电流与工作频率成比例。多数新型电荷泵工作在 150kHz 以上的频率，从而可使用 1μF 甚至更小的电容。为克服因此带来的静态电流大的问题，一些电荷泵具有关闭输入脚，以在长时间闲置的情况下关闭电荷泵，从而将供电电流降至接近 0。

3）带电压调节电荷泵。后端电压调节器增加了静态电流，因此带电压调节的电荷泵在静态电流方面比基本电荷泵要差。

应用中的最佳选择是：采用电感式 DC/DC 变换器 [特别是频率调制（PFM）开关式]。

（4）最小工作电压。

1）电感式 DC/DC 变换器。电池供电专用电感式 DC/DC 变换器（如 TC16）可在低至 1V 甚至更低的电压下启动工作，因此非常适合用于单节电池供电的电子设备。

2）无电压调节电荷泵/带电压调节电荷泵。多数电荷泵的最小工作电压为 1.5V 或更高，因此适合于至少有两节电池的应用。

应用中的最佳选择是：采用电感式 DC/DC 变换器。

（5）产生的噪声。

1）电感式 DC/DC 变换器。电感式 DC/DC 变换器是电源噪声和开关辐射噪声（EMI）的来源。宽带 PFM 电感式 DC/DC 变换器会在宽频带内产生噪声。可采取提高电感式 DC/DC 变换器的工作频率的办法，使其产生的噪声落在系统的频带之外。

2）无电压调节电荷泵/带电压调节电荷泵。电荷泵不使用电感，因此其 EMI 影响可以忽略。泵输入噪声可以通过一个小电容消除。

应用中的最佳选择是：无电压调节或带电压调节电荷泵。

（6）集成度。

1）电感式 DC/DC 变换器。现已开发出集成了开关调节器和其他功能（如电压检测器和线路调节器）的芯片。如 TC16 芯片就在一个 SO-8 封装内集成了一个 PFM 升压变换器、低压差线性稳压器（Low Dropout Line Regulator，LDO）和电压检测器。与分立实现方案相比，此类器件提供了优异的电气性能，并且占用较小的空间。

2）无电压调节电荷泵。无电压调节电荷泵，如 TC7660，没有附加功能集成，占用空间小。

3）带电压调节电荷泵。集成更多功能的带电压调节电荷泵芯片已成为目前一种发展趋势。很明显，下一代带调节电荷泵的功能集成度将可与电感式 DC/DC 变换器集成芯片相比。

应用中集成度最佳的是：电感式 DC/DC 变换器。

（7）输出调节。

1）电感式 DC/DC 变换器。电感式 DC/DC 变换器具有良好的输出调节能力，一些电感式 DC/DC 变换器还具有外部补偿引脚，允许根据应用"精细调整"输出的瞬态响应特性。

2）无电压调节电荷泵。无电压调节电荷泵的输出没有电压调节，它只简单地将输入电压变换为负电压输出或将输入电压倍压后输出。因此，输出电压会随着负载电流的增加而下降。虽然这对某些应用（如 LCD 偏置）并不是问题，但不适用需要稳定的输出电压的应用。

3）带电压调节电荷泵。通过后端线性电压调节器（片上或外部）提供电压调节（稳压），在一些情况下，需要为电荷泵增加开关级数，以为后端调节器提供足够的净空间。这需要增加外部电容，从而给尺寸、成本和效率带来负面的影响。但后端线性调压器可使带调节电荷泵的输出电压稳定性与电感式 DC/DC 变换器一样。

应用中的最佳选择是：带电压调节电荷泵。

（8）安装成本。

1）电感式 DC/DC 变换器。近年电感式 DC/DC 变换器的成本比以前逐渐下降，并且需要更少的外部元件。但电感式 DC/DC 变换器最少需要一个外部电感、电容和肖特基二极管。因二极管、电感，再加上相对价格较高的开关变换芯片，总成本要比电荷泵高。

2）无电压调节电荷泵；无电压调节电荷泵比电感式 DC/DC 变换器价格低，并仅需要外部电容（没有电感）。节约了板空间、电感的成本，以及某些情况下的屏蔽成本。

3）带电压调节电荷泵。带电压调节电荷泵的成本大约与电感开关式 DC/DC 变换器本身的成本相当。在一些情况下，可采用外部后端电压调节器以降低成本，但却增加所需的安装空间和降低工作效率。

应用中考虑安装成本的最佳选择是：在不需要严格稳压的场合的最佳选择为电荷泵，若对输出电压稳压有要求的场合，选择带电压调节电荷泵和电感式 DC/DC 变换器的成本大致相当。

3. 比较结果

表1-1 中总结了上述三种开关式 DC/DC 变换器的比较结果。应用中选用电感式 DC/DC 变换器、电荷泵和带电压调节电荷泵各自有相对的优缺点。在考虑到所有因素时可以看到，在某些应用中，选用无电压调节和带电压调节电荷泵比采用电感式 DC/DC 变换器要好。因此在进行 LED 电源设计时，应结合电荷泵和电感式 DC/DC 变换器的技术特性选择高性能价格比的电源解决方案。

表1-1 三种变换器性能比较

项　　目	电感式 DC/DC 变换器	电　荷　泵	带电压调节电荷泵
效率	+、+	+、+、+	+、+
安装尺寸	+	+、+	+、+
静态电流	+、+、+	+	
最小输入电压	+、+	+	+
低噪声		+、+	+、+、+
集成		+、+	+
输出电压调节	+、+		+、+
安装成本	+、+	+、+、+	+、+

注 "+" 符号多的性能好。

第2章

通用LED照明驱动电路设计实例

 基于 XLT604 的 LED 驱动电路

1. XLT604 芯片的结构功能

XLT604 是采用 BICMOS 工艺设计的 PWM 高效 LED 驱动控制芯片，它在输入电压 8~450V（DC）范围内均能有效驱动 LED。该芯片能以高达 300kHz 的固定频率驱动外部 MOSFET，其频率可由外部电阻编程决定。LED 串可采用恒流方式控制，以保持恒定亮度并增强 LED 的可靠性，其恒流值可由外部取样电阻值决定，其变化范围可从几毫安到 1A。基于 XLT604 驱动的 LED 可以通过外部控制电压来线性调节其亮度，也可通过外部低频 PWM 方式调节 LED 的亮度。XLT604 各引脚的主要功能见表 2-1。

表 2-1　　　　　　　　　　　　XLT604 各引脚的主要功能

序号	名称	功　能
1	LD	线性输入调光端
2	R_{OSC}	振荡电阻接入端
3	CS	LED 电流采样输入端
4	GND	地
5	CATE	驱动外部 MOSFET 栅极
6	VDD	电源
7	PWM-D	PWM 输入调光端，兼作使能端
8	VDD	电源

2. XLT604 的应用电路

XLT604 是可降压、升压、升降压驱动大功率 LED 的控制芯片，该芯片既适用于 AC 输入，也适用于 8~450V 的直流输入。交流输入时，为提高功率因数，可在线路中加入无源功率因数校正电路，XLT604 在交直流输入中的典型应用电路如图 2-1 所示。

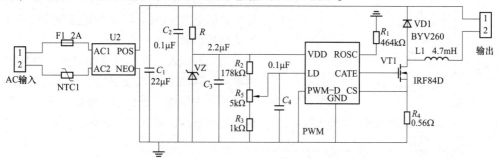

图 2-1　XLT604 在交直流输入中的典型应用电路

XLT604D 开关频率决定了电路中电感的大小，高的频率可以使用较小的电感，但这会增加电路的损耗。典型的开关频率应在 20~150kHz，XLT604 电路中的振荡电阻可以通过式（2-1）计算，即

$$f_{OSC} = 22000/(R_{OSC} + 22) \tag{2-1}$$

式中：R_{OSC} 的单位为 $k\Omega$；f_{OSC} 的单位为 kHz。

设 AC 输入有效值为 120V，I_{LED} 为 350mA，f_{OSC} 为 50kHz，10 个 LED 的正向压降 U_{LED} 为 30V，则

$$U_{IN} = 120 \times 1.41 = 169 \text{（V）}$$

开关占空比为

$$D = U_{LED}/U_{IN} = 30/169 = 0.177$$
$$T_{on} = D/f_{OSC} = 3.5(\text{ms})$$
$$L = (U_{IN} - U_{LED})T_{on}/(0.3I_{LED}) = 4.6(\text{mH})$$

输入滤波电容应确保整流电压值始终大于两倍的 LED 串电压，假设电容两端有 15% 的波纹电压，那么，其电容的计算方法如下

$$C_{min} = 0.06I_{LED} \times U_{LED}/U_{IN^2} = 22(\mu F)$$

因此，选择 $22\mu F/250V$ 的电容作为输入滤波电容。

XLT604 可用来控制包括隔离、非隔离、连续、非连续等多种类型的变换器，当 GATE 端输出高电平时，电感或变压器原边电感的储能将直接传给 LED，而当功率 MOSFET 关断时，储存在电感上的能量将会转换为 LED 的驱动电流。

当 U_{DD} 电压大于 U_{VLO} 时，GATE 端可以输出高电平，此时电路将通过限制功率管电流峰值的方式工作。将外部电流采样电阻与功率管的源极串联，可在外部采样电阻的电压值超过设定值（内部设定值 250mV，也可通过 LD 外部设定）时，关断功率管。如果希望系统软启动，则可在 LD 端对地并接一个电容，以使 LD 端电压按期望的速率上升，进而控制 LED 的电流缓慢上升。

本电路的调光有线性调节和 PWM 调节两种方式，两种方式可单独调节，也可组合调节。线性调光可通过调节 LD 端口的电压（从 0~250mV）来实现，该电压优先于内部设定值 250mV。通过调节连接在电源地上的变阻器可改变 CS 端的电压，当 LD 端的电压高于 250mV 时，其电压变化将不影响输出电流。如果希望更大的输出电流，可以选择一个更小的采样电阻。

PWM 调光则通过一个几百赫兹的 PWM 信号加在 PWM-D 端来实现，PWM 信号的高电平时间长度正比于 LED 亮度，在该模式下，LED 电流可以在额定值范围内设定，通过 PWM 调节方式可以在 0~100% 范围内进行调光。但不能调出高于设定值的电流，PWM 调光的精度仅受限于 GATE 端输出的最窄脉宽。

当电源输入功率不超过 25W 时，可采用一个简单的无源功率因数校正电路来进行功率校正，如图 2-2 中的虚线框所示。该电路含有三个二极管和两个电容，可将电路功率因数提高至 0.85。

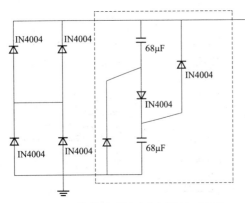

图 2-2　简单的无源功率因数校正电路

实例2　基于 LT3756 的 LED 驱动电路

为确保最佳性能和长的工作寿命，LED 需要一个有效的驱动电路，首先要确保不超过 LED 的电流和温度限制。不管输入电压如何变化，LED 驱动器都能为 LED 提供恒定电流，以保持恒定的光输出和颜色，因此通常采用恒定频率、电流模式控制。与电压模式控制相比，电流模式控制改善了环路动态特性，并提供逐周期电流限制，从而向 LED 提供恒定电流，而且 LED 驱动器必须提供超过 90% 的效率，以最大限度减小对外部散热的需求，并保持照明系统的高效率。

LT3756 是具有 100V 高电压输入的高端电流检测 DC/DC 变换器，该器件为驱动大电流 LED 而设计，其 6~100V 的输入电压范围使该器件非常适合于种类繁多的应用。LT3756 使用一个外部 N 沟道 MOSFET，可以用标称值为 12V 的输入驱动多达 20 个 1A 的白光 LED，从而提供超过 70W 的功率。它含有高端电流检测，从而使它能够用于升压、降压、降压—升压、SEPIC 或反激式拓扑中。LT3756 在升压模式时可以提供超过 94% 的效率，从而无须任何外部散热措施。频率调节引脚允许在 100kHz~1MHz 范围内对频率编程，在优化效率的同时也最大限度地减小了外部组件的尺寸和成本。

LT3756 有两种版本，标准的 LT3756 提供了开路 LED 状态引脚，而 LT3756-1 则用一个频率同步引脚取代了开路 LED 状态引脚。LT3756EUD 和 LT3756EUD-1 采用 16 引脚 3mm×3mmQFN 封装，而 LT3756EMSE 和 LT3756EMSE-1 采用耐热增强型 MSOP-16E 封装。LT3756 具有迟滞的可编程欠压闭锁、可编程软启动功能，停机电流<1μA。

LT3756 采用 PWM 调光方式，可在宽达 3000∶1 的调光范围提供恒定 LED 色彩，其 CTRL 引脚可用来提供一个 10∶1 的模拟调光范围。其固定频率、电流模式结构确保在宽电源和输出电压范围内稳定工作。一个以地为基准的 FB 引脚用作几种 LED 保护功能的输入，从而使该变换器可以作为一个恒定电压源工作。采用单个 LED 驱动器 IC 驱动 50WLED 串的电路如图 2-3 所示。

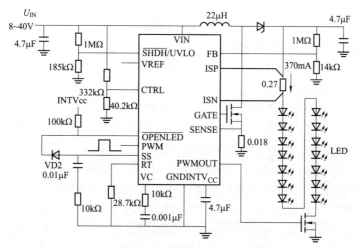

图 2-3　LT3756 驱动 50WLED 串的电路

在图 2-3 所示电路中，LT3756 用于升压模式，工作效率超过 94%，无须散热措施。频率调节引脚允许在 100kHz~1MHz 范围内对频率编程，从而优化效率，并最大限度减小外部组件尺寸和成本。

图 2-3 所示电路可以在多种不同的配置中使用，LED 可以在 50W 聚光灯配置中以单阵列排列，以取代 125W 的荧光灯或高压钠灯。由 LT3756 构成的驱动 LED 电路可提供即时接通功能，并能快速和准确地对 LED 调光。

实例3　基于 PT4201 的 LED 驱动电路

室内照明最普遍的灯具就是 E27、GU10、PAR30、PAR38 等 AC220V 直接输入的 LED 射灯。E27、Gu10 型 LED 射灯需要将交流（AC）输入直接变换成驱动 LED 所需的直流（DC）恒流源，才能驱动 LED 光源发光。目前还不能提供单个 SoC 的集成电路产品，大多数是采用一次侧或二次侧反馈的开关电源方案。但是一次侧反馈方案存在输出电流精度不高问题，一般都在 ±5% 左右。而采用二次侧反馈的反激式恒流驱动方案，输出电流精度可达 ±2%。

PT4201 是一款工作于电流模式、可驱动 1~30W LED 光源的控制器，适用于 1~30W 的各种 LED 照明灯具，包括 E27、PAR30、PAR38 等。基于 PT4201 的隔离式光耦反馈的 LED 驱动器具有恒流精度高、外围电路简单、无闪烁和 EMI 辐射低等显著优点。在正常工作状态下控制器的振荡频率可以通过外部电阻精确设定。同时，PT4201 的前侧消隐电路可克服外部功率器件开启瞬间的电压毛刺，能有效避免控制器的误动作造成的 LED 闪烁，内部集成的电流斜率补偿功能提高了系统稳定性。

PT4201 提供完善的保护功可以提高 LED 照明系统的可靠性，包括逐周期过流保护（OCP）、VDD 过压保护（OVP）以及 VDD 欠压保护（UVLO）等。OUT 引脚的输出脉冲电压被钳制在 18V，以保护外部功率 MOS。短路保护功能防止 LED 负载短路时损坏驱动电路。PT4201 提供 SOT-23-6 封装，引脚排列如图 2-4 所示。

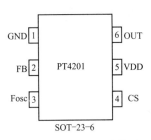

图 2-4　PT4201 引脚排列

1. PT4201 基本功能描述

PT4201 集成了多种增强功能，并以极低的启动和工作电流、多重保护功能为驱动小功率 LED 提供性能优良可靠的低成本解决方案。

（1）启动及 UVLO。PT4201 通过一个连接到输入端上的电阻 R_{start} 对连接在 VDD 脚上的电容 C_{hold} 充电实现启动，在上电之初，C_{hold} 电容上的电压为 0，PT4201 处于关断状态，从 R_{start} 上流下的电流对 C_{hold} 进行充电从而使 VDD 电压升高，当 VDD 脚电压达到芯片启动电压 U_{DD-ON} 之后 PT4201 开始工作，工作之后流进 VDD 端电流增加，由辅助绕组开始对芯片进行供电。

优化设计的启动电路，使 PT4201 启动之前 VDD 端只消耗极低的电流，这样可以选用比较大的启动电阻 R_{start} 从而改善效率。对于一般的通用输入范围的应用，一个 2MΩ、1/8W 的电阻和一个 10μF/50V 的电容可以组成一个简单可靠的启动电路，如图 2-5 所示。

（2）电流反馈及 PWM 控制。PT4201 采用光耦检测输出端 LED 的电流并通过改变输出脉冲占空比达到控制输出电流的目的，光耦检测电路如图 2-6 所示。当 LED 电流达到设定值时，LED 电流在采样电阻 R_2 上的压降达到光耦发光管导通电压，发光管导通使 FB 电压下降，PT4201 根据 FB 电压的大小改变输出脉冲占空比实现恒定电流输出。

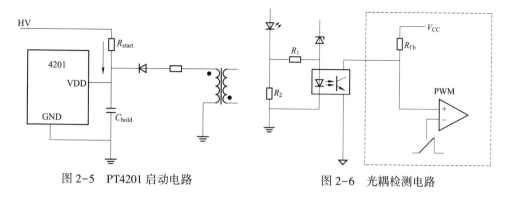

图 2-5　PT4201 启动电路　　　　　　图 2-6　光耦检测电路

（3）LED 开路。当 LED 负载开路时，流过稳压管的电流在电阻 R_1 和 R_2 上产生一个压降使光耦发光管被打开，使 PT4201 的 FB 端电压降低。当 FB 端电压降低到一定程度时，PT4201 进入突发模式，整个系统进入低功耗模式，因此，在 LED 负载开路时驱动电路是安全的。

（4）LED 短路及采样电阻短路保护。当 LED 负载发生短路时，光耦发光管两端电压等于输出电压，由于输出功率很小，因此整个系统工作是安全的。当采样电阻发生短路时，由于光耦发光管两端电压为零，发光管不导通导致 FB 端电压快速爬升到保护阈值。在 R_{OSC} 为 100kΩ 情况下，在 32ms 后 PT4201 将自动关闭。

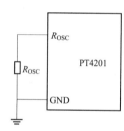

图 2-7　工作频率设定

（5）工作频率设定。利用 PT4201 的 R_{OSC} 引脚可设定 PWM 频率，用一个电阻接在 R_{OSC} 引脚和 GND 之间可以对 PWM 频率进行设定，如图 2-7 所示。PWM 频率与设定电阻之间遵循式（2-2）的关系，即

$$f_{osc} = 6500/R_{OSC} \qquad (2-2)$$

式中：f_{osc} 单位 kHz；R_{OSC} 单位 kΩ。

PT4201 在正常工作时会周期性地使 PWM 工作频率抖动，周期性改变的频率把 EMI 传导干扰扩展到更宽的频谱范围内，从而降低了传导段的 EMI 干扰。

（6）电流采样以及前沿消隐。PT4201 的 CS 引脚的功能是：①采样外部 MOSFET 电流进行电流斜率补偿。②提供逐周期的 MOSFET 过流保护功能。

PT4201 通过与功率 MOSFET 串联的采样电阻来采样流过 MOSFET 的电流，流过 MOSFET 的电流在采样电阻 R_{CS} 上转换成电压信号，CS 端上电压和 FB 电压共同决定了 PWM 脉冲占空比。

在 PWM 的每个导通周期，当 CS 引脚的电压超过内部门限电压时，MOSFET 将立即被关掉以防止过流对器件的损伤。过流门限电压与 MOSFET 的电流可由式（2-3）确定，即

$$I_{OC} = U_{OC}/R_{CS} \qquad (2-3)$$

式中：I_{OC} 为 MOSFET 电流；U_{OC} 为过流门限电压；R_{CS} 为采样电阻大小。

内部过流的门限值与 PWM 占空比大小有关，当 PWM 占空比为 0 时，过流门限值为 0.80V。

由于受变压器二次绕组整流电路反向恢复时间以及一次绕组寄生电容等因素的影响，在每一个 PWM 周期开启瞬间会在采样电阻上产生一个持续时间很短的尖峰电压。为此 PT4201 会在 MOSFET 开启后屏蔽 CS 采样输入一段时间 T_{BLK}，在这段时间内，过流保护被关闭（不会关掉外部 MOSFET），这样可以避免 MOSFET 开启瞬间在采样电阻上产生的电压毛刺而造成误动作。由于 PT4201 提供的这种功能，在电路设计时可以省去电流采样电路所需的 RC 滤波器，如图 2-8 所示。

（7）VDD 过压保护。当系统发生严重故障时，例如光耦开路或者反馈开路的情况，光耦输出电流接近零致使 FB 端电压上升。FB 电压上升将会使 PT4201 工作在过流保护状态，因为有多余的电流供给负载，如果超出了负载所需电流会使输出电压迅速爬升。由于辅助绕组的电压与输出电压成一定比例，输出电压升高引起辅助绕组电压升高进而使 VDD 电压升高，当 PT4201 检测到 VDD 引脚电压达到过压保护点时会关闭 PWM。当 OVP 被触发时由于没有能量供给负载及辅助绕组，VDD 电压和输出电压下降，当降低到 OVP 解除电压时将重新开启正常工作。这时如果故障解除则正常工作，如果故障依然存在将重新进入 OVP 保护状态，如图 2-9 所示。

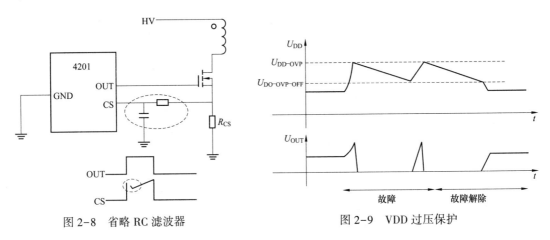

图 2-8　省略 RC 滤波器　　　　　　　　　图 2-9　VDD 过压保护

（8）OUT 输出驱动。PT4201 的 OUT 引脚用来驱动功率 MOSFET 的栅极，优化设计的图腾柱形式输出使驱动能力增强，并使 EMI 得到良好的折中。同时，OUT 引脚的输出电位被限制到了 18V，从而可以保护由于 VDD 升高可能对 MOSFET 造成的损伤。PT4201 的 OUT 和 GND 引脚之间在内部有一个电阻，可以在芯片不工作时将外部 MOSFET 的栅极可靠置为 0 电位。

2. 基于 PT4201 的 E273W 离线式驱动 LED 方案

基于 PT4201 的 E273W 离线式驱动 LED 方案如图 2-10 所示，电路是典型的反激式拓扑结构，采用二次侧反馈（即光耦反馈），以提高输出电流精度。

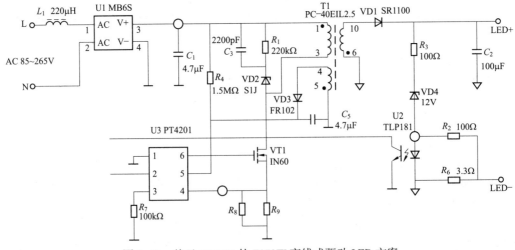

图 2-10　基于 PT4201 的 E273W 离线式驱动 LED 方案

85~265V 的交流输入通过 L_1（相当于一个熔断器，抗浪涌）后接入整流桥，从整流桥输出端的电压大约为 $1.4 \times U_{in}$，电流 1A 左右。C_1 是一个滤波电容，电容值的选择大约是负载功率的 1~3 倍，3W 的应用应选用 4.7μF 的电容，如电容的容量选择太小会导致纹波大，选择太大可能空间又不允许。PT4201 的 VDD 端由 R_4 降压后供电，电压达到 18V 后器件启动，器件启动之后就通过变压器辅助绕组供电，电压为 9~27V。在图 2-10 所示电路中，R_1、C_3 和 VD2 是一个 RCD 吸收回路，用来吸收 VT1 中开关时产生的尖峰。减小 R_1，可以提高吸收效果，但是会导致系统效率降低，在设计时应采用折中方式。

PT4201 的 RI 端所接电阻 R_7 是用来设定开关频率的，此处把频率设定在 65kHz，PT4201 的 CS 端连接采样电阻 R_8、R_9。图 2-10 所示电路采用反激式拓扑结构，当 VT1 关断时，变压器 5，6 端导通，当 VT1 导通时，变压器 1，2 端有电流，3，4，5，6 端截止。VD1，T1，VT1 是影响效率的关键，VD1 反向耐压与 T1 匝数比互相牵制。电路右边 SR1100 是一个肖特基二极管或采用快恢复二极管。当空载时，R_3 是一个限流电阻，限制这条支路上的电流为 10mA，VD4 在这里选用 12V 稳压管，起到一个整流限压的作用，在空载时才工作，R_2 是一个分流电阻，R_2 上流过的电流为 10mA，R_2 左端的电压为 1V。带负载时，R_6 两端的电压为 1V 左右，通过选择不同的电阻值可调节输出电流，对于 1×3W 的应用，工作电流设定在 300mA。U2 是光耦，当 R_6 上的电流变大时，发光二极管上的电流变大，光敏电阻感应到之后，反馈电流输入至 PT4201 的 FB 端，FB 端电压变小，PT4201 通过调整占空比来使能量降低，随之降低 R_6 上的电流。由于是从输出端采样电流反馈到芯片，这样的二次侧反馈，可实时对电流进行微调，提高了输出电流的精度。

实例 4　基于 ZXLD1350 的 LED 驱动电路

基于 ZXLD1350 和 ZXSBMR16T8 构成的 LED 驱动电路如图 2-11 所示，ZXLD1350 是为恒流驱动 350mA 及以下的 LED 而设计，ZXLD1350 的额定电流为 400mA，工作在迟滞模式下（电流波形从标称电流设定点约升降 ±15%）可提供足够的裕度。ZXLD1350 的主要特点包括：①高至 380mA 的输出电流；②宽阔的输入电压范围，即 7~30V；③内部 30V/400mANDMOS 开关；④高效率（高于 90%）；⑤高至 1MHz 的开关频率。

ZXSBMR16T8 是一款能够节省空间又具有高效率、可满足 MR16 应用要求的器件，由一个全桥和一个续流二极管，以低泄漏的 1A/40V 肖特基二极管来实现标称 12V（AC）输入电压工作。相比采用一体式设计的标准硅式二极管，这种肖特基与嵌入式续流二极管的组合有助于提升系统的效率。设计中具备旁路焊接点，可以省略桥式整流器，最终的电气设计亦适用于纯直流工作。

由于 ZXLD1350 采用了迟滞式转换电路拓扑，因此转换效率取决于输入电压、目标电流和 LED 数量。在设计中 ADJ 引脚保持浮动，以测量器件中电流的额定值。ADJ 引脚的输入阻抗较高（200kΩ），容易受到其他泄漏电流的影响。任何从 ADJ 引脚载下的电流，都会减低输出电流。为了避免出现电磁耦合情况，ADJ 引脚的周围应设有保护线。

在图 2-11 所示的电路中，运用跳线连接实现纯 DC 工作。由于系统没有反极性保护，所以应用时接线不能错误。在图 2-11 所示的电路中选用了 100μH 的屏蔽式电感器，把标称频率设定于 250kHz，同时把辐射电磁干扰减至最少。对于任何开关稳压器的设计，对减低辐射电磁干扰都相当重要。该设计可以把关键的线路长度减至最低，而关键性区域四周的接地面积则扩至最大。参考电路的电流设定于 300mA 的标称值，但只须根据式（2-4）改变检测电阻 R_1 的值，电

流便可调整至 350mA 或以下的水平，即

$$I_{ref} = 0.1/R_1 \qquad\qquad (2-4)$$

当使用 $R_1 = 0.33\Omega$，$I_{ref} = 300mA$。

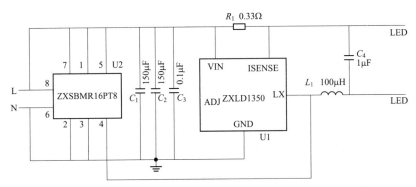

图 2-11　基于 ZXLD1350 和 ZXSBMR16T8 构成的 LED 驱动电路

实例 5　基于 LM3445 的 LED 驱动电路

LM3445 是一款自适应固定关断时间的交流/直流降压恒流控制器，其特点是内置三端双向晶闸管调光译码器，适用于任何使用 TRIAC（三端双向晶闸管）壁挂式调光器的 LED 照明应用，而且能够提供宽范围的、稳定的亮度调整，并不会产生闪烁。传统的 TRIAC 调光控制器是用来调节电阻性负载的（例如白炽灯或卤素灯），而在 LED 灯具采用 TRIAC 调光控制时，会产生 120Hz 的闪烁，并不能实现 100：1 的对比度。LM3445 可将 TRIAC 的斩波信息（TRIAC-chopped waveform）解码，并转换成一个 LED 调光信号，能够在整个宽的调光范围内实现完全无闪烁的亮度调控。LM3445 可以实现很高的转换效率，它的典型应用完全符合能源之星对功率因数的规范要求。此外，LM3445 支持高频工作，可使用体积小巧的元器件以减小占板面积。

1. LM3445 的主要特点

LM3445 与同类离线式 AC/DC 降压恒流 LED 驱动 IC 比较，其主要特点是在芯片上设计了 TRIAC 调光译码器电路，能检测 AC 线路 TRIAC 调光波形，并将其转换成控制 LED 电流的调光信号，能在 0~100%的调光范围内实现无闪烁 LED 亮度调控。LM3445 芯片的另一特点是内置泄流电路。每当线路电压下跌至较低水平时，泄流电路会容许电流继续流通，以便三端双向可控硅调光器可以继续正常运行。此外，该芯片内置的被动式功率因数校正电路，可在一个周期内的大部分时间直接从 AC 输入端截取电流，为降压稳压器提供恒定的电压，并确保最低的耗电量，LM3445 具有过热停机、限流及欠压锁定等保护功能。LM3445 的主要技术特性如下。

（1）AC 输入电压范围为 80~270V，适用于国际通用 AC 线路。

（2）能够控制大于 1A 的 LED 电流。

（3）适合配置无源（被动式）功率因数校正（PFC）电路，满足能源之星固态照明（SSL）商业应用要求。

（4）为支持主/从控制功能的多芯片解决方案，使用一个 TRIAC 调光器和一个主 LM3445，便能控制多个基于 LM3445 的从属降压变换器驱动的多串 LED，导通角检测器、译码器可以实现

宽全范围的（100∶1）调光。

（5）内置 300Ω 的泄流电阻确保 TRIAC 信号译码无误，提供 VCC 欠锁定、门限为 165℃ 的热关闭保护和电流限制。

（6）固定关断时间可编程，开关频率可调节，可通过主/从操作方式控制多串 LED 的亮度。

（7）采用 10 引脚 MSOP 封装，结温范围为 $-40\sim+125℃$。

2. 基于 LM3445 的 TRIAC 调光离线 LED 驱动电路

基于 LM3445 构成的 TRIAC 调光离线式 LED 驱动电路如图 2-12 所示，这种 AC/DC 恒流 LED 驱动电路主要含有五个部分，即 TRIAC 调光器、桥式整流器 BR1、整流线路电压检测及调光译码器电路、无源功率因数校正（PFC）电路和降压（buck）式 DC/DC 变换器电路，整个系统的核心是 LM3445。

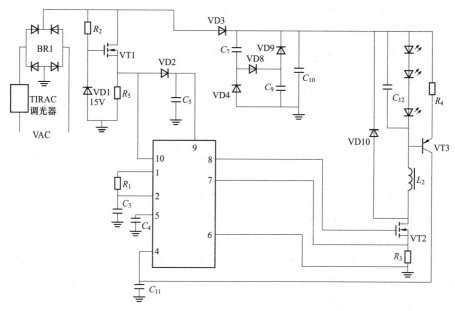

图 2-12　LM3445 构成的 TRIAC 调光离线式 LED 驱动电路

在图 2-12 所示电路中，串联在桥式整流器 BR1 输入端的 TRIAC 调光器采用传统基于相位控制电路，TRIAC 调光器的工作原理如图 2-13 所示，R_1、R_2 及 C_1 构成的 RC 电路可使 TRIAC 调光器延迟启动，直至 C_1 的电压上升至触及交流二极管的触发点电压；电位器的电阻越高（滑动指针越向下滑移），启动延迟时间越长。这样可缩短 TRIAC 调光器的"导通时间"或缩小其"导通角"。TRIAC 调光器必须不断提供保持电流（I_H），以确保电路经常处于"导通"状态。

TRIAC 调光器通常连接白炽灯或卤素灯这类电阻负载，LED 并不属于 TRIAC 调光器可以接入的电阻负载，因此如果利用传统

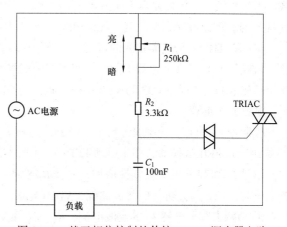

图 2-13　基于相位控制的传统 TRIAC 调光器电路

的 TRIAC 调光器调控 LED 的亮度，调控效果将无法达到最佳状态。若完全替换 TRIAC 调光器而采用新的调光器来支持 LED 调光，将增加成本。

LM3445 可以支持传统的墙式 TRIAC 调光器，可以稳定调控 LED 的亮度，确保不会出现光线闪烁问题。LM3445 不但可以支持高达 100∶1 的调光比，而且还可输出 1A 以上的恒流来驱动多串 LED。LM3445 可以确保输入 LED 的纹波电流恒定不变，无论输入电压如何波动，也无论 LED 电压（U_{LED}）因温度变化而出现任何偏移，都可确保流入 LED 的电流恒定不变，保证 LED 在调光过程中亮度均匀稳定，这有助于延长 LED 的寿命。

在图 2-12 所示电路中，TRIAC 调光器被串接在 AC 线路输入端，通过 LM3445 的调光译码器电路，可以控制 LED 串的电流，实现亮度调控。TRIAC 调光译码电路由整流线路电压检测电路、TRIAC 导通角检测电路和调光译码器电路三部分组成。

（1）线路电压检测。位于桥式整流器之后的 R_1、15V 的齐纳二极管 VD1 和 VT1 组成一个串联通路整流器，将整流的线路电压转换为一个适当的电平被 LM3445 的 BLDR 引脚检测。由于 VT1 源极未连接电容器，当线路电压降至 15V 以下时，允许 LM3445 的 BLDR 引脚上的电压随整流电压升高和降低。R_5 的作用有两个：①用作泄放 LM3445 的 BLDR 引脚上的寄生电容的电荷；②工作在小电流输出时，为调光器提供所需要的保持电流。二极管（肖特基型）VD2 和电容 C_5 的作用是，当 LM3445 的 BLDR 引脚上的电压变低时，维持 IC 引脚 VCC 上的电压，使 LM3445 能够正常工作。

（2）角度检测和调光译码器。TRIAC 导通角检测电路利用一个门限为 7.2V 的比较器监视 LM3445 的 BLDR 引脚来确定 TRIAC 是导通或者关断。比较器输出经 4μs 的延迟控制一个泄放电路并驱动一个缓冲器。缓冲器输出（引脚 ASNS）摆幅被限制在 0~4V，经 R_1 和 C_3 组成的低通滤波器滤波，通过 LM3445 的 FLTR1 引脚输入到斜坡比较器（反相端），与斜坡产生器产生的 5.88kHz、1~3V 的锯齿波相比较，斜坡比较器输出驱动引脚 DIM 和一个 N 沟道 MOSFET。MOSFET 漏极上的信号经内部 370kΩ 和 LM3445 的 FLTR2 引脚上的电容 C_4 组成的（第二个）低通滤波器滤波输出至内部 PWM 比较器。调光译码器输出一个幅度从 0~750mV 变化的 DC 电压，相应的调光器占空比是从 25%~75% 变化，TRIAC 导通角范围从 45°~135°，从而直接控制 LED 的峰值电流，获得几乎从 0~100% 的调光范围。

电容 C_7 和 C_9 以及二极管 VD4、VD8、VD9 组成部分滤波填谷式无源（即被动式）PFC 电路，用其替代一个传统大容量滤波电容器，可以改善线路功率因数。电容 C_{10}（10nF）在 C_7 和 C_9 充电时，可以衰减电压纹波，无源 PFC 电路输出电压 U_{buck} 作为降压变换器的 DC 总线电压。

在没有 TRIAC 调光器接入的情况下，当 AC 线路电压高于其峰值的 1/2 时，VD3 和 VD8 导通，VD4 和 VD9 截止，电容 C_7 和 C_9 以串联方式被充电，并且电流会流入负载。当 AC 线路电压低于其峰值的 1/2 时，VD3 和 VD8 反向偏置，而 VD4 和 VD9 正向偏置，C_7 和 C_9 以并联方式放电，电流流入负载。

控制器 LM3445、功率 MOSFET（VT2）、电感 L_2、二极管 VD10、电阻 R_3 和电容 C_{12} 等组成开关型 DC/DC 降压变换器，用来驱动 LED。当 LM3445 的 GATE 引脚上的 PWM 信号驱动 VT2 导通时，通过 L_2 和 LED 的电流线性增加，并被 R_3 检测。当 R_3 上的电压等于在 IC 引脚 FLTR2 上的参考电压时，VT2 则关断，L_2 释放储能，VD10 导通，电流通过 LED 和 L_2，并从其峰值线性减小。C_{12} 用作消除大部分电感 L_2 的纹波电流，R_4、C_{11} 和 VT3 为设置固定关断时间提供一个线性电流斜坡信号。

实 例 6　基于 PT4107 的 LED 驱动器

1. PT4107 特性

PT4107 是一款高压降压式 LED 驱动控制器，其引脚排列如图 2-14 所示。PT4107 通过外部电阻和内部的齐纳二极管，可以将经过整流的 110V 或 220V 交流电压钳位于 20V。当 VIN 上的电压超过欠压闭锁阈值 18V 后，芯片开始工作，按照峰值电流控制模式来驱动外部的 MOSFET。在外部 MOSFET 的源端和地之间接有电流采样电阻，该电阻上的电压直接传递到 PT4107 芯片的 CS 端。当 CS 端电压超过内部的电流采样阈值电压后，GATE 端的驱动信号终止，外部 MOSFET 关断。阈值电压可以由内部设定，或者通过在 LD 端施加电压来控制。如果要求软启动，可以在 LD 端并联电容，以得到需要的电压上升速度，并和 LED 电流上升速度相一致。PT4107 的主要技术特点如下。

（1）18～450V 的宽电压输入范围，恒流输出。

（2）采用频率抖动减少电磁干扰，利用随机源来调制振荡频率，这样可以扩展音频能量谱，扩展后的能量谱可以有效减小带内电磁干扰，降低系统级设计难度。

（3）可采用线性或 PWM 方式调光。

（4）工作频率 25kHz～300kHz，可通过外部电阻来设定工作频率。

PT4107 各引脚功能如下：①GND 引脚为芯片接地端；②CSLED 引脚为峰值电流采样输入端；③LD 引脚为线性调光接入端；④RI 引脚为振荡电阻接入端；⑤ROTP 引脚为过温保护设定端；⑥PWMD 引脚

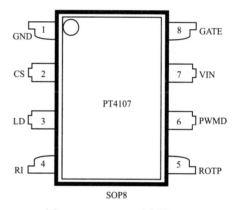

图 2-14　PT4107 引脚排列图

为 PWM 调光兼使能输入端，芯片内部有 100kΩ 上拉电阻；⑦VIN 引脚为芯片电源端；⑧GATE 引脚为驱动外接 MOSFET 栅极。

2. 应用电路

应用 PT4107 可以设计以多只 0.06W 的白光 LED 串并联为负载的，输入电压为 AC110V 或 AC220V 的 T10、T8、T5 的 LED 日光灯方案，以及类似应用的吸顶灯、满天星灯、野外照明工作灯、球泡灯等，也可设计以高亮度 1W 的白光 LED 串联为负载的 LED 庭院灯、LED 路灯、LED 隧道灯。

输入电压为 AC 85～245V 的，采用 PT4107 设计的 20WLED 日光灯电路由抗浪涌保护电路、EMC 滤波电路、全桥整流电路、无源功率因素校正（PFC）电路、降压稳压器、PWMLED 驱动控制器、扩流恒流电路组成，原理如图 2-15 所示。

在图 2-15 所示电路中，交流输入端设有 1A 熔断器 FS1 和抗浪涌负温度系数热敏电阻 NTC，在抗浪涌保护电路之后是 EMI 滤波器，由 L_1、L_2 和 CX1 组成。VZ 是整流全桥，内部是 4 个高压硅二极管。C_1、C_2、R_1、VD1～VD3 组成无源功率因数校正电路。PT4107 芯片由 VT1、VD4、C_4、R_2～R_4 组成的电子滤波器降压稳压后供电，这个滤波器输入阻抗很高，输出阻抗很小，整流后近 300V 直流电压经此三极管降压向 PT4107 的 VIN 端提供 18～20V 稳定电压，确保芯片在全电压范围里稳定工作。

图 2-15 所示电路的主要电气参数见表 2-2（表 2-2 中的参数是在 CCM 模式下测试的），图 2-15 所示电路是针对 85~130V 交流电源设计的，要确保元器件的参数不超过推荐值的 5%，尤其不要随意减小 L_3 的电感量，否则会使电路进入 DCM 模式，改变相位稳定裕度，使电路发生振荡。在图 2-15 所示电路设计中，在成本和可靠性方面做了折中，元器件的数目已减到最低程度。

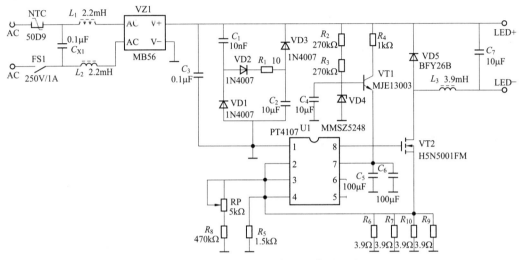

图 2-15　20W LED 日光灯电路原理图

表 2-2　　　　　　　　　　　　　　　电　气　参　数

输入电压/V	85~130	恒流源效率/%	84
电源频率/Hz	60	功率因数	0.92
输出电压/V	60	3 次谐波/%	15
输出电流/mA	256	5 次谐波	17
开关频率/kHz	100		

在图 2-15 所示电路中，由 PWM 控制芯片 U1（PT4107）和功率 MOS 管 VT2、限流功率电感 L_3、续流二极管 VD5 组成降压稳压电路，U1 采集电流采样电阻 R_6~R_9 上的峰值电流，由内部逻辑在单周期内控制 GATE 脚信号的脉冲占空比以实现恒流控制，改变电阻 R_6~R_9 的阻值可改变整个电路的输出电流。R_5 是芯片振荡频率设定电阻，改变它可调节振荡频率。电位器 RP 可微调恒流源的电流，使电路达到设计功率。由于器件的分散性，批量生产时每一块电源板的输出电流会略有不同，在生产线上可用此电位器来调整每块电源板的输出电流。为保证已调好电源板的稳定性，一定要选用涡轮蜗杆微调电位器，并在调好后滴胶固封。

图 2-15 所示电路的参数是按每串 22 个 0.06W 白光 LED，共 15 串并联（330 个 60mW 白光 LED）设计的，每串的电流是 17.8mA，设计输出为 36~80V/250mA。如果改变 LED 数量，则需修正 R_6~R_9 的参数。

PCB 布线设计是做好产品的关键，因此 PCB 的布线要按规范要求来设计。本电路可用于 T10、T8 日光灯管，因两管空间大小不同，两块 PCB 板的宽度将不同，需要降低所有零件的高度，以便放入 T10、T8 灯管内。

3. 关键的设计和考虑因素

（1）抗浪涌的 NTC。抗浪涌的 NTC 选用 300Ω/0.3A 热敏电阻，若改变输出电流，比如增大输出电流，则 NTC 的电流也要选大一些，以免过流自发热。

（2）EMC 滤波。在交流电源输入端一般需要增加由共轭电感、X 电容和 Y 电容组成的滤波器，以增加整个电路抗 EMI 的效果，滤除掉传导干扰信号和辐射噪声。图 2-15 所示电路采用共轭电感加 X 电容器的简洁方式，主要还是出于整体成本的考虑，本着高性价比的设计原则。X 电容器应采用标有安全认证标志和耐压 AC275V 字样的产品，其真正的直流耐压应在 2000V 以上。共轭电感是绕在同一个磁芯上的两个电感量相同的电感，主要用来抑制共模干扰，电感量在 10~30mH 范围内选取。为缩小体积和提高滤波效果，优先选用高磁导率微晶材料磁芯制作的产品，电感量应尽量选较大的值。使用两个相同电感替代一个共轭电感是一个降低成本的方法。

（3）全桥整流。全桥整流器 VZ 主要进行 AC/DC 变换，因此需要有 1.5 系数的安全余量，设计中应选用 600V/1A。

（4）无源PFC。普通的桥式整流器整流后输出的电流是脉动直流，电流不连续，谐波失真大，功率因数低，因此需要增加低成本的无源功率因数校正电路，即平衡半桥补偿电路，如图 2-16 所示。在图 2-16 所示电路中，C_1 和 VD1 组成半桥的一臂，C_2 和 VD3 组成半桥的另一臂，VD2 和 R_1 组成充电连接通路，利用填谷原理进行补偿。滤波电容 C_1 和 C_2 相串联，电容上的电压最高充到输入电压的一半（$U_{AC}/2$），一旦电压降到 $U_{AC}/2$ 以下，二极管 VD1 和 VD3 就会被正向偏置，这样使 C_1 和 C_2 开始并联放电。这样，正半周输入电流的导通角从原来的

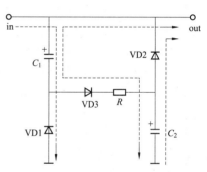

图 2-16　平衡半桥补偿电路

75°~105°上升到 30°~150°；负半周输入电流的导通角从原来的255°~285°上升到 210°~330°，如图 2-17 所示。与 VD3 串联的电阻 R 有助于平滑输入电流尖峰，还可以通过限制流入电容 C_1 和 C_2 的电流来改善功率因数。采用这个电路后，系统的功率因数可从 0.6 提高到 0.89，但很难超过 0.92，因为输入电压和电流之间还存在大约 60° 的死区。

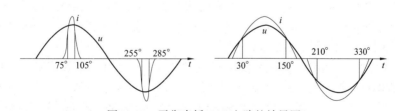

图 2-17　平衡半桥 PFC 电路的效果图

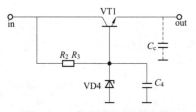

图 2-18　倍容式纹波滤波器

（5）降压稳压电路。给 PT4107 供电的电路是倍容式纹波滤波器，如图 2-18 所示，是有效的电源净化器，它具有电容倍增式低通滤波器和串联稳压调整器双重作用，也叫 ACR（Amplificatory Capacitance Regulator）电路。在射极输出器的基极到地接一个电容 C_4，由于基极电流只有射极电流的 $1/(1+\beta)$，相当于在发射极接了一个 $(1+\beta) C_4$ 的大电容，这就是电容倍增式滤波器的原理。如果在基极到地再连

接一个齐纳二极管，就是一个简单的串联稳压器，因此，该电路具有稳压和滤波双重作用，能有效地消除高频开关纹波。在设计中选用双极型晶体管的 $U_{bceo} > 500V$，$I_C = 100mA$。稳压二极管 VD4 的稳压值为 18~19V，可选用功率为 1/4W 的小功率稳压管。

（6）限流功率电感。图 2-15 所示电路的功率电感 L_3 兼有储能、转换和续流多重功能，它是影响效率的元件之一，要求有足够小的铜损和高的饱和电流值，标称值 3.9mH，饱和电流 900mA，一旦电感发生饱和，MOS 管、LED、控制芯片就会瞬间损坏。应选用微晶材料制造的功率电感，以确保恒流源长期安全可靠地工作。

限流功率电感 L_3、VT2（MOS 管）、并联的电流采样电阻 R_6、R_7、R_8、R_9 是此电路恒流输出的三大关键元件。对限流功率电感 L_3 的要求是：Q 值高、饱和电流大、电阻小。标称 3.9mH 的电感，在 40~100kHz 频率范围里 Q 值应大于 90。设计时要选用饱和电流是正常工作电流 2 倍的功率电感。图 2-15 所示电路设计的输出电流为 250mA，因此选 500mA。选用功率电感的绕线电阻要小于 2Ω、居里温度大于 400℃ 的优质功率电感。

L_3 电感要选用 EE13 磁芯的磁路闭合电感器，或高度低一点的 EPC13 磁芯。因 LED 日光灯大多数选用半铝半 PV 塑料的灯管，以帮助 LED 光源散热。工字磁芯电感器的磁路是开放的，当使用工字磁芯电感器的电源驱动板进入半铝半 PV 塑料灯管时，由于金属铝能使其磁路发生变化，往往会使已调试好的电源驱动板输出电流变小。

（7）续流二极管。续流二极管 VD5 一定要选用快速恢复二极管，它要跟上 MOS 管的开关周期。续流二极管通过的电流应是 LED 光源负载电流的 1.5~2 倍，本电路要选用 1A 的快速恢复二极管。

（8）PT4107 开关频率设定。PT4107 开关频率的高低决定功率电感 L_3 和输入滤波电容器 C_1、C_2、C_3 的大小。如果开关频率高，则可选用更小体积的电感器和电容器，但 MOSFET 的开关损耗也将增大，导致效率下降。因此，对 AC220V 的电源输入来说，50kHz~100kHz 是比较适合的。PT4107 开关频率设定电阻 R_5 的阻值计算公式如下

$$f = 25000/R_5 \tag{2-5}$$

（9）MOSFET 的选择。MOSFET 是本电路输出的关键器件，它的 $R_{DS(ON)}$ 要小，这样它工作时本身的功耗就小。另外，它的耐压要高，这样在工作中遇到高压浪涌不易被击穿。在 MOSFET 的每次开关过程中，采样电阻 R_6~R_9 上将不可避免的出现电流尖峰。为避免这种情况发生，芯片内部设置了 400ns 的采样延迟时间。因此，传统的 RC 滤波器可以被省去。在这段延迟时间内，比较器将失去作用，不能控制 GATE 引脚的输出。

（10）电流采样电阻。电阻 R_6、R_7、R_8、R_9 并联作为采样电阻，这样可以减小电阻精度和温度对输出电流的影响，并且可以方便地改变其中一个或几个电阻的阻值，达到修改电流的目的。设计中应选用千分之一精度、温度系数为 50×10^{-6} 的 SMD（1206）1/4W 电阻。电流采样电阻 R_6~R_9 的总阻值设定和功率选用，要按整个电路的 LED 光源负载电流为依据来计算，即

$$R_{(6-9)} = 0.275/I_{LED} \tag{2-6}$$

$$P_{R(6-9)} = I_{LED}^2 \times R \tag{2-7}$$

（11）电解电容器。LED 光源是一种长寿命光源，理论寿命可达 50000h，但是，应用电路设计不合理、电路元器件选用不当、LED 光源散热不好，都会影响它的使用寿命。特别是在驱动电源电路里，作为 AC/DC 整流桥的输出滤波器的电解电容器，它的使用寿命在 5000h 以下，这就成了制造长寿命 LED 灯具的关键技术。在图 2-15 所示电路设计中，使用了 C_1、C_2、C_4、C_5、C_7 多只铝电解电容器。铝电解电容器的寿命还与使用环境温度有很大关系，环境温度升高电解

质的损耗加快，环境温度每升高 6℃，电解电容器寿命就会减少一半。LED 日光灯管内温度因空气不易流动，如电源驱动板设计不合理，管内温度会比较高，电解电容器的寿命因此大打折扣。选用固态电解电容器，是延长寿命的好办法之一，但将导致成本上升。

> **实 例 7**　基于 SLM2842S 的 LED 驱动电路

SLM2842S 主要用于当输入电压低于输出电压的 LED 驱动电路，例如各种太阳能灯具。SLM2842S 适用于 12V 或 24V 的电源电压，驱动 10 只串联的功率为 3W 的 LED。它的最高输出电压可以达到 40V，而最大输出电流可以达到 2.1A。而且在 5~28V 输入电压范围内，能保持 LED 的电流不变。采用 SLM2842S 驱动一串 10 只 750mA LED 电路的恒流特性如图 2-19 所示，其输出电流可以在输入电压为 8~28V（变化达 3.5 倍）都能保持不变。

当输入电压从 28V 降低到 8V 时，LED 中的电流变化不到 3%。这样就可以保证 LED 的亮度基本上不变。SLM2842S 的实际应用电路如图 2-20 所示。

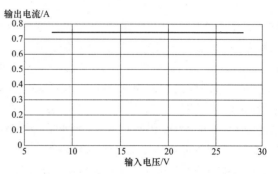

图 2-19　SLM2842S 恒流特性

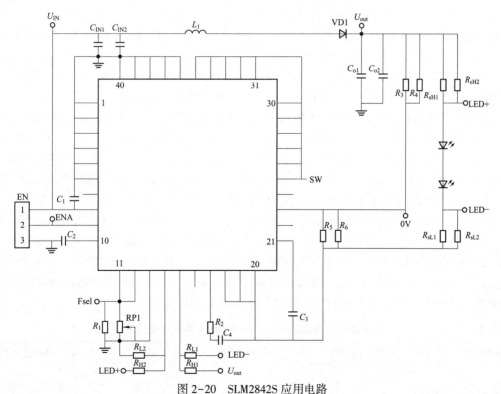

图 2-20　SLM2842S 应用电路

LED 的电流值是由和 LED 串联的采样电阻 R_{sL1} 和 R_{sL2} 或 R_{sH1} 和 R_{sH2} 来决定，这两组采样电阻只需要用一组。虽然低端的恒流特性略为差一点，但是工作于升压时，大多数采用低端采样，这

51

是因为电阻的一端可以接地，焊接比较方便。采用两个电阻并联是因为通常这个电阻的阻值很小，两个并联比较容易得到所需的阻值。芯片 SLM2842S 要求的反馈电压为 0.1V，串联电阻的阻值就可以根据所要求的正向电流来设定。假如对 3W 的 LED 要求其正向电流为 700mA，则其阻值为 0.142Ω。其损耗为 0.07W，对效率的影响基本上可以忽略不计。

SLM2842S 的工作频率可以由电阻 R_1 和 RP1 来选择，为了降低其开关损耗，应选择 200kHz 开关频率，此时 R_1 和 RP1 的并联值为 180kΩ。

SLM2842S 内部具有过压保护电路（OVP），所以若有一个 LED 开路，芯片的升压会被限制而不至于过高，保护芯片本身不至于损坏。SLM2842S 与各种 LED 连接方法如下。

（1）10 只 3W 的 LED 串联。所有 LED 串联的最大优点就是能够保证每只 LED 流过的电流一样，而和它的正向电压无关。所有 LED 串联的最大缺点是只要有一只 LED 开路，就会导致所有 LED 不亮。但是，假如有一只 LED 短路，这时由于有恒流控制，所以芯片会自动降低其输出电压，而保持流过 LED 的电流不变，因此不影响其他 LED 的工作。

（2）5 只 3W 的 LED 串联，再把两串并联。SLM2842S 作为升压芯片应用时，若要求的升压比比较高时，其效率就比较低。例如，假如输入电压是 24V，升压至 40V，其效率可达 95% 以上。而假如输入电压为 12V，仍然要求升压至 40V，这时候其效率就只有 91% 左右。为了在 12V 时还能得到 95% 的效率，可以把 10 只 LED 分成两串，每一串为 5 只 LED 串联，这样就只要求升压至 20V 以下，可以提高效率至 95%。若采用两串 LED 并联时，如果一只 LED 开路，顶多影响一串 5 只 LED，而不至于影响另一串 5 只 LED 工作。这时候，两串 LED 共用一个 LED 电流采样电阻，因为电流增加一倍，变成 1.4A，所以电流采样电阻阻值也应当减小一半，变成 0.07Ω。或只对其中的一串 LED 的电流进行采样，而将另一串 LED 就直接接地，这样就只能对其中一串的 LED 电流进行恒流控制。这两种做法各有优缺点。两串并联时，所控制的是两串电流之和。所以，假如两串的 LED 伏安特性有所区别时，这两串的 LED 的电流就会有所不同。除了电流采样电阻以外，限压电阻 R_3 和 R_4 的值也需要作相应的调整，只要根据 $U_{out} = 1.2 \times (1 + R_3/R_4)$ 的公式加以调整就可以。

（3）其他各种 LED 连接结构。因为 1W 的 LED 技术比较成熟，散热也容易处理。可利用 SLM2842S 来驱动 2 串 10 只 1W 的 LED。总的输出功率大约是 23W。对于 1W 的 LED，它的驱动电流是 350mA，所以两串并联以后的总电流仍然是 0.7A，和一串 10 只 3W 的 LED 情况一样，采样电阻仍然是 0.142Ω。虽然也可以驱动 3 串，每串 10 只 1W 的 LED，但是这时候的总功率就超过 30W，因为 1W 的 LED 电流为 350mA，电压为 3.3V，其功率就是 1.16W。30 只就是 34.65W。如果输入电压为 12V，升压至 40V，效率就会低于 90%，要有 3.5W 的功率耗散。只有当输入电压为 24V 时，其效率高于 95% 时，才可以考虑采用 3 串 10 只 1W 的 LED。当然，若输入电压为 12V，也可以连成四串，每串 5 只 1W 的 LED，总数为 20 只，甚至是连成 5 串，每串 5 个 1W 的 LED。以减少由于某一串中的 LED 开路，所引起不亮的 LED 只数，这时采样电阻就要根据电流值来调整。各种不同连接方法时电流采样电阻和输出限压电阻的值见表 2-3。

表 2-3　　　　　　　　　不同连接方法时电流采样电阻和输出限压电阻的值

电路结构	1 串 10 个 3W		2 串 5 个 3W	2 串 10 个 1W		4 串 5 个 1W	5 串 5 个 1W	6 串 5 个 1W
输入电压/V	12	24	12	12	24	12	12	12
输出电压/V	33V	33	16.5	33	33	16.5	16.5	16.5
升压比	2.75	1.38	1.38	2.75	1.38	1.38	1.38	1.38
输出功率/W	23.1	23.1	23.1	23.1	23.1	23.1	28.8	34.56

续表

电路结构	1 串 10 个 3W		2 串 5 个 3W	2 串 10 个 1W		4 串 5 个 1W	5 串 5 个 1W	6 串 5 个 1W
输出电流/A	0.7	0.7	1.4	0.7	0.7	1.4	1.75	2.1
R_S/Ω	0.142	0.142	0.07	0.142	0.142	0.07	0.06	0.48
$R_3//R_4$/kΩ	360	360	180	360	360	180	180	180
$R_5//R_6$/kΩ	12	12	12	12	12	12	12	12
效率/%	91	96	93	91	95	93	93	92
耗散功率	2.37	1.10	1.62	2.34	1.08	1.62	2.25	3.06
表面温度/℃ QFN6×6	72	50	54	72	50	54	65	74
	56	**43**	**47**	**56**	**43**	**47**	**53**	**63**
表面温度/℃ TSSOP-20	82	57	63	82	57	63	74	87
	75	**54**	**60**	**75**	**54**	**60**	**72**	**84**

注　表中黑体为带散热器时的表面温度（在25℃室温时测试的结果）。

表 2-3 中给出了实测的芯片表面温度，对于大功率芯片来说，散热是一个很重要的问题。首先需要掌握有多少热量需要耗散。这是由其输出功率和效率决定的。输出功率越大、效率越低，要求耗散的功率也越大。另一个问题是芯片能够耗散多少功率。这是由环境温度和芯片结到环境的热阻 θ_{ja} 所决定。其芯片的表面温度是指在室温为 25℃ 时的温度。如果环境温度高于25℃，那么芯片的表面温度和结温就会按比例升高。芯片的效率主要由所要求的升压比所决定，在不同的升压比时，由于其效率不同，其表面温度也不同。

选用哪一种结构由很多因素决定。首先是电源电压，如果是 24V，那么就只能选用 10 只串联的结构。如果是 12V，就可以有两种选择，可以是 5 只一串，也可以是 10 只一串。5 只一串的效率会比较高。

实例 8　基于 SLM2842J 的 LED 驱动电路

SLM2842J 主要用于当输入电压高于输出电压的 LED 驱动电路，基于 SLM2842J 设计的驱动60W 白光 LED 电路的工作效率可高达 98%。在设计中首先要决定输出端 LED 的连接结构，然后可以知道 LED 端所要求的输出电压。再选择输入电压比所要求的输出电压略为高一点，这样所要求的降压比就不会太高，从而可以得到很高的效率。例如，在设计基于 SLM2842J 驱动 60W 白光 LED 的电路时，可以把 10 只 1W 的 LED 串联，再把 6 串并联，或把 10 只 3W 的 LED 串联，然后两串并联。这时所要求的输出电压约为 33V，而其输入电压选为 35V，降压比只有 1.06。效率可以高达 97.8% 以上。

SLM2842J 在不同降压比时的效率如图 2-21 所示，假如输入电压为固定 35V 时，其效率就随所要求的输出电压而变，如图 2-22 所示。SLM2842J 在不同负载时的效率和输入电压的关系如图 2-23 所示，SLM2842J 的恒流特性如图 2-24 所示。

SLM2842J 可以在输入电压从 36V 一直降到 5V 时都能保持电流不变，SLM2842J 应用电路图如图 2-25 所示。图 2-25 所示电路采用高端采样，采样电阻和频率选择电阻的阻值选择和升压型相同。如果要驱动 6 串 10 只 1W 的 LED，其总电流为 2.1A，这时，R_5 和 R_6 并联的阻值应当等于 0.3Ω，如果要驱动 3 串每串 10 只 3W 的 LED，那么这个并联电阻值为 0.27Ω。

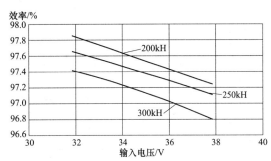

图 2-21　不同工作频率和输入电压时的效率

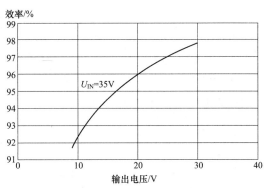

图 2-22　固定输入电压为 35V 时，
其效率和输出电压的关系

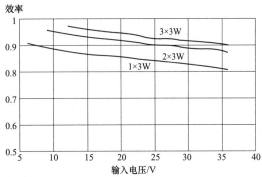

图 2-23　不同负载时其效率和输入电压的关系曲线

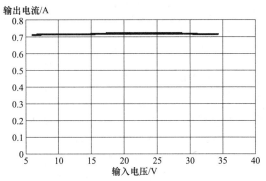

图 2-24　降压型的恒流特性

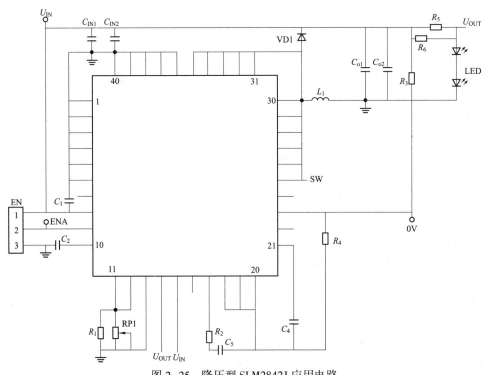

图 2-25　降压型 SLM2842J 应用电路

实例 9　基于 SLM2842SJ 的 LED 驱动电路

SLM2842SJ 主要用于输入电源电压不稳定而又要求输出稳定的情况，SLM2842SJ 可以自动地根据输入电压的高低进行降压至升压的转换，SLM2842SJ 的应用电路如图 2-26 所示。

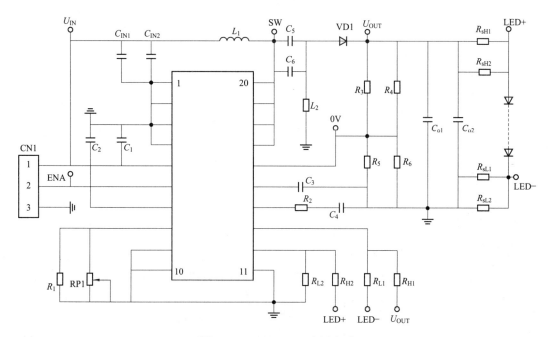

图 2-26　SLM2842SJ 应用电路

在设计中采用三串每串 4 只 1W 的 LED 作为负载，当输入电压从 25V 变化到 7.5V 时，它都可以保持 LED 的电流恒定，如图 2-27 所示。

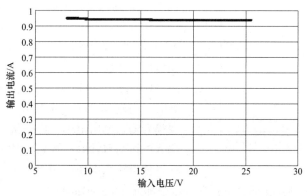

图 2-27　SLM2842SJ 电路的恒流特性

SLM2842SJ 可以在输入电压从 25V 降低到 7.5V 时，能够保持相对比较高的效率，如图 2-28 所示。在图 2-26 所示电路中，当输入电压接近输出电压时，其效率最高，超过 88%。最低的效率也超过 86%。对于 13V/1A 的负载，其输出功率接近 13W，所以，即使其效率只有 86%，其耗散功率大约是 2.1W。与升压工作时相差不多。在对驱动 4 个串联的 3W 的 LED 或 3 串每串 4 只 1W 的 LED 的实测结果表明，SLM2842SJ 可以在 6~28V 的情况下保持恒流输出。

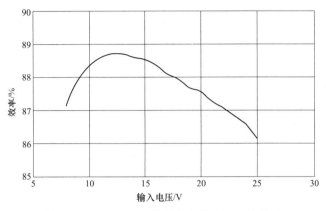

图 2-28　SLM2842SJ 的效率和输入电压的关系

实例 10　基于 HV991X 的驱动 LED 电路

HV991X 是一款灵活简单的 LED 驱动 IC，工作效率超过 93%，在基于 HV991X 设计 LED 驱动电路时，可减少相关组件的数量，从而降低了系统成本。HV9910 可将 8~450V DC 电压源转换为一个恒流源，从而为串联或并联的大功率 LED 提供电源，HV9911X 的引脚排列如图 2-29 所示。

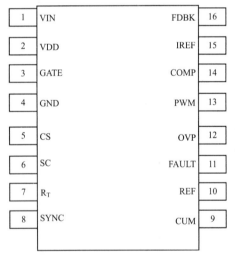

图 2-29　HV9911X 引脚排列图

HV991X 采用恒定频率峰值电流脉宽调制（PWM）控制方法，采用了一个小电感和一个外部开关来最小化 LED 驱动器的损耗。不同于传统的 PWM 控制方法，该驱动器使用了一个简单的开/关控制来调整 LED 的电流，因而简化了控制电路的设计。

HV991X 具有内置的降低亮度控制，能协同外部 0~100% 的 PWM 信号工作，也可以利用外接线性可调电压来实现 LED 亮度控制。

HV991X 内部提供稳压电路，在输入电压为 9~250V，可输出 7.75V 电压作为内部电源使用，若需要提升输入电压范围，可外接一个 200V 的 ZW 接于输入电压与 HV991X 的 VIN 端之间，如图 2-30 所示，这可使得输入电压范围提升至 450VDC，也可以使得 HV991X 内部稳压电路所产生的功率损耗分散一部分在 ZenerDiode 上。

HV991X 的 VDD 端工作电压也可提高，可由一个二极管连接至外部电源，此二极管可避免外部电压若低于 HV991X 内部稳压电路的输出电压时，造成 IC 损坏，最大的外接静态稳定电压为 12V（瞬态电压为 13.5V），因此 11V±5% 的电压源是理想的外部提升电压值。

　　HV991X 内部提供 1.25%、2% 精密参考电压，该参考电压可用来设定电流参考值，以及输入电流限制值，此参考电压也同时提供 HV991X 内部设定过电压保护。

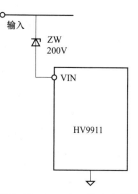

图 2-30　HV9911 输入电路

　　HV991X 的振荡电路可由外部电阻设定振荡频率，此电阻跨接于 RP 及 GND 端之间，则 HV991X 工作于定频模式，另外，若电阻跨接于 RP 与 GATE 端间，则 HV991X 工作于固定关闭时间模式（此模式不需要斜率补偿控制使电路稳定），定频时间或关闭时间可设定为 2.8～40ms。

　　HV991X 在定频工作模式下，将所有 SYNC 端连接在一起，多个 HV991X 可工作在单一频率。少数应用必须外加一个大电阻于 SYNC 到 GND 端之间，用来抑制杂散电容所造成的振铃，当所有 SYNC 连接在一起时，应使用相同电阻值跨接于每一个 HV991X 的 RP 与 GND 端之间。

　　连接输出电流信号至 FDBK 端，同时将电流参考连接至 IREF 端，可构成闭环控制回路，补偿网络连接至 COMP 端（传导运算放大器的输出端），如图 2-31 所示。放大器的输出受 PWM 调光信号控制，当 PWM 调光信号为高时，放大器的输出端连接至补偿网络，当 PWM 调光信号为低时，放大器的输出端与补偿网络的连接被切断，此时，补偿网络内的电容电压可维持到 PWM 调光信号再度回复高位时，补偿网络又被连接到放大器的输出端，这样可确保电路正常工作，并获得非常好的 PWM 调光效果，而不需要设计一个快速控制电路。

　　FAVLT 信号可用于驱动外部连接的 FET，如图 2-32 所示，在 HV991X 激活时，FAVLT 信号维持低电位，HV991X 激活后，此端被拉高，这使得外电路的 LED 与升压电路连接，并使 LED 发光。假如输出端有过电压或短路情形发生，内部电路会将 FAVLT 信号拉低，使 LED 与升压电路断开。断开 LED 与升压电路的连接，可确保输出电容不会随着 PWM 调光信号的周期而充放电。PWM 调光信号、FAVLT 信号与保护电路的输出以 AND 方式连接，以确保保护电路动作时能够覆盖 PWM 调光控制的输入。

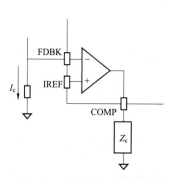
图 2-31　HV9911 补偿网络

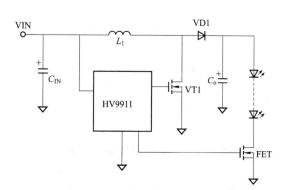
图 2-32　HV9911 的 FAULT 信号保护驱动电路

　　FAVLT 信号也受控于 PWM 调光控制信号，PWM 调光信号为低时，FAVLT 信号亦为低，但当 PWM 调光信号为高时，FAVLT 信号却不见得为高。

　　输出短路保护的动作原理是：当检测输出电流大于 2 倍参考电流设定值，短路保护动作。过电压保护的动作原理是，当 OVP 的电压大于 1.25V 时，过电压保护动作。短路保护、过电压保护两个信号被送至一个 OR 电路后再输出至保护锁定电路。当有任一保护动作发生时，保护锁定电路会将 GATE 及 FAVLT 同时关掉。一旦有保护动作发生，必须将驱动电路的电源关掉重启，才能使保护锁定电路恢复重置。而在激活 HV991X 时需要注意以下两点。

（1）当 VDD 端与 PWMD 端连接在一起，即 HV991X 通过输入电压的连接或断开来激活时，IREF 所连接的电容必须使用 0.1μF，而 VDD 上所连接的电容值需小于 1μF 以确保可靠的激活 IC。

（2）若 HV991X 使用外部信号激活或关闭，而输入电压一直保持常开启时，则 IREF 及 VDD 所使用的电容值可增加。

调整 IREF 端的电压值可实现输出电流的线性调整，其方法是采用可变电阻、分压电阻网络或外部提供参考电压连接至 IREF 端。但是，一旦 IREF 端的电压低到非常小时，HV991X 的短路电流保护比较器的误差电压（OFFSET）可能会造成短路保护发生误动作，这时必须将 HV991X 电源关掉重启，重新激活电路，为了避免此误动作，IREF 端的最低电压为 20~30mV。

HV9910 内部的 PWM 调光功能能够达到非常快速的调光响应，克服了传统升压电路不能实现非常快速 PWM 调光的缺点。PWMD 控制 HV991X 内部的 3 个点：①GATE 信号到开关 FET；②FAVLT 信号到断接 FET；③运算放大器到补偿网络的输出端。

当 PWMD 信号为高时，GATE 信号与 FAVLT 信号可以工作，同时运算放大器的输出端连接到补偿网络，这使得升压电路可以正常工作。

当 PWMD 信号为低时，GATE 信号与 FAVLT 信号被停止工作，能量无法从输入端转移到输出端，但是，为避免输出电容放电到 LED 而造成 LED 电流下降时间被拉长（这个放电电容同时也会使得电路重新连接工作时，LED 电流的上升时间会被拉长），HV991X 输出 FAVLT 信号断开 FET，使得 LED 的电流几乎立刻的下降到零电流，输出电容没有被放电，当 PWMD 信号回复高位时输出电容不需要额外的充电电流，这使得上升时间非常快速。

当 PWMD 信号为低时，输出电流降至零，这会使相当大的误差信号至反馈放大器的输入端，会造成补偿回路电容器上的电压上升至最高电位。当 PWMD 信号回到高时，过高的补偿回路电压会控制电感峰值电流，而造成相当大的输出涌浪电流发生在 LED 上。这样大的 LED 电流会使得稳定时间被延长，当 PWMD 信号为低时，断开运算放大器与补偿回路是有助于维持补偿回路的电压不被改变。因此当 PWMD 信号回复高时，电路立刻回复稳态而不会产生过大的 LED 电流。

HV9911 驱动 LED 典型应用电路如图 2-33 所示，VIN 与 GND 之间提供 21~27V 的输入电压。Boost 拓扑电路提供 80V 最高输出电压。可驱动 LED 的数目为 20 只。如果不使用 PWM，需要连接 VDD 来启动 LED 驱动器。

实例11 基于 IRS2540 的 LED 驱动电路

LED 在通用照明领域应用时，需要将数只或大量的 LED 放在一个模组中以达到所需的亮度。当多只 LED 集中在有限的空间中将造成散热困难。通过选择高质量的解决方案并进行合理的设计和热控制，可以解决 LED 照明应用中的散热问题。

国际整流器公司推出的 IRS2540 控制 IC，采用降压变换器结构设计，可在很宽的输入电压和输出负载条件下提供稳定的已调整的电流源，适用于多种不需要隔离的应用。IRS2540 特别适合用于需要配备多只 LED 电路或具有 DC/DC 混色能力的 AC/DC 离线非隔离应用。IRS2540 额定电压为 200V，它内部采用一个连续模式延时型迟滞降压稳压器，利用精确的片载带隙参考

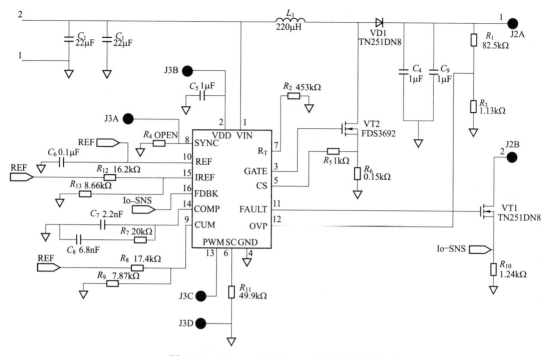

图 2-33　HV9911 驱动 LED 典型应用电路

值，将平均负载电流误差控制在 5% 以内，外部高端自举电路以最高可达 500kHz 的频率驱动降压元件。

Buck 电路结构只适用于输入电压高于输出电压的应用情况，比如大多数的标志牌、装饰和建筑应用场合。大功率 LED 最常见的故障是短路，在串联工作方式下，当一只 LED 出现短路故障时，所有其他 LED 仍会正常工作。但在并联结构中，一只 LED 短路会导致所有其他 LED 熄灭。如图 2-34 所示，如果阵列中一只大功率 LED 出现短路故障，与其成对的另一只 LED 将不再工作，而其他 LED 仍能正常发光。

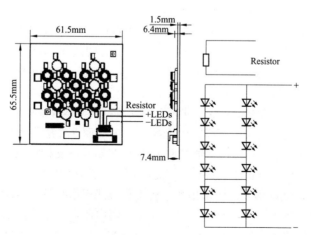

图 2-34　典型的 12 只大功率 LED 面板

基于 IRS2540 构成的 Buck 变换器，采用独有的高侧驱动器，可连续监控负载电流，并通过时间延迟滞后控制方法，可精确地调节电流，如图 2-35 所示。

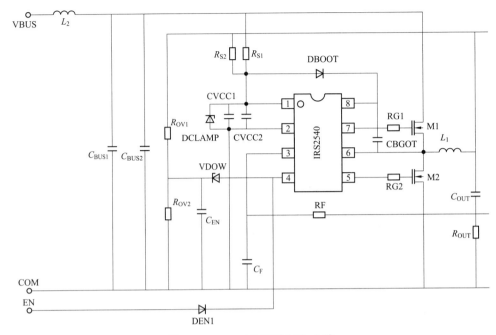

图 2-35　IRS2540 驱动 LED 电路

LED 能够从 DC 总线或直接从整流后的直流电源上获得电能，因此整个系统显得非常简单灵活。无论 Buck 稳压器的开关处于 ON 还是 OFF 状态，悬浮的高侧驱动器都可以确保 IRS2540 检测 LED 的电流，从而提供优势明显的平均电流控制功能。与此相反，其他系统只能在 ON 期间检测电流，只能采用峰值电流控制。由于平均电流控制器不仅在 ON 期间，同时也可以在 OFF 期间进行调节，从而能够在更宽的电源电压和负载范围内工作而不会超出设计极限。因自身具有稳定调节的特点。简单的设计就能实现非常精确的电流控制，且自身具有稳定性，不需要复杂的电路。由于 LED 需要最小纹波的直流电流，因此无论是峰值电流模式控制还是平均电流模式控制，都采用在连续导通模式下工作的恒流驱动器。

在采用 IRS2540 设计 LED 驱动器时，必须注意限制硬切换过程中的应力，即包含在负载电流超过或低于基准电平的时间以及 Buck 开关状态改变时间之间的延迟。这一延迟与负载电流（I_{FB}）的 di/dt 相结合部分决定了系统运行时的频率与占空比，同时频率与占空比还进一步取决于 Buck 电感、输出电容值以及变换器的输入、输出电压值。

由于输出电流恒定，且开路保护容易实现，因此这种结构本身就提供过载和短路保护。如果采用峰值电流控制并在连续模式下运行，由于次谐波振荡而存在运行不稳定的风险。采用斜坡补偿可以解决这一问题，但目前市场上的某些 LED 控制器并不支持振荡器电容连接，因此很难实施。另外，斜坡补偿也会引起被检测电流与实际 LED 电流之间的误差。

若采用固定 OFF 时间（而不是固定频率）的工作方式来解决这一问题，这样虽然可以缓解次谐波振荡问题，且占空比也大于 50%，但是，为了增加占空比必须降低频率，从而导致频率在占空比范围内的大幅波动。对一个 50% 占空比、100kHz 频率、固定 OFF 时间的系统，90% 占空比时频率必须为 20kHz，而 10% 占空比时频率为 180kHz。

由于 IRS2540 的 ON 和 OFF 时间都可以独立变化，占空比的变化对频率几乎没有影响，因此

IRS2540 不存在上述限制。若从滤波器简单性考虑，固定频率系统较基于 IRS2540 的可变频率系统具有电磁兼容性（EMC）优势。这种观点建立在固定频率电路的滤波器设计比可变频率系统简单的基础上，因此固定频率方案慢慢转向可变频率方案。不过，如果系统需要频率变动达到一定的数量级，系统对滤波器的要求会相应更高。

很多应用领域都需要调光功能，采用主色调不同的 LED 相互组合可以通过调节各种颜色 LED 的发光强度产生所有光谱色，从而为显示、标识和气氛照明产生各种不同效果。基于 IRS2540 的 Buck 稳压器能够调节脉宽调制（PWM）控制信号的逻辑电平，在全范围内实现亮度调节。PWM 信号频率相对较低，可用于切换 LED 驱动电流的开、关，并通过占空比在不改变光输出颜色的情况下改变光输出强度。

PWM 调光控制信号如图 2-36 所示，高频 Buck 转换振荡器在"突发模式"下运行，可调节 LED 的平均电流，信号频率不会过低而产生闪烁。同时简化了与微控制器的调光控制电路的连接。通过使用 DMX512 协议等数字控制，可在各个角度都显现出生动变化的照明效果。无论灯具是嵌在台面、天花板还是墙面，灯具尺寸都不再决定照明角度。

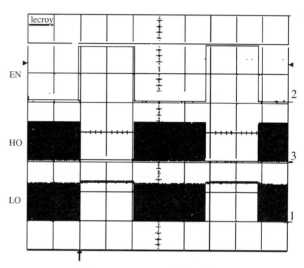

图 2-36　PWM 调光控制信号

实例 12　基于 IRS2541 的 LED 驱动电路

IRS2541 是一个高压、高频降压式变换器控制 IC，可用于 LED 的恒流控制。结合芯片内置精准的带隙基准电压源，通过连续模式的时滞滞环方法，IRS2541 可实现了负载的平均电流控制。IRS2541 内置短路保护功能，可以通过简单的外部电路实现开路保护功能。基于外部的高压侧自举升压电路可高频驱动降压式开关器件，同时为同步整流设计提供一个低压侧的驱动器，所有的功能都在一个简单的 8 脚 DIP 或 SOIC 封装中得以实现。IRS2541 的主要技术特征有：①600V（IRS2541）半桥驱动器；②微功率启动（<500mA）；③2%电压参考；④140ns死区时间；⑤VCC 引脚具有 15.6V 齐纳二极管钳位；⑥频率高达 500kHz；⑦自动重启动，非闭锁关断；⑧PWM 调光。IRS2541 引脚排列如图 2-37 所示，引脚功能见表 2-4。

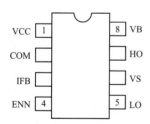

图 2-37　IRS2541 引脚排列图

表 2-4　　　　　　　　　　　　　IRS2541 引脚功能

引脚号	符号	功　　能
1	VCC	电源电压
2	COM	芯片功率和信号参考地
3	IFB	电流反馈

引脚号	符号	功　　能
4	ENN	禁用输出（LO＝高，HO＝低）
5	LO	低压侧栅极驱动输出
6	VS	高压侧悬浮的返回点
7	HO	高压侧栅极驱动输出
8	VB	高压侧栅极驱动悬浮电压

IRS2541 的最大绝对额定值见表 2-5。

表 2-5　　　　　　　　　　　　IRS2541 的最大绝对额定值

符号	定　　义		最小值	最大值	单位
U_B	高压侧浮动电压	IRS2540	-0.3	225	V
		IRS2541	-0.3	625	
U_S	高压侧浮地		U_B-25	$U_B+0.3$	
U_{HO}	高压侧浮动输出电压		$U_S-0.3$	$U_B+0.3$	
U_{LO}	低压侧输出电压		-0.3	$U_{CC}+0.3$	
U_{IFB}	反馈电压		-0.3	$U_{CC}+0.3$	
U_{ENN}	使能电压		-0.3	$U_{CC}+0.3$	
I_{CC}	电源电流		-20	20	Ma
du/dt	偏置电压允许变化率		-50	50	V/ns
P_D	$T_A \leqslant +25℃$ 时的最大允许的封装功率损耗，$P_D=(T_{JMAX}-T_A)/R_{THJA}$	8 脚 DIP		1	W
		8 脚 SOIC		0.625	
R_{THJA}	结到环境的热阻	8 脚 DIP		125	℃/W
		8 脚 SOIC		200	
T_J			-55	150	℃
T_S			-55	150	
T_L	引脚温度（焊接，10s）			300	

IRS2541 的最大绝对额定值是指连续的界限值，超出这些值可能导致器件损坏。所有的电压参数都是以 COM 为参考点的绝对值，所有的电流都定义流进引脚为正，热阻和功率损耗额定值都是器件安装在线路板上、静止的空气中测试的。

IRS2541 芯片的 VCC 和 COM 引脚之间包含一个齐纳二极管钳位结构，齐纳二极管标称反向击穿电压为 15.6V。IRS2541 的典型应用电路如图 2-38 所示。IRS2541 是一个时滞滞环降压式（Buck）控制器，在正常工作条件下，输出负载电流通过 IFB 引脚上的电压来调节，标称参考值为 500mV，IFB 引脚的反馈值和内部高精度的带隙基准电压源进行比较，引入 du/dt 滤波器，用以防止因干扰引起的错误转换。

当芯片的供电电压达到 U_{CCUV+}，输出引脚 LO 置高，HO 置低，并维持一段预定的时间。这是为了给自举升压电容充电，以建立 U_{BS} 悬浮电压给高压侧供电，然后芯片按照调节输出电流恒定的要求来控制 HO 和 LO。

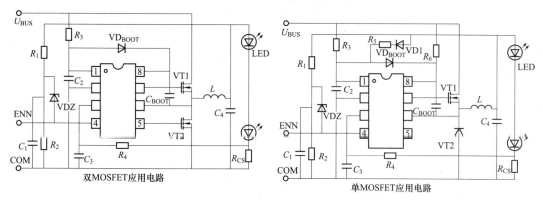

图 2-38 IRS2541 的典型应用电路

当 U_{IFB} 低于 U_{IFBTH}，HO 开通，负载从直流母线（U_{BUS}）上吸收电流，同时在输出级电感 L 和电容 C_{OUT} 上储存能量，除非负载开路，U_{IFB} 开始增加。一旦当 U_{IFB} 穿越 U_{IFBTH} 时，控制环在延迟 $t_{HO,OFF}$ 后关断 HO，HO 关断后，LO 将在死区时间 DT 后开通，电感和输出电容向负载释放储存的能量，U_{IFB} 开始下降。当 U_{IFB} 再次穿越 U_{IFBTH} 时，控制环在延迟 $t_{HO,ON}$ 后开通 HO，在延迟 $t_{HO,ON}$+DT 后关断 LO。开关连续调整输出平均电流，当电感和输出电容足够大，能保证 IFB 的纹波足够低（大约低于 100mV）。

相对于固定频率调整，IRS2541 的控制方法是基于自由频率运行的。不需要像很多其他振荡器那样通过增加外围元件来设定频率，因而能减少元器件数量。工作频率由电感（L1）和输出电容（C_{OUT}），输入、输出电压以及负载电流决定，它就像一个电流源，具有内在的稳定性。

为防止高压侧和低压侧同时导通，有必要在 LO 和 HO 栅极驱动信号之间加入大约 140ns 的死区时间。在高频应用中，如果没有死区时间，开关损耗将变得非常大，死区时间应该调整到既能保持精确的电流调整，同时又能防止同时导通。如果没有看门狗定时器，HO 输出将始终为高，储存在自举升压电容的电荷对高压侧的悬浮电源逐渐放电，慢慢泄放到 0，最终不能使高压侧 MOSFET 完全导通而导致高损耗。为维持 C_{BOOT} 有足够的电荷，引入了看门狗定时器。当 U_{IFB} 保持在 U_{IFBTH} 以下，HO 输出大约 20μs 后被强制置低，LO 置高，这种强制输出持续大 1μs，以给 C_{BOOT} 补充足够的能量。

自举升压电容的容量选择，需要保证其储存的电荷可以维持至少 20μs 时间，直到看门狗定时器允许电容再充电。如果电容值太小，电荷在 20μs 内很快被耗光，自举升压电容的典型取值为 100nF。

自举升压二极管应该为快恢复型或者超快恢复型，以保证良好的效率，因为自举升压二极管的负极会在 COM 和 U_{BUS}+14V 之间切换，二极管的反向恢复时间变得非常重要。

使能（ENN）引脚可用来调光和开路保护，当 ENN 引脚被拉低，芯片保持全功能状态，在工作状态，要想禁用控制反馈和调整，需要给 ENN 引脚施加一个高于 U_{ENTH}（大约 2.5V）的电压。芯片处于禁用状态时，HO 输出保持低电平，LO 输出保持高电平，以防止 VS 悬浮，并要维持对自举升压电容的充电。RS2541 的禁用阈值被设定在 2.5V，以提高对任何外部噪声、应用地线噪声的抑制能力，这个 2.5V 的阈值也使得它能够理想的从微处理器直接接收驱动信号。

为实现调光，可在 ENN 引脚输入恒定频率和设定了占空比的信号，因平均负载电流和占空比是直接的线性关系。如果占空比是50%，将实现最大亮度50%的输出。同样地，如果占空比为30%，将实现最大亮度30%的输出。调光信号的频率必须足够高，以防止闪光或"闪光灯"效应，数量级应为几kHz的信号。

当处于全功能的调整状态时，可达到的最小亮度（输出亮度到达0%）将由HO输出保持"导通"的时间决定，为保证可靠调光，应保持使能信号的"关断"时间至少是HO"导通"时间的10倍以上。若工作频率为75kHz，输入电压为100V，输出电压为20V，HO"导通"的时间将为3.3μs（1/4周期），根据标准的降压拓扑理论，使能信号的最小"关断"时间将被设定在33μs。

通过使用推荐的分压电路、电容和齐纳二极管，设计中可以将输出电压钳位在任何期望值。如果输出不带载并且不使用输出钳位，正输出端将悬浮在高压侧输入电压。无论是由于输出电压钳位还是看门狗定时器，输出HO和LO之间仍然会发生切换。输出电压和IFB信号形状之间的差异是由于采用了钳位电压的电容 C_{EN}，重复的尖峰可以通过简单的增加电容值来减少。

电阻 R_1 和 R_2 组成一个输出分压电路，然后馈入齐纳二极管的负极，只有当超过其标称电压，二极管才导通，向使能引脚注入电流。当分压网络产生的电压高于齐纳二极管标称额定电压2.5V以上时，芯片进入禁用状态.电容 C_{EN} 仅充当滤波器，减缓正输出端的瞬态开关。输出钳位电压由式（2-8）决定，即

$$U_{OUT} = \frac{(2.5 + U_{DZ})(R_1 + R_2)}{R_2} \tag{2-8}$$

式中：U_{DZ} 为稳压二极管标称额定电压。

欠压锁定模式（UVLO）定义为：IRS2541在电源VCC低于芯片开通阈值的状态时启动，IRS2541将进入UVLO模式。这种状态和芯片通过外部控制信号被禁用非常相似，当电源增加到 $U_{CCUV}+$，芯片进入正常的工作模式。如果已经在正常的工作模式下，只有当电源跌至 $U_{CCUV}-$ 以下才会进入UVLO模式。

为保持严格的滞环电流控制，输出电感L和输出电容 C_4（和LED并联）必须足够大，保证在 $t_{HO,ON}$ 期间能向负载供应能量，避免负载电流显著下降，导致平均电流跌到期望值以下。假设没有输出电容（C_4）存在，这样负载电流和电感电流完全一致，在输入电压的变化范围内，输入电压对频率的影响很大，电感值在输入低电压时对降低频率也有很大影响。对于8只LED串联组，肖特基二极管的 $U_0=28.8V$，$U_{IN}=11V$，$U_D=0.4V$。忽略 U_{DS}，所需的占空比为62.3%。

实例13 基于LT3476的LED驱动电路

LT3476为4通道输出的DC/DC变换器，是专为驱动高电流LED而设计的恒定电流源，可保证在很宽的输入和输出电压范围内实现稳定工作。该器件每个通道都能驱动多达8只串联的1A电流的LED，从而使LT3476能够驱动多达32个1A电流的LED，同时具有高达96%的效率。其耐热增强型5mm×7mm QFN封装有助于为100W的LED照明应用组成占板面积高度紧凑的解决方案，LT3476驱动器的典型应用电路如图2-39所示。LT3476的主要特性如下。

（1）基于True Color PWM调光技术，可达到1000：1的调光比。

（2）采用高压侧检测调节LED电流。

（3）VADJ引脚可在10~120mV范围内准确地设定LED电流检测门限。

（4）具有1.5A、36V内部NPN开关的4个独立驱动器通道。

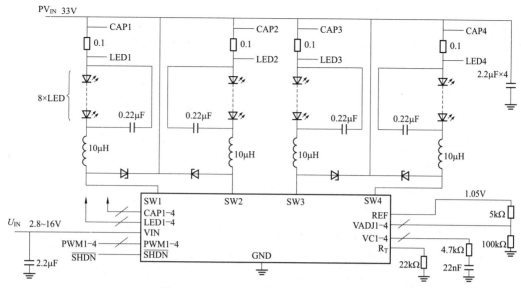

图 2-39 LT3476 驱动器的典型应用电路

（5）频率调节范围为：200kHz～2MHz。

（6）低静态电流：在工作模式中为 22mA，在停机模式中<10μA。

（7）较宽的输入电压范围：2.8～16V。

LT3476 采用在 LED 高端检测输出电流，从而能够实现降压、降压—升压或升压配置。采用一个外部检测电阻对每个通道的输出电流范围进行编程，4 个独立驱动器通道中的每一个都使用内部 1.5A、36VNPN 开关，并具有 LED 开路保护和热限制。

高压侧电流检测是目前灵活性最高的 LED 驱动方案，在 105mV 的全标度值条件下，可将每个电流监视器门限的准确度修整至 2.5% 以内。4 个稳压器均由对应信道的 PWM 信号来独立工作，从而精准地调节 LED 信号源的混色或调光比，可实现高达 1000：1 的调光比。频率调节引脚允许在 200kHz～2MHz 范围内设置开关频率，能有效抑制 LED 阵列的噪声干扰。

实例14 基于 LTC3783 的 LED 驱动电路

LTC3783 是一款电流模式多拓扑结构变换器，具有恒流 PWM 调光功能，可驱动大功率 LED 串。专有技术可提供极其快速、真实 PWM 的负载切换，而没有瞬态欠压或过压问题。可以数字化地实现 3000：1 的调光范围（在 100Hz 条件下），利用 PWM 调光可保证白色和 R、G、BLED 颜色的一致性。LTC3783 可使用模拟控制实现额外的 100：1 调光比率。这个通用的控制器可以用作升压、降压、降压—升压、SEPIC 或反激变换器，以及作为恒流/恒压调节器。运用 MOSFET 的导通电阻，以省去电流检测电阻提高了效率。

LTC3783 可用于驱动一个 N 沟道功率 MOSFET 和一个 N 沟道负载 PWM 开关，当采用一个外部负载开关时，PWM 输入不仅驱动 PWMOUT，而且还将使能控制器 GATE 开关和误差放大器工作，可使控制器在 PWM 为低电平时存储负载电流信息。3000：1 的 LED 调光比可以通过数字方式来实现，从而避免了采用 LED 电流调光时常见的彩色偏移现象。FBP 引脚提供了负载电流的仿真调光，因此，与仅采用 PWM 时相比，有效调光比增加了 100：1。

在输出负载电流必须返回 U_{IN} 的应用中，任选的恒定电流、恒定电压调节用于控制输出（或输入）电流或输出电压，并对另一个参数提供一个限值。I_{LIM} 提供了一个 10∶1 的模拟调光比。对于中低功率应用，无检测电阻器的模式能够利用功率 MOSFET 的导通电阻，从而实现效率的最大化。

可以通过一个外部电阻器将该 IC 的工作频率设定在 20kHz ~ 1MHz 范围内，并能够利用 SYNC 引脚来使之与一个外部时钟同步。LTC3783 采用 16 引脚 DFN 和 TSSOP 封装。其主要特性如下。

（1）PWM 提供了恒定的彩色和 3000∶1 的调光比，模拟输入可提供 100∶1 的调光比。

（2）内部 7V 低压差稳压器。

（3）具有可编程输出过压保护和可编程软启动功能。

（4）宽 FB 电压范围：0 ~ 1.23V。

（5）具有恒定电流或恒定电压调节功能。

（6）低停机电流：$I_Q = 20\mu A$。

（7）精度为 1% 的 1.23V 内部电压基准，可在一种无检测电阻（NoR$_{SENSE}$）模式中使用（$U_{DS} < 36V$）。

（8）具有 100mV 迟滞的 2%RUN 引脚门限。

（9）可与一个频率高达 1.3f_{OSC} 的外部时钟同步。

LTC3783 拥有驱动一串 LED 通常所需的全部功能，一个准确的电流调节误差放大器、一个具有 FET 驱动器的开关模式电源（SMPS）控制器、以及两种控制 LED 亮度的方法。电流调节误差放大器采用一个与 LED 相串联的检测电阻器两端的压降值，精确调节 LED 电流。LTC3783 的 SMPS 控制部分运用电流模式工作，以补偿诸如升压、降压、降压—升压、反激和 SEPIC 等许多拓扑结构的环路响应。集成的 FET 驱动器实现了功率 MOSFET 的快速开关，要想在不增设外部栅极驱动 IC 的情况下，将输入功率高效地转换为驱动 LED 的功率，功率 MOSFET 是必需的。

LTC3783 具有两种不同的 LED 亮度控制法，仿真调光可把 LED 电流从最大值减小至该最大值的约 10%（10∶1 的调光范围）。由于 LED 的色谱与电流有关，因此对于某些应用来说这种方法并不适用。然而，PWM 或数字调光则能够以一种快至足以掩盖视觉闪烁的速率（通常高于 100Hz）在零电流和最大 LED 电流之间切换，占空比可改变有效平均电流。该方法提供了高达 3000∶1 的调光范围（仅受限于最小占空比）。该方法还具有避免发生 LED 彩色偏移（因仿真调光所引发的电流变化所致）的优点。LTC3783 可在 3 ~ 36V（或更高）的宽输入电压范围内工作，如果某个 LED 串处于开路状态，则过压保护功能将确保输出电压不会超过设置的电平。LTC3783 还具有软启动功能，用于对激活期间输入的涌入电流加以限制。

采用 LTC3783 升压型配置的电路如图 2-40 所示，输入电压（9 ~ 18V）被提升至 LED 串所需的 30 ~ 54V 电压。LED 串可以包括 12 只串联的任何彩色的 700mA 的 LED，总共能够提供高达 38W 的驱动功率。当输入电压为 18V 以及 LED 串端电压为 54V 时，该电路所实现的功率效率可超过了 95%。不管采用什么样的电路组件，这种高效率都能够把温升抑制在 25℃ 以下。

采用 LTC3783 升压—降压配置的 LED 驱动电路如图 2-41 所示，图 2-41 所示电路的输入电压范围为 9 ~ 36V，LED 串的工作电压范围为 18 ~ 37V。这个由 8 只串联 LED 组成的 LED 串工作电流高达 1.5A。在 14.4V 的标称输入电压和一个 36V（在 1.5A）的 LED 串电压条件下（54W 输出功率），效率约为 93%。

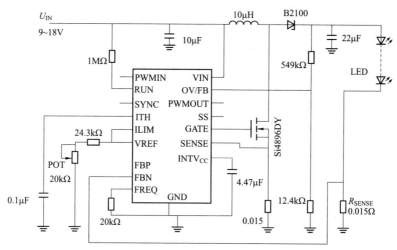

图 2-40 LTC3783 升压型配置驱动 LED 电路

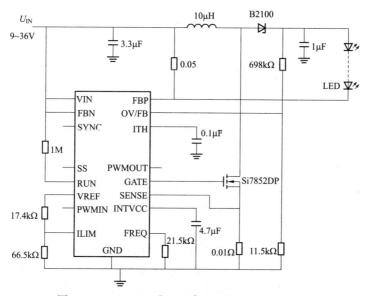

图 2-41 LTC3783 升压—降压配置驱动 LED 电路

实 例 15 基于 PT4115 的 LED 驱动电路

PT4115 是一款连续电感电流导通模式的降压恒流源，用于驱动一只或多只串联 LED。根据不同的输入电压和外部器件，PT4115 可以驱动高达数十瓦的 LED。PT4115 内置功率开关，采用高端电流采样设置 LED 平均电流，并通过 DIM 引脚可以接受模拟调光和很宽范围的 PWM 调光。当 DIM 的电压低于 0.3V 时，功率开关关断，PT4115 进入极低工作电流的待机状态。PT4115 采用 SOT89-5 封装。PT4115 具有以下特点。

（1）少的外部元器件。

（2）宽的输入电压范围：8~30V，高达 97% 的效率。

（3）最大输出 1.2A 的电流，输出电流可调的恒流控制方法，5% 的输出电流精度。

（4）具有 LED 开路保护功能。

PT4115 引脚排列如图 2-42 所示，引脚功能见表 2-6。

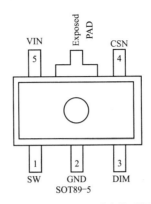

图 2-42　PT4115 引脚排列图

表 2-6　　　　　　　　　　　　　　**PT4115 引脚功能**

引脚号	管脚名称	描述	引脚号	管脚名称	描述
1	SW	功率开关的漏端	4	CSN	电流采样端，采样电阻接在 CSN 和 VIN 端之间
2	GND	信号和功率地	5	VIN	电源输入端，必须就近接旁路电容
3	DIM	开关使能、模拟和 PWM 调光端	—	ExposedPAD	散热端，内部接地，贴在 PCB 板上减小热阻

1. 工作原理描述

PT4115 和电感（L）、电流采样电阻（R_S）构成一个自振荡的连续电感电流模式的降压型恒流 LED 控制器，如图 2-43 所示，VIN 端上电时，电感（L）和电流采样电阻（R_S）的初始电流为零，LED 输出电流也为零。这时候，PT4115 内部的 CS 比较器输出为高，内部功率开关导通，SW 的电位为低。电流通过电感（L）、电流采样电阻（R_S）、LED 和内部功率开关从 VIN 端流到地，电流上升的斜率由 U_IN、电感（L）和 LED 压降决定，在 R_S 上产生一个压差 U_CSN，当（$U_\text{IN}-U_\text{CSN}$）>115mV 时，PT4115 内部的 CS 比较器输出变低，内部功率开关关断，电流以另一个斜率流过电感（L）、电流采样电阻（R_S）、LED 和肖特基二极管（VD），当（$U_\text{IN}-U_\text{CSN}$）<85mV 时，功率开关重新打开。高端电流采样结构使得外部元器件数量很少，采用 1% 精度的采样电阻，LED 输出电流的控制精度为±5%。

LED 电流可以通过 DIM 到地之间接一个电阻进行调节，内部有一个上拉电阻（典型值为 1.2MΩ）接在内部稳压电压 5V 上，DIM 脚的电压由内部和外部的电阻分压决定。DIM 脚在正常工作时可以浮空，当加在 DIM 上的电压低于 0.3V 时，内部功率开关关断，LED 电流降为零。关断期间，内部稳压电路保持待机工作，静态电流仅为 60μA。

PT4115 内部具有过热保护功能（TSD），PT4115 的封装含有散热 PAD。过热保护功能在芯片过热（160℃）时保护芯片和系统，外部的散热 PAD 增强了芯片功耗，可使 PT4115 能够安全地输出较大电流。PT4115 还可以通过 DIM 脚外接热敏电阻（NTC）到 LED 附近，检测温度动态调节 LED 电流，以保护 LED。并可通过外部电流采样电阻 R_S 设定 LED 平均电流，LED 的平均电流由连接在 VIN 和 CSN 两端的电阻 R_S 决定，即

$$I_{\text{OUT}} = 0.1/R_{\text{S}} \tag{2-9}$$

式中：$R_{\text{S}} \geqslant 0.082\Omega$。

上述等式成立的前提是 DIM 端浮空或外加 DIM 端电压高于 2.5V（但必须低于 5V），实际上，R_{s} 设定的是 LED 的最大输出电流，通过 DIM 端，LED 实际输出电流能够调小到任意值。

图 2-43 所示电路可通过直流电压实现模拟调光，在 DIM 端可以外加一个直流电压（U_{DIM}）调小 LED 输出电流，最大 LED 输出电流由 $0.1/R_{\text{S}}$ 设定。LED 平均输出电流计算公式为

$$I_{\text{OUT}} = \frac{0.1 \times U_{\text{DIM}}}{2.5 \times R_{\text{S}}} \tag{2-10}$$

U_{DIM} 在 $0.5\text{V} \leqslant U_{\text{DIM}} \leqslant 2.5\text{V}$ 范围内 LED 保持 100% 电流，等于 $I_{\text{OUT}} = 0.1/R_{\text{S}}$。

2. 通过 PWM 信号实现调光

LED 的最大平均电流由连接在 VIN 和 CSN 两端的电阻 R_{s} 决定，通过在 DIM 管脚加入可变占空比的 PWM 信号，可以调小输出电流以实现调光，如图 2-44 所示。计算方法见式（2-11），即

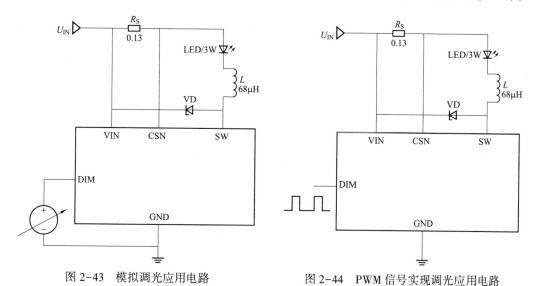

图 2-43 模拟调光应用电路　　　　图 2-44 PWM 信号实现调光应用电路

$$I_{\text{OUT}} = \frac{0.1 \times D}{R_{\text{S}}} \tag{2-11}$$

$0 \leqslant D \leqslant 100\%$，$2.5\text{V} < U_{\text{pulse}} < 5\text{V}$。

如果高电平小于 2.5V，则

$$I_{\text{OUT}} = \frac{U_{\text{pulse}} \times 0.1 \times D}{2.5 \times R_{\text{S}}} \tag{2-12}$$

$0 \leqslant D \leqslant 100\%$，$0.5\text{V} < U_{\text{pulse}} < 2.5\text{V}$。

通过 PWM 调光，LED 的输出电流可以从 0~100% 变化。LED 的亮度是由 PWM 信号的占空比决定的。例如 PWM 信号的占空比为 25%，LED 的平均电流为 $0.1/R_{\text{S}}$ 的 25%。应设置 PWM 调光频率在 100Hz 以上，以避免人的眼睛可以看到 LED 的闪烁。PWM 调光比模拟调光的优势在于不改变 LED 的色度，PT4115 调光频率最高可超过 20kHz。

通过在 DIM 接入一个外部电容，使得启动时 DIM 端电压缓慢上升，这样 LED 的电流也缓慢上升，从而实现软启动。通常情况下，软启动时间和外接电容的关系为 0.8ms/nF。PT4115 具有

输出开路保护功能，负载一旦开路，芯片将被设置于安全的低功耗模式，需要重新上电后才能进入正常工作模式。

3. 外部器件选择

（1）旁路电容。在电源输入端必须就近接一个低等效串联电阻（ESR）的旁路电容，ESR越大，效率损失会变大。该旁路电容要能承受较大的峰值电流，并能减小对输入电源的冲击。直流输入时，该旁路电容的最小值为4.7μF，在交流输入或低电压输入，旁路电容需要100μF的钽电容或类似电容。该旁路电容应尽可能靠近芯片的输入管脚。为了保证在不同温度和工作电压下的稳定性，应使用X5R/X7R电容。

（2）电感。PT4115的最佳工作频率在1MHz以下，电感量的大小会影响PT4115的工作频率，电感设计在68μH以上，系统工作频率可以控制到1MHz以下。电感量小了，工作频率趋高，由于PT4115内部电流检测电路响应速度限制，将对内部电流正常检测出现影响，不能更好地实现对内部开关的导通/关断控制。另外由于高频率会带来较大的开关损耗，使芯片运行在较高的结温下，电应力加大，不利于稳定工作。电感量太小将导致PT4115的SW端烧坏，而无输出。

电感的DCR越小，效率越高，在设计中应选用EPC13锰锌4000磁芯。电感器的饱和电流和肖特基二极管的电流选小了，将会导致整个电路的续流不足，LED光源会产生人眼可见的闪光。将电感器的饱和电流和肖特基二极管的电流适当增大，即可增大整个电路的续流电流，消除因此产生的闪光。

PT4115推荐使用的电感参数范围为27~100μH，电感的饱和电流必须要比输出电流高30%~50%。LED输出电流越小，应采用的电感值越大。在电流能力满足要求的前提下，希望电感取得大一些，这样恒流的效果更好一些。电感器在布板时应尽量靠近VIN和SW端，以避免寄生电阻所造成的效率损失。表2-7给出电感选择参考参数。

表2-7　　　　　　　　　　　　　　电感选择参考参数

输出电流	电感值	饱和电流
$I_{OUT}>1A$	27~33μH	
0.8A<I_{OUT}≤1A	33~47μH	
0.4A<I_{OUT}≤0.8A	47~68μH	大于输出电流1.3~1.5倍
I_{OUT}≤0.4A	68~100μH	

电感的选型还应满足PT4115的最大工作频率的SPEC范围，若选择的电感不适合，在开关转换点存在过大的寄生电容会导致系统效率的降低。开关导通时间T_{ON}可按式（2-13）计算，即

$$T_{ON} = \frac{L \times \Delta I}{U_{IN} - U_{LED} - I_{avg} \times (R_S + r_L + R_{SW})} \tag{2-13}$$

开关关断时间T_{OFF}为

$$T_{OFF} = \frac{L \times \Delta I}{U_{LED} + U_D + I_{avg} \times (R_S + r_L)} \tag{2-14}$$

式中：L为电感感值，H；r_L为电感寄生阻抗，Ω；R_S为限流电阻阻值，Ω；I_{avg}为LED平均电流，A；ΔI为电感纹波电流峰峰值，A，设置为0.3×I_{avg}；U_{IN}为输入电压，V；U_{LED}为总的LED导通压降，V；R_{SW}为开关管导通阻抗，Ω，典型值为0.6Ω；U_D为正向导通压降，V。

（3）二极管。为了保证最大的效率以及性能，二极管（VD）应选择快速恢复、低正向压降、低寄生电容、低漏电的肖特基二极管，电流能力以及耐压视具体的应用而定，但应保持30%的

余量，有助于稳定可靠的工作。还应考虑温度高于 85°C 时肖特基的反向漏电流。过高的漏电流会导致增加系统的功率耗散。AC12V 整流二极管（VD）一定要选用低压降的肖特基二极管，以降低自身功率耗散。

4. 降低输出纹波

如果需要减少输出电流纹波，一种有效的方法即在 LED 的两端并联一个电容，连接方式如图 2-45 所示。1μF 的电容 C 可以使输出纹波减少大约 1/3。适当的增大输出电容可以抑制更多的纹波。输出电容不会影响系统的工作频率和效率，但是会影响系统启动延时以及调光频率。

5. 负载电流的热补偿

大功率 LED 有时需要提供温度补偿电流以保证可靠稳定的工作，PT4115 的内部温度补偿电路已将输出电流达到了尽可能的稳定。PT4115 还可以通过 DIM 管脚外接热敏电阻（NTC）或者二极管（负温度系数）到 LED 附近，检测 LED 温度实现动态调节 LED 电流，以保护 LED。随着温度升高，DIM 端电压降低，从而降低 LED 输出电流，实现系统的温度补偿。

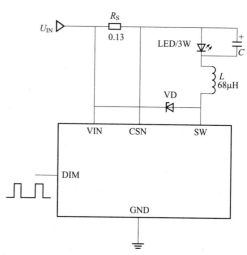

图 2-45　降低输出纹波应用电路

6. 过热保护（TSD）

PT4115 内部设置了过温保护功能（TSD），以保证系统稳定可靠的工作。当 IC 芯片温度超出 160℃，IC 即会进入 TSD 保护状态并停止电流输出，而当温度低于 140℃ 时，IC 即会重新恢复至工作状态。

7. 设计中注意事项

（1）低输入电压下工作。系统在输入电压低于 U_{UVLO} 时，IC 内部的功率开关管处于关断状态，直到输入电压高于 U_{UVLO}+500mV 时，系统才会正常启动。但是有一种特殊情况，即输入电压虽然高于 U_{UVLO}+500mV，但是过于接近输出电压，会导致系统长时间工作在高占空比的状态，特别是在低输入电压（比如小于 10V）时，功率耗散也会增大。长时间工作有可能导致 IC 过热保护。在实际应用中，适当的保持输入输出电压的压差是非常必要的。

（2）散热。当系统工作的环境温度较高时，以及驱动大电流负载时，必须避免系统达到功率极限。PT4115 额定功率与温度的对应关系如图 2-46 所示。在实际应用中，要求达到每 25mm² 的 PCB 大约需要 1oz 敷铜的电流密度，以有利于散热。PCB 铜箔与 PT4115 的散热 PAD 和 GND 的接触面积面积要尽可能大，有利于散热。

（3）PCB 布板。合理的 PCB 布局对于最大程度保证系统稳定性以及低噪声来说很重要。使用多层 PCB 是避免噪声干扰的一种有

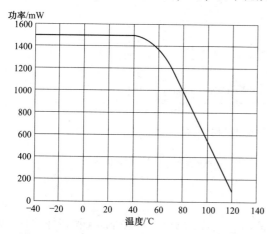

图 2-46　PT4115 额定功率与温度的对应关系

效的办法。为了有效减小电流回路的噪声，输入旁路电容应当另行接地。

SW端处在快速开关的节点，所以PCB走线应当尽可能的短，另外芯片的GND端应保持尽量良好的接地。布局时电感应距离相应管脚尽可能的近一些，否则会影响整个系统的效率。另外一个需要注意的事项是尽量减小R_S两端走线引起的寄生电阻，以保证采样电流的准确。

实例16 基于NCP1200的LED驱动电路

采用NCP1200构成的LED驱动电路如图2-47所示，在图2-47所示电路中，一个全波桥式整流器（VD2~VD5）和滤波电容器C_1向变换电路IC1及其关联元件提供大约160V（DC）电压。电阻器R_3为IC1的电流检测引脚改变偏置值，6.2kΩ的阻值允许R_6使用1.2Ω检测电阻器。相对于瓦特数较高的检测电阻器，减小R_6不仅可降低成本，而且能提高电路的效率。电容器C_3稳定反馈网络的电流，并且在LED串开路时，承载400V额定电压。由R_5和C_4组成的RC网络为CS引脚提供低通滤波功能。

在断开交流输入时，泄放电阻器R_1和R_2可消除其管脚处的电压。虽然可以使用一个1MΩ通孔式安装的电阻器，但两个表面贴装500kΩ串联电阻器的成本更低，并为交流输入电压提供了PCB印制线之间所要求的间隔。由于在输入端设置旁路电容C_2。可以选用任何带有合适击穿电压和低接通电阻的功率MOSFET（比如MTD1N60E或IRF820）作为VT1。电感L_1是一个500mH器件，能工作于100kHz，并处理超过350mA的连续电流。增加光隔离器IC2可实现采用微控器调节LED的亮度，它利用了IC1的反馈端子（FB引脚）进行脉宽调制。

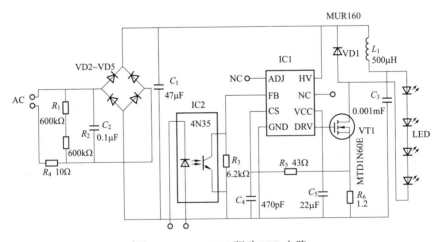

图2-47 NCP1200驱动LED电路

实例17 基于NCP1216的LED驱动电路

采用NCP1216控制芯片外配一个高功率MOSFET、一只电感以及少数外部无源器件，在一个单功率级电路上可构成一个简单高能效的PFC和恒流变换器，由于输出通常不需滤除100/120Hz

主电源的频率成分，因此可以不需在电路中使用大型电解电容，这不仅可以缩小电路尺寸，还能改善整体电源的可靠度，NCP1216 驱动 LED 电路如图 2-48 所示。

图 2-48 所示电路是非隔离变换器电路的最基本实现方式，是一个将交流电源通过 VD1～VD4 进行整流，通过电感器 L_1、VT1、C_4 以及控制器组成的降压转换电路。在这个 90～135V（AC）输入的特定电路中，由并行电流检测电阻 R_4、积分电路 R_6 和 C_6 以及光电耦合器所组成的简单反馈网络，可以让电路以恒流输出模式工作。通常在非隔离式设计中并不需要光电耦合器，但在本电路中使用光电耦合器对 LED 串顶端的电流检测信号进行移位处理，这个电路的特殊实现方式使得它能够提供高功率因数和恒流输出。降压输入电容 C_2 必须对输入桥式整流电路上所出现的 120Hz 全波整流波形拥有高阻抗，否则功率因数就会如电容式输入滤波器一样出现大幅劣化情况，这个电容的典型值为 $0.1～0.47\mu F$，主要依电路的输出功率而定。L_1 的电感值要低，以便让降压式变换器可以在非连续导电模式下工作，这对电路的高功率因数相当重要。在非连续导电模式中，C_4 的值也可以相当小，为 $1～5\mu F$，原因是它只需用来滤除电流波形中的高频开关成分，应该采用低 ESR 的聚丙烯薄膜电容。

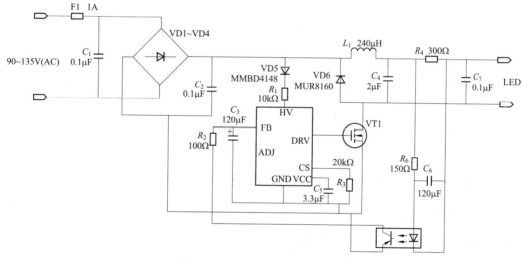

图 2-48　NCP1216 驱动 LED 电路

在不需要隔离的应用中，可以采用较为简单的降压拓扑结构，这种结构所使用的电感比变压器小得多，而且只需要很少的元件来实现这种解决方案。这种结构采用的是峰值电流控制（PCC）模式，工作在深度连续导电模式（CCM）。这种结构具有多种优势，如可以不使用大电解输出电容、具有"良好"稳流的简单控制原理，基于 NCP1216 的非隔离型离线式 LED 驱动电路如图 2-49 所示。

它充分利用高压工艺技术的优势，从交流主电源直接为控制器供电，进一步简化了电路。这种设计适合 120V（AC）条件，若要用于 230V（AC）条件，则需要变更少许元件，如功率 FET 和电容。由于这是一种非隔离型 AC/DC 设计，所以存在高压。而且这是一项浮动设计，IC 和 LED 并非对地参考。在对器件进行供电之前，LED 必须连接至电路板。

对于这类降压控制方式而言，当控制的 LED 数量减少时，占空比会变得极窄。而且开关控制器在电流被检测到之前会有 200～400ns 的前沿消隐电路。在这种情况下，必须降低开关频率来适应正常工作，并通过半波整流输入电路将电压保持在最低值。在这种方法中，基本结构能够

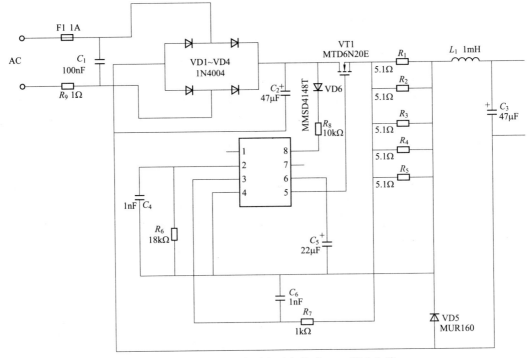

图 2-49　NCP1216 非隔离型离线式 LED 驱动电路

通过元件修改来轻易扩展，从而也能驱动多只串联的 LED 串。

实例 18　基于 NCP1014/1028/的 LED 驱动电路

NCP1014/1028 是离线式 PWM 开关稳压器，具有集成的 700V 高压 MOSFET，采用 350mA/22VDC 变压器设计及 700mA/17VDC 配置，输入电压范围为 90~265V（AC），具有输出开路电压钳位、采用频率抖动减少电磁干扰（EMI）及内置热关闭保护等特性。

基于 NCP1014/1028 的驱动 LED 电路如图 2-50 所示，电路具有开路输出保护功能，会在开路时将输出钳位至 24V 电压。在图 2-50 所示电路中，电流和开路电压能够通过简单地改变电阻、齐纳二极管组合来调整。如果输入电压为 230V（AC）电压，NCP1014 能够提供高达 19W 的功率，NCP1028 能够提供高达 25W 的功率。

实例 19　基于 NCP3065/3066 的 LED 驱动电路

LED 是一种使用寿命长的光源（可长达 5 万 h），除了需要针对具体的 LED 应用选择适合的 LED 驱动解决方案，还需要为 LED 提供适当的保护，LED 失效的原因具有多样性，可能是因为 LED 早期失效，也可能是因为局部的组装缺陷或是因瞬态现象导致失效。必须对这些可能的失效提供预防措施，特别是某些应用属于关键应用（故障停机成本高），或是安全攸关的应用（如头灯、灯塔、桥梁、飞行器、飞机跑道等），或是在地理上难于接近的应用（维护困难）等。

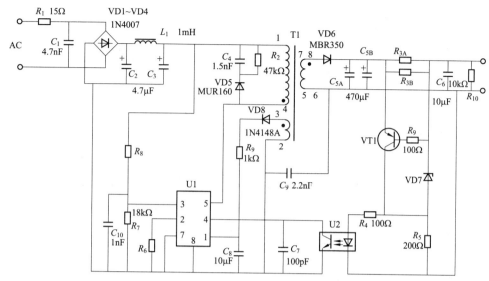

图 2-50 NCP1014/1028 驱动 LED 电路

在这方面，可以采用 NUD4700LED 分流保护解决方案，如图 2-51 所示。在 LED 正常工作时，泄漏电流仅为 100μA；而在遭遇瞬态或浪涌条件时，LED 就会开路，这时 NUD4700 分流保护器所在的分流通道被激活，所带来的压降仅为 1.0V，将对电路的影响尽可能地减小。该器件采用节省空间的小型封装，设计用于 1W 的 LED（额定电流为 350mA/3V），如果散热处理恰当，也支持大于 1A 电流工作的 LED。

以一个典型的太阳能路灯 LED 驱动设计为例，设计目标是：初始光输出为 4200lm；采用单层光学器件；采用 12V 蓄电池工作。假定所采用的 LED 技术参数如下。

（1）输出：典型值为 100lm/350mA，结温度 T_j = 25℃。

（2）驱动电流：350mA。

（3）光电器件：单层，且耦合良好，光学损耗仅为 12%。

（4）最高环境温度：40℃。

（5）驱动器损耗：10%（目标效率 90%）。

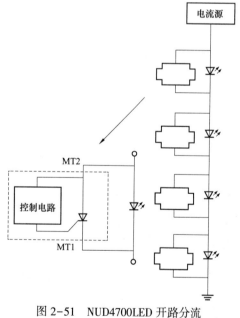

图 2-51 NUD4700LED 开路分流
保护器的应用示意图

首先需要估计 LED 数量及总功率。由于 T_j = 25℃时 LED 光输出为 100lm，而 T_j 升高时 LED 光输出会降低；T_j 为 90℃时，LED 光输出会下降 20%，即输出降为 80lm。由于光器件的光学损耗为 12%，所以每只 LED 的光输出就约为 71lm。由于需要的总光能输出为 4200lm，所以计算出的所需 LED 数量约为 60 只。相应的，总输出功率为：3.6V（LED 工作电压）×0.350A（输出电流）×60（LED 数量）= 76W。由于驱动器的损耗为 10%，所以灯具总功率约为 85W。而在拓扑

75

结构方面，需要采用恒流结构来进行驱动。此外，需要能够根据不同 LED 数量来调节 LED 输出电流、满足较高效率要求。

针对上述设计要求，可以采用 NCP3065/3066 来实现驱动解决方案。NCP3066 是一款大功率 LED 恒流降压稳压器，带专用"启用"引脚用于实现低待机能耗，具有平均电流检测功能（电流精度与 LED 正向电压无关），提供 0.2V 电压参考，适合小尺寸、低成本检测电阻。该器件采用滞环控制，不需要环路补偿，易于设计。

NCP3065/3066 是一种多模式 LED 控制器，它集成 1.5A 开关，可以设置成降压、升压、反转（降压—升压）、单端初级电感变换器（SEPIC）等多种拓扑结构。NCP3065/3066 的输入电压范围为 3.0~40V，具有 235mV 的低反馈电压、工作频率可调节，最高 250kHz。其他特性包括：能进行逐周期电流限制、不需要控制环路补偿、可采用所有陶瓷输出电容工作、具有模拟和数字 PWM 调光能力、发生磁滞时内部热关闭等。NCP3065 也可用作 PWM 控制器，如可采用 100V 外部 N 沟道 FET 来进行升压。针对 4~30W 功率的不同应用，可提供不同 MOSFET 选择。NCP3065 驱动 LED 电路如图 2-52 所示。

在结构设计采用模块化设计，即采用 8 只 LED 光条，每个光条含 1 个驱动器电路及 8 只 LED。这样 LED 总数即为 64 个，超过所要求的 60 只 LED 数量，可以提供所要求的功率及光输出，并具有高的效率。

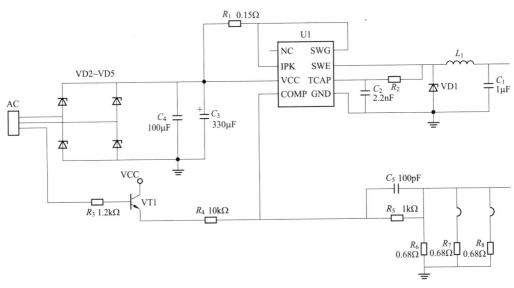

图 2-52　NCP3065 驱动 LED 电路

实例 20　基于 iW1689 的 LED 驱动电路

iWatt 公司将专利的数字控制技术用于开关电源控制 IC 内部的控制环节，专门用来解决功率转换应用中的挑战，是平衡绿色电源的效率、成本、体积和高性能输出控制之间的最佳创新技术。高性能的 AD/DC 电源控制器 iW1689，采用了数字控制技术构成无传感器尖峰电流模式的 PWM 反激式电源。iW1689 采用的一次端控制技术，消除了传统设计必需的光耦隔离反馈电路和二次调节电路，大大降低了 AC/DC 适配器的成本。其 PWM 控制器在高负载状态下工作于固定频率的非连续模式（DCM），在轻负载状态下则切换为可变频率工作模式，以提供最高效率。由于采用 iWatt 的数字控制技术，使得 iW1689 具有快速动态响应、高精度的输出调节以及全方位的电路保护功能，包括内置过电压保护、输出短路保护和软启动。

iW1689 不仅效率高，还可提供一些关键的内置保护特性，能减少外部元件的数量、降低 BOM 成本。它消除了对环路补偿元件的需求，并在整个工作状态下提供稳定的输出。此外，内置的功率限制功能允许在通用离线应用中对变压器进行优化设计，并支持很宽的输入电压范围。在轻负载下，iW1689 具有非常低的启动功率和工作电流，这使得 iW1689 能满足新电源标准对平均效率和待机功耗的要求。

iW1689 内置恒流模式和恒压模式，采用了 iWatt 具有专利的一次反馈算法来控制次级输出，由于无须任何二次检测和控制电路，iW1689 便能实现精确的二次恒流工作。iW1689 在高功率输出下采用 PWM 模式控制，在低功率输出下则转换到 PFM 模式，以尽量降低功耗。

iW1689 的主要特性包括：由于采用一次反馈，不需要光耦隔离反馈电路而简化了设计、支持多模式工作以实现最高效率、±4% 输出电压调节、不需要外部补偿元件、内置软启动功能、内置短路保护、内置带一次反馈的二次恒流控制、采用固定 40kHz 开关频率。iW1689 的典型应用电路如图 2-53 所示。

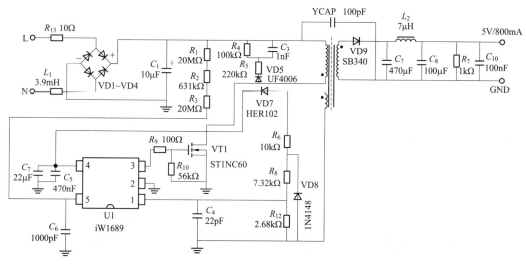

图 2-53　iW1689 的典型应用电路

iWatt 公司的另外两款针对低功率应用的产品是 iW1690 和 iW1692。虽然 iW1689、iW1690、iW1692 三款产品的功率级差不多，但它们的应用范围不太一样。iW1689 的功率范围为 3～6W，恒流输出精度为 ±5%（精度与变压器的电感值有关）。iW1692 的功率范围为 3～10W，提供精确恒流，且电流精度与变压器的电感值无关。iW1690 与 iW1692 不同之处在于功率范围为 2～5W，驱动端采用 BJT。此外，iW1690 与 iW1692 还具有根据电流大小，对导线电压降进行补偿功能。

实例 21　基于 SG1524 的 LED 驱动电路

采用 12V 蓄电池组驱动一串白光 LED 的 SG1524 驱动 LED 电路如图 2-54 所示，图 2-54 所示电路的特点是成本低，效率高，亮度不受蓄电池电压的影响，有调光功能，以及保护蓄电池功能。该驱动电路在升压配置中采用了 SG1524 脉宽调制（PWM）开关调节器（U1）。这种配置使 U1 产生约 40V 的最高输出电压，可以驱动多达 11 只 1W 的白光 LED 串联组。由于功耗高，LED 必须配备相应的散热器。

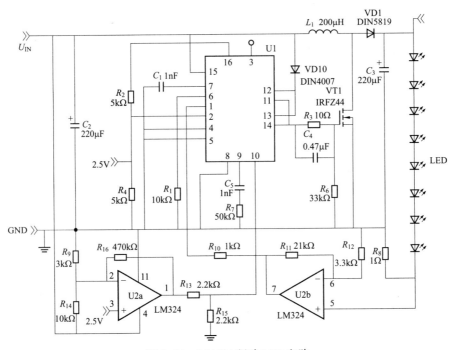

图 2-54　SG1524 驱动 LED 电路

对于给定的工作频率，驱动器的设计包括电感器、输入电容器、输出电容器、开关晶体管、输出二极管的选择。电路的工作频率可按式（2-15）计算，即

$$F_{\mathrm{osc}} = \frac{1}{R_1 + C_1} \tag{2-15}$$

图 2-54 所示电路的频率越高，电感越小，但开关损耗就越大。蓄电池在完全充电时电压为 13.2V，完全放电时约为 10.8V。通过 LED 的电压应足够高，以便在不同的输入电压下使 LED 正向偏压。为了保证这一点，所需的占空比为

$$D = \frac{U_{\mathrm{O}} + U_{\mathrm{D}} - U_{\mathrm{IN}}}{U_{\mathrm{O}} + U_{\mathrm{D}} - U_{\mathrm{DS}}} \tag{2-16}$$

式中：U_{O} 为通过 LED 串联组的输出电压；U_{D} 为二极管压降；U_{IN} 为最小输入电压；U_{DS} 为 MOSFET 压降。

对于 8 只 LED 串联组，肖特基二极管的 $U_{\mathrm{O}} = 28.8V$，$U_{\mathrm{IN}} = 11V$，$U_{\mathrm{D}} = 0.4V$。忽略 U_{DS}，所需的占空比是 62.3%。U1 有两个独立的开关晶体管，每个可提供的电流约 100mA，运行时的最大占空比是 45%。为了达到所需的占空比，要将这两个晶体管并联。由于 LED 所需的电流超过 100mA，所以要另外加上一个 MOSFET。采用电感的平均电流可计算出电感 L_1 的值，电感的平均电流 I_{Lavg} 按下式计算

$$I_{\mathrm{Lavg}} = \frac{I_0}{1 - D} \tag{2-17}$$

电感电流的最大值 $I_{\rm Lpk}$ 按下式计算

$$I_{\rm Lpk} = I_{\rm Lavg} + \Delta I/2 \tag{2-18}$$

式中：ΔI 是电感的波纹电流。

如果电感的波纹电流 ΔI 是平均电流的某一百分比（假如电感电流的波纹是平均电流的40%），电感 L 的值是

$$L = \frac{U_{\rm IN} \times D}{F_{\rm OSC} \times \Delta I} \tag{2-19}$$

为了保证稳定的照明，通过 LED 的电流必须可以监测并保持不变。要做到这一点，电流可由 R_8、R_{11} 和 U2b 换算成电压，并通过 U1 的误差放大器的反相端反馈。这种负反馈可调节占空比来稳定通过 LED 的电流。LED 的亮度随 R_{11} 的不同而不同。运算放大器 U2a 和 R_9、R_{13}、R_{14}、R_{15} 监控蓄电池电压，只要蓄电池电压低于 11V 时就关闭 LED，从而防止蓄电池的深度放电。

实例 22 **基于 PAM2842 的 LED 驱动电路**

采用一个集成电路来控制 LED 的电流，使其无论在蓄电池电压降低或是环境温度升高时都能保持 LED 电流恒定。从 12V 或 24V 的输入电压驱动 10 只串联的 3W LED 的 PAM2842 应用电路如图 2-55 所示。

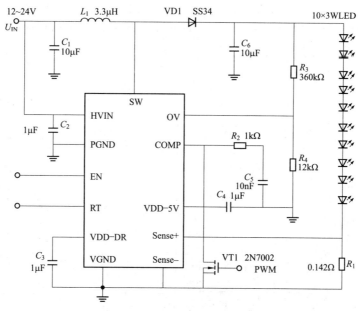

图 2-55 PAM2842 应用电路

图 2-55 所示电路的最高输出电压可达 40V，最大输出电流可达 1.75A，但总输出功率不能大于 30W。反馈电压为 0.1V，串联电阻的阻值就可以根据所要求的正向电流来选择。假设对 3W 的 LED 要求其正向电流为 700mA，则其阻值为 0.142Ω，损耗为 0.07W，对效率的影响基本可以忽略不计。二极管必须采用低压降、大电流的肖特基二极管，以减小功耗。电感需要采用高饱和电流、低 DCR 的电感。此外，PAM2842 的工作频率可以有三种选择：500kHz、1MHz、1.6MHz。为降低其开关损耗，应选择 500kHz 开关频率。PAM2842 具有很好的恒流特性，当输入电压从

12V 降至 10V 时，LED 中电流的变化不到 3%，这样就可以保证 LED 的亮度基本不变。芯片内部具有过压保护电路 UP，如果出现一个 LED 开路，芯片的升压会被限制而不至于过高，保护芯片本身不至于损坏。但由于所有 LED 为串联，如果一只 LED 开路，必然会导致所有 LED 不亮。但是，假如有一只 LED 短路，由于恒流控制，所以芯片会自动降低其输出电压，而保持流过 LED 的电流不变，因此不影响其他 LED 工作。

由于 PAM2842 是作为升压芯片来使用的，因此在要求的升压比较高时，它的效率较低。例如，假设输入电压为 24V，升压至 40V，其效率可达 95% 以上。而如果输入电压为 12V，仍然要求升压至 40V，这时其效率就只有 91% 左右。因大多数太阳能路灯系统所采用的蓄电池是 12V 的，为了在 12V 时还能获得 95% 的效率，可以把 10 只 LED 分成两串，每串为 5 只 LED 串联，这样就只要求升压至不到 20V，可以将效率提高至 95%。而且如果一只 LED 开路，至多影响一串 5 只 LED，而不会影响另一串 5 只 LED 的工作。这时，两串 LED 共用一只 LED 电流采样电阻，由于电流增加一倍变成 1.4A，所以电流采样电阻阻值也应当减小一半，变成 0.07Ω。或只对其中一串 LED 的电流进行采样，而另一串 LED 直接接地，这样就只能对其中一串的 LED 电流进行恒流控制。

因为 1W 的 LED 比较成熟，散热也容易处理。同样可以利用 PAM2842 来驱动 2 串 10 只 1W 的 LED，总输出功率约为 23W，如图 2-56 所示。不过，对于 1W 的 LED，它的驱动电流是 350mA，所以两串并联后的总电流仍然是 0.7A，和一串 10 只 3W 的 LED 情况一样，采样电阻仍然是 0.142Ω。当然，也可以连成 4 串，每串 5 只 1W 的 LED，总数为 20 个，甚至是连成 5 串，每串 5 只 1W 的 LED。以减少由于某一串中的 LED 开路而引起不亮的 LED 个数。这时采样电阻需根据电流值来调整，各种不同结构时所对应的电流采样电阻和输出限压电阻阻值见表 2-8。

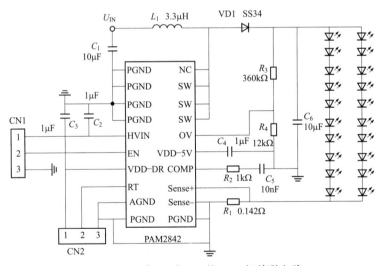

图 2-56　两串 10 个 1W 的 LED 相并联电路

表 2-8　　各种不同结构时的电流采样电阻和输出限压电阻的阻值

结构	1 串 10 只 3W	2 串 5 只 3W	2 串 10 只 1W	4 串 5 只 1W	5 串 5 只 1W
输出功率/W	23.1	23.1	23.1	23.1	28.8
电流/A	0.7	1.4	0.7	1.4	1.75

结构	1 串 10 只 3W	2 串 5 只 3W	2 串 10 只 1W	4 串 5 只 1W	5 串 5 只 1W
R_1/Ω	0.142	0.07	0.142	0.07	0.06
R_3/Ω	360k	180k	360k	180k	180k
R_4/Ω	12k	12k	12k	12k	12k

实例 23 **基于 TNY279PN 的无源 PFCLED 驱动电路**

具有无源 PFC 的 LED 驱动电路如图 2-57 所示，图 2-57 所示电路具有非常高的效率（≥ 82%）；元件数量少（只需 40 个元件）；不需要共模电感就能满足 EN55022B 对传导 EMI 要求；填谷电路使电源满足 IEC61000-3-2THD 限制；ON/OFF 抑制由填谷（THD 校正）电路引起的较高工频纹波电压。

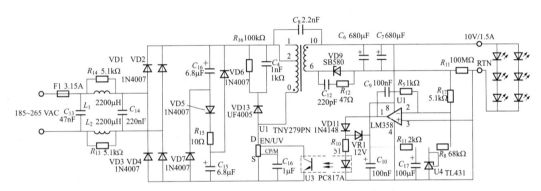

图 2-57 具有无源 PFC 的 LED 驱动电路

TinySwitch-Ⅲ系列器件在一个封装内集成了一个 700V 高压 MOSFET 开关及一个电源控制器，与普通的 PWM（脉宽调制）控制器不同，它使用简单的开/关控制方式来稳定输出电压。这个控制器包括了一个振荡器、使能电路（检测及逻辑）、限流状态调节器、5.85V 稳压器、欠压及过压电路、电流限流选择电路、过热保护、电流限流电路，前沿消隐电路。此外，TinySwitch-Ⅲ系列器件还增加自动重启动、自动调整开关周期导通时间及频率抖动功能。TinySwitch-Ⅲ系列器件引脚功能如下。

（1）漏极（D）引脚。MOSFET 的漏极连接点，在开启及稳态工作时提供内部工作电流。

（2）旁路/多功能（BP/M）引脚。这一引脚有多项功能如下。

1）一个外部旁路电容连接到这个引脚，用于生成内部 5.85V 的供电电源。

2）作为外部限流点设定，根据所使用电容的数值选择电流限流值。使用数值为 0.1μF 的电容器工作在标准的电流限流值上。对于 TNY275～280 器件，使用数值为 1μF 的电容可将电流限流值降低到相邻更小型号的标准电流限流值。使用数值为 10μF 的电容可将电限流流值增加到相邻更大型号的标准电流限流值。

3）提供关断功能，在输入掉电时，当流入旁路引脚的电流超过 I_{SD} 时关断器件，直到 BP/M 电压下降到 4.9V 之下。还可将一个稳压管从 BP/M 引脚连接到偏置绕组供电端，实现输出过压保护。

（3）使能/欠压（EN/UV）引脚。此引脚具备如下两项功能。

1）输入使能信号和输入电压欠压检测，在正常工作时，通过此引脚可以控制 MOSFET 的开关。当从此引脚拉出的电流大于某个阈值电流时，MOSFET 将被关断。当此引脚拉出的电流小于某个阈值电流时，MOSFET 将被重新开启。对阈值电流的调制可以防止群脉冲现象发生。阈值电流值为 75μA~115μA。

2）在 EN/UV 引脚和 DC 电压间连接一个外部电阻可以用来检测输入电压的欠压情况。如果没有外部电阻连接到此引脚，TinySwitch-Ⅲ器件可检测出这一情况，并禁止输入电压欠压保护功能。

（4）源极（S）引脚。内部连接到 MOSFET 的源极，用于高压功率的返回节点及控制电路的参考点。

图 2-57 所示的反激式变换器使用了 TinySwitch-Ⅲ系列器件（U2，TNY279PN），可给 6 个 HB-LED（LXHL 系列）提供高达 1.8A 的驱动电流。输出电压比 LED 串的正向电压降稍低。因此当 LED 串联接到电源时，电源工作在恒流（CC）模式。如果 LED 串没接到电源，稳压管 VR1 提供电压反馈，将输出电压调整在 13.5VDC 左右。采用一个 100mΩ 的电阻（R_{11}）检测输出电流，并通过一个运放（U1）驱动光耦给 U2 提供反馈。TinySwitch-Ⅲ系列器件通过关断或跳过 MOSFET 开关周期进行稳压。当负载电流达到电流设置阈值时，U1 驱动 U3 导通。U3 内的光三极管从 U2 的 EN/UV 脚拉出电流，使 U2 跳过周期。一旦输出电流降到电流设置阈值以下，U1 停止驱动 U3，U3 停止从 U2 的 EN/UV 脚拉出电流，开关周期重新使能。TL431（U4）给 U1 提供一个参考电压，以和 R_{11} 两端的电压降做比较。

输出整流管（VD9）位于变压器（T1）二次绕组的下管脚以降低 EMI 噪声的产生。RCD 钳位电路（R_{16}、C_4 和 VD13）保护 MOSFET 漏极免受反激电压尖峰的损害。填谷电路（VD5、VD6、VD7、C_{15}、C_{16} 和 R_{15}）限制工频电流的 3 次和 5 次谐波值，使驱动电源满足 IEC61000-3-2 规定的总谐波失真（THD）要求。U2 的频率抖动功能、T1 内的屏蔽绕组和横跨 T1 的 Y 电容（C_8）一起减小传导 EMI 的产生，因此一个简单的 π 型滤波（C_{13}、L_1、L_2 和 C_{14}）就能使驱动电源满足 EN55022B 的限制。在采用 TinySwitch-Ⅲ器件设计 LED 驱动电路的 PCB 布局设计时应注意以下事项。

1）在输入滤波电容与连接到源极引脚的铜铂区域使用单点接地。

2）BP/M 引脚电容应放置在距离 BP/M 引脚和源极引脚最近的地方。

3）由输入滤波电容、变压器一次侧及 TinySwitch-Ⅲ器件组成的一次环路面积应尽可能小。

4）钳位电路用来限制 MOSFET 在关闭时漏极引脚出现的峰值电压，在一次绕组上可使用一个 RCD 钳位电路或一个 Z_{ener}（200V AC）及二极管钳位电路。为改善 EMI，从钳位元件到变压器再到 TinySwitch-Ⅲ列器件的电路路径应保证最小。

采用 TinySwitch-Ⅲ系列器件设计的 LED 驱动器，可在整个功率范围内，尤其是在待机及空载情况下实现效率的最优化。为实现这一性能，TinySwitch-Ⅲ器件的电流损耗已经降至最低。例如 EN/UV 引脚输入电压欠压检测电路被专门设计成可在极低的电流输入下（1μA/AC）检测输入电压状况，从而将功率损耗降到最低。

当 PCB 的布局布线良好时，流入 EN/UV 引脚的寄生漏电流通常都低于 1μA。然而，在空气潮湿并伴有 PCB 污染（如使用低成本的"免洗助焊剂"进行焊接或存在其他污染）时，将会降低 PCB 表面的电阻率，使大于 1μA 的寄生漏电流流入 EN/UV 引脚（这些电流可从附近电压较高的焊盘流入 EN/UV 引脚，如 BP/M 引脚焊盘），从而阻止器件启动。如果设计中在高压母线及

EN/UV 引脚间放置了一个连接电阻以实现欠压锁定功能，则不受任何影响。在某些生产环境中，如果无法控制在完成焊接后 PCB 的污染程度，如开放式应用或生产环境的污染程度较高，并且在设计中未使用欠压锁定功能，可以在 EN/UV 引脚和源极引脚间设置一个 390kΩ 电阻，以确保流入 EN/UV 引脚的寄生漏电流低于 1μA。PCB 表面绝缘电阻（SIR）大于 10MΩ，将不会出现此类问题。

TinySwitch-Ⅲ 系列器件源极的四个引脚都从内部连接到 IC 的引线部位，是器件散热的主要路径。因此所有的源极引脚都应连接到 TinySwitch-Ⅲ 器件下的铺铜区域，不但作为单点接地，还可作为散热片使用。因它连接到源极节点，可以将这个区域扩大以使 TinySwitch-Ⅲ 器件实现良好的散热。对于正向输出二极管亦如此，应将连接到负极的 PCB 区域最大化。

应将 Y 电容直接放置在一次输入滤波电容正极和变压器二次的共地、返回极接脚之间。这样放置会使高幅值的共模浪涌电流远离 TinySwitch-Ⅲ 器件。如果在输入端使用了 π 型（C、L、C）EMI 滤波器，那么滤波器内的电感应放置在输入滤波器电容的正负极之间。

将光耦合器置于靠近 TinySwitch-Ⅲ 器件的地方，以缩短初级侧铺铜走线的长度。使高电流、高电压的漏极及钳位电路的铺铜走线远离光耦合器以避免噪声信号的干扰。要达到最佳的性能，应使连接二次绕组、输出二极管及输出滤波电容的环路区域面积应最小。此外，与二极管的负极和正极连接的铜铂区域应足够大，以便用来散热。最好在负极留有更大的铜铂区域，正极铺铜区域过大会增加高频辐射 EMI。图 2-57 所示电路中变压器参数见表 2-9。

表 2-9   变 压 器 参 数

磁芯材料	PC40EF25-Z	一次电感量	1.6mH±10%
骨架	EF25	绕组顺序（引脚编号）	一次：（2 4），二次：（6 10）
绕组	一次：92T，0.3mm 二次：14T，2×0.4mmTIW		

注 TIW 为三层绝缘线。

实例 24   基于 LNK306DN 的非隔离降压式 LED 驱动电路

非隔离降压式 LED 驱动电路如图 2-58 所示，图 2-58 所示的 LED 驱动电路具有恒流（CC）输出；驱动电流不受 LED 正向电压 U_F 变化的影响；±5% 输入调整率可使 LED 发光恒定，不会出现令人不悦的频率闪烁；通用输入电压范围适合全球市场；整个输入范围内恒定高效率；满足 EN55022B 传导 EMI 限制；完整的过压和过热保护；空载工作：无 LED 时可做测试；自动重启动：可承受长期的短路输出；具有的热关断功能可保护整个 LED 灯具。

LinkSwitch-TN 系列器件可用来替代输出电流小于 360mA 的所有线性及电容降压式非隔离电源，其系统成本与所替代的电源相等，但性能更好、效率更高。LinkSwitch-TN 在一个器件上集成了一个高压 MOSFET 开关及一个电源控制器，与传统的 PWM（脉宽调制）控制器不同，Link-Switch-TN 采用简单的开/关控制器来调节输出电压。

LinkSwitch-TN 的控制器包括一个振荡器、反馈电路（检测及逻辑电路）、5.8V 稳压电路、欠压电路、过温保护、频率调制、逐周期限流及过温保护电路、前沿消隐电路。LinkSwitch-TN 器件内集成的用于自动重启动电路在短路、开路的故障情况下，安全地限制了输出功率，减少了元器件的数目，降低了用于负载保护电路的成本。在启动及工作期间的功率消耗直接由漏极引

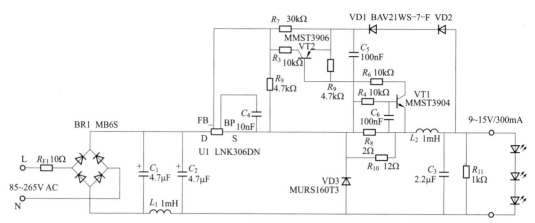

图 2-58　非隔离降压式 LED 驱动电路

脚的电压来提供，因此在 BUCK 及反激式变换器中可节省用于偏置供电相关电路。LinkSwitch-TN 器件的自供电工作允许使用没有安规要求的光耦器作为电平转换，以改善输入电压调整率及负载调整率。LinkSwitch-TN 系列器件引脚功能如下。

（1）漏极（D）引脚。MOSFET 的漏极连接点，在开启及稳态工作时提供内部工作电流。

（2）旁路（BP）引脚。0.1μF 外部旁路电容的连接点，用于内部产生 5.8V 供电电源。

（3）反馈（FB）引脚。在正常工作情况下，MOSFET 开关由此引脚来控制，当流入此引脚的电流大于 49μA 时，MOSFET 的开关被终止。

（4）源极（S）引脚。此引脚为 MOSFET 的源极连接点，同时也是旁路和反馈引脚的接地参考。

图 2-58 所示非隔离降压式变换器采用 LinkSwitch-TN 系列产品的 LNK306DN（U1）设计，选择 LNK306DN 是因为其具有最小的电流限流点（450mA），能确保 330mA 的输出电流。二极管整流桥 BR1 对交流输入进行整流，电容 C_1 和 C_2 进行滤波。L_1 和 R_{F1} 衰减传导 EMI，发生故障时 R_{F1} 将起到熔断器的作用。

由 U1 内部的 MOSFET、二极管 VD3、电感 L_2 和电容 C_3 构成了降压式变换器，U1 内部的控制器通过使能和关断 MOSFET 开关周期来稳定输出电流。

在正常工作期间，输出电流通过 R_8 和 R_{10} 形成电压降，并加到 C_6 两端。当 C_6 两端的电压超过 VT1 的 U_{BE} 时，VT1 和 VT2 都导通。当 VT2 导通时，电流从 C_5 通过电阻 R_3 输入 U1 的反馈（FB）脚。只要进入 FB 脚的电流超过 49μA，MOSFET 开关就被关断。控制器通过调整使能和关断周期的比例来使输出电流稳定在 330mA。

在空载工作时，通过 VD1、VD2 和 C_5 检测输出电压。C_5 两端的电压通过 R_7 和 R_1 分压后流入 U1 的 FB 脚电流。FB 脚的电压在 49μA 电流时被指定为 1.63V，因此可以作为一个参考使用。每当进入 FB 脚的电流超过 49μA 时，开关周期被关断，以将输出电压稳定到<18V。采用 LinkSwitch-TN 系列器件设计 LED 驱动电路时应遵循以下设计要点。

（1）为了阻止主板的开关节点和输入滤波板之间的 EMI 耦合，两块电路板之间放置了一块屏蔽板（连接到输入电容正端），以提高了传导 EMI 的裕量。

（2）二极管 VD1 和 VD2 可以用单个 600V 的二极管代替，用两个 250V 的二极管是因为它们所占用的空间比一个 600V 的二极管更少。

（3）加大 C_3 的值会减小流过 LED 的电流纹波，但增加了元件尺寸和成本。

（4）假负载 R_{11} 确保了可空载工作，使电源在没有负载接入时就可以被测试。

（5）检验 L_2 不会在 U1 的最大电流限流点（647mA）时出现严重饱和。

（6）在对发热要求不高的密封外壳应用中，FB 脚可以用来直接检测 R_8 和 R_{10} 的电压降。这可以取消 VT1、VT2 和相关的其他元件，但要求电流限流点检测电压从 0.65V 增加到 1.65V。这将使检测电阻损耗增加大约 300mW，使电源内部环境温度升高。为了优化散热，U1 的源极脚连接的 PCB 面积要最大化。

（7）由于本设计不提供输入到输出的隔离，作为负载的 LED 必须通过灯罩隔离。

实例 25　基于 LNK302PN 的非隔离 0.5W 恒流 LED 驱动电路

图 2-59 所示电路具有元件数量少（只需要 9 个元件），宽电压输入范围适合全球通用电源要求，低成本、尺寸小、重量轻、高效率（85VAC 输入时效率大约为 70%），满足 EN55022BEMI 限制，EMI 裕量>8dB 等特点。

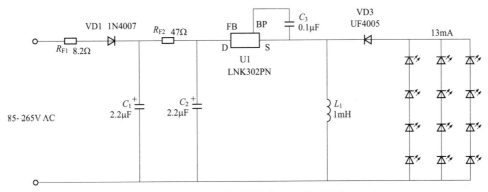

图 2-59　0.5W 非隔离恒流 LED 驱动电路

图 2-59 所示电路是一个简单的 buck-boost 变换器，以开环方式工作且无输出反馈，电路依靠 LNK302PN 的内部电流限制功能，确保供给负载恒定的电流。交流输入被 VD1、C_1、C_2 和 R_{F2} 整流和滤波，电阻 R_{F1} 应使用可熔防火型。

LinkSwitch-TN 使用电流限制的 ON/OFF 控制来调整输出电流，这种类型的控制对整个工作范围内的任何输入电压改变具有内在的适应性。当流入反馈引脚的电流大于 49μA 时，MOSFET 会在那个周期关闭。在这个应用中由于永远没有任何电流流入反馈引脚，器件会在每一个周期导通工作，使电流上升到限流点。由于每个周期的峰值电流是受限制和固定的，所以输出功率仅由电感的大小决定。本设计推荐以非连续方式（DCM）工作，除了 EMI 特性比较好，也可以保证使用低成本的 75ns 反向恢复的整流管。对于以连续方式（CCM）工作的设计，要求使用更快的整流管（30ns 反向恢复）。

输出由每个开关周期进行能量补充（66kHz），因此不需要输出滤波电容。人的视觉暂留时间（典型 10ms）比开关周期长很多，因此看到的是 LED 恒定的发光而没有闪烁。

根据 LinkSwitch-TN 设计指南选择 L_1 的值或使用 PIXls 设计表格选择 L_1 的值，表格内输出电压单元格的值应为 LED 串的电压值，输出电流单元格的值应为总的 LED 串的电流。作为替代，可以使用式（2-21）计算电感，即

$$P_0 = \frac{1}{2} \times L \times I_{\text{LIMT}}^2 \times f_S \times \eta \Rightarrow L = \frac{2P_0}{I_{\text{LIMT}}^2 \times f_S \eta} \tag{2-20}$$

图 2-59 所示电路总的输出电流误差为±12%，为了阻止噪声耦合到输入端，输入滤波元件应放置在远离 LinkSwitch-TN 的源极点和电感 L_1。直流输入滤波电容 C_1 和 C_2 可以放置到 AC 输入端和这两个元件中间作为一个屏蔽，对于输出功率大于 0.5W 的设计，推荐使用电感型 π 型滤波器。为了得到好的 EMI 性能，电路要严格工作在 DCM 方式。在图 2-75 所示电路的 PCB 布局设计中应注意以下事项。

（1）连接至源极的铺铜面积应尽可能大，以降低 LinkSwitch 器件的温升。

（2）控制极引脚电容 C_5 应尽可能放置在靠近源极及控制极引脚的地方。

（3）为了降低一次侧开关的漏极节点与二次及交流输入之间的 EMI 耦合，LinkSwitch 器件的位置应远离变压器的二次侧以及交流输入端。

（4）所有 PCB 上连接至开关漏极节点走线的长度和面积都要尽可能保持最小，以降低辐射 EMI。

（5）如果需要 Y 电容，则 Y 电容的连接要尽可能靠近变压器次级输出的返回端引脚和一次大电容的正极连接端。这样放置可以最大化地利用 Y 电容改善 EMI，同时避免共模脉冲测试时出现问题。

实例 26 **基于 TOP247YN 的带 PFC 的 20WLED 驱动电路**

具有通用电压输入范围的带单级 PFC 的恒压/恒流 LED 驱动电路如图 2-60 所示，电路满足最小功率因数（PF）为 0.9 的要求（能源之星 SSLVER1.0），符合 IEC61000-3-2 中对级别 C 设备规定的谐波含量限制。在整个输入电压范围内均具有高效率（约 80%），符合 EN55015B 传导 EMI 限值，EMI 裕量>10dBμV，自动重启动功能可提供不定时的输出抗短路能力。

TOPSwitch-GX 系列器件采用与 TOPSwitch 相同的拓扑电路，以高性价比将高压 MOSFET、PWM 控制器、故障自动保护功能及其他控制电路集成到一个芯片上。TOPSwitch-GX 还集成了多项新功能，可以降低系统成本，提高了设计灵活性及效率。

除标准的漏极、源极和控制极外，不同封装的 TOPSwitch-FX 还另有 1~3 个引脚，这些引脚根据不同封装形式，可以实现如下功能：电压检测（过压/欠压，电压前馈/降低 D_{max}）、外部设定限流值、远程开/关控制、与外部较低频率的信号同步及频率选择（132kHz/66kHz）。所有封装形式的器件均具备如下相同特性。

（1）软启动、132kHz 开关频率（轻载时自动降低）、可降低 EMI 的频率调制、更宽的 D_{max}、迟滞热关断及更大的爬电距离封装。

（2）所有重要参数（例如限流、频率、PWM 增益等）的温度误差及绝对误差更小、设计更简化，系统成本更低。

TOPSwitch-GX 系列器件引脚功能如下。

（1）漏极（D）引脚。高压 MOSFET 的漏极输出，通过内部的开关为高压电流源提供启动偏置电流，漏极电流的内部限流检测点。

（2）控制（C）引脚。误差放大器及反馈电流的输入脚，用于占空比控制。与内部并联调整器相连接，提供正常工作时的内部偏置电流，也是电源旁路和自动重启动/补偿电容的连接点。

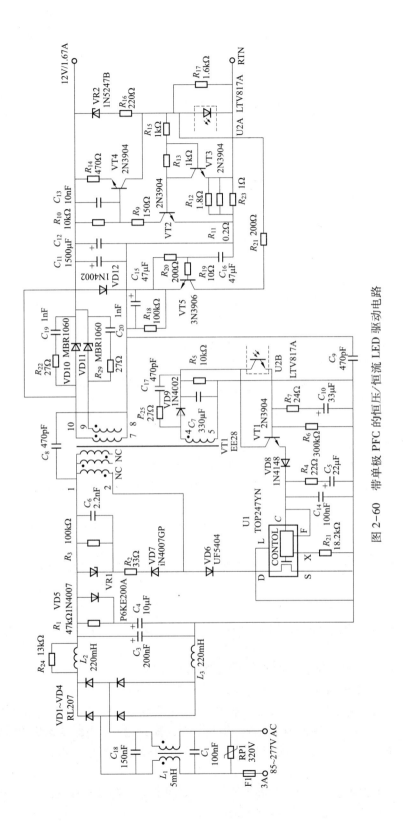

图 2-60 带单极 PFC 的恒压/恒流 LED 驱动电路

LED驱动电源设计100例（第二版）

（3）电压检测（L）引脚（仅限 Y、R 或 F 封装）。过压（OV）、欠压（UV）、降低 D_{max} 的电压前馈、远程开/关和同步信号输入引脚。连接至源极引脚则禁用此引脚的所有功能。

（4）外部限流（X）引脚（仅限 Y、R 或 F 封装）。外部限流调节、远程开/关控制和同步信号输入引脚，连接至源极引脚则禁用此引脚的所有功能。

（5）多功能（M）引脚（仅限 P 或 G 封装）。此引脚集 Y 封装的电压检测（L）及外部限流（X）引脚功能于一体，是过压（OV）、欠压（UV）、降低 D_{max} 的前馈电压、远程开/关和同步信号输入引脚。连接至源极引脚，则禁用此引脚的所有功能并使 TOPSwitch-GX 以简单的三端模式工作。

（6）频率（F）引脚（仅限 Y、R 或 F 封装）。选择开关频率的输入引脚，如果连接到源极引脚，则开关频率为 132kHz，连接到控制引脚，则开关频率为 66kHz。P 和 G 封装只能以 132kHz 开关频率工作。

（7）源极（S）引脚。这个引脚是 MOSFET 的源极连接点，用于高压功率回路。也是初级控制电路的公共点及参考点。

TOPSwitch-GX 系列器件的功能与 TOPSwitch 类似，TOPSwitch-GX 也是一款集成式开关电源芯片，能将控制引脚输入电流转化为高压 MOSFET 开关输出的占空比。在正常工作情况下，MOSFET 的占空比随控制引脚电流的增加而线性减少。

TOPSwitch-GX 除了像三端 TOPSwitch 一样，具有高压启动、逐周期电限流制、环路补偿电路、自动重启动、热关断等特性，还综合了多项能降低系统成本、提高电源性能和设计灵活性的附加功能。此外，TOPSwitch-GX 采用了专利高压 CMOS 技术，能以高性价比将高压 MOSFET 和所有低压控制电路集成到一片集成电路中。TOPSwitch-GX 增加了频率、电压检测和外部电流限制（仅限 Y、R 或 F 封装）引脚或一个多功能引脚（P 或 G 封装），以实现一些新的功能。将如上引脚与源极引脚连接时，TOPSwitch-GX 以类似 TOPSwitch 的三端模式工作，在此种模式下，TOPSwitch-GX 仍能实现如下多项功能而无须其他外围元件。

1）完全集成的 10ms 软启动功能，限制启动时的峰值电流和电压，显著降低或消除大多数应用中的输出过冲。

2）D_{max} 可达 78%，允许使用更小的输入存储电容，所需输入电压更低或具备更大输出功率能力。

3）轻载时频率降低，降低开关损耗，保持多路输出电源中良好的交叉稳压精度。

4）采用较高的 132kHz 开关频率，可减少变压器尺寸，并对 EMI 没有显著影响。

5）具有的频率调制功能可降低 EMI。

6）具有的迟滞过热关断功能确保器件在发生热故障时自动恢复，滞后时间较长可防止电路板过热。

7）采用默认引脚及引线封装，可提供更大的漏极爬电距离。

8）绝对误差更小，降低温度变化对开关频率、电流限制及 PWM 增益的影响。

电压检测（L）引脚通常用于电压检测，通过一个电阻与经整流的高压直流总线连接，能设定过压（OV）、欠压（UV）和降低 D_{max} 的前馈电压。在此模式之下，电阻值确定 OV/UV 的阈值，且 D_{max} 从电路电压超过欠压阈值时开始线性减少，此引脚还可用于远程开/关控制及同步输入。

外部限流（X）引脚通过一个电阻与源极连接，从外部将限流降低到接近工作峰值的电流，此引脚也可用作两种模式下的远程开/关控制和同步输入。

88

在 P 和 G 封装中，多功能引脚组合了电压检测及外部限流引脚功能，但其中某些功能不能同时实现。在 Y、R 和 F 封装中，频率引脚与源极相连时开关频率设置为 132kHz 的默认值。而与控制引脚连接时，频率减半，此引脚最好不要悬空。

图 2-60 所示的隔离反激式变换器是一个单级 PFC 的 LED 驱动器，它可以在 12V 电压下提供 1.67A 的平均输出电流，因而非常适用于驱动大功率 LED 阵列。使用最小输入电容的反激式变换器在非连续导通模式下工作时，可取得较高的功率因数。由于非连续导通模式会使一次 RMS 电流增大，所以选用 TOP247YN 来减小 MOSFET 的 $R_{DS(ON)}$ 值，从而降低耗散和提高整体效率。电阻 R_{11}、R_{12}、R_{23}、VT2、VT3、VT4 及其相关电路与 U2 中的发光二极管共同构成低压降恒流电路，并将平均负载电流设定为 1.67A。在空载时，R_{16} 和 VR2 将输出电压限制到大约 18V。

要实现高功率因数和低谐波含量，U1 必须在整个 AC 输入电压频率周期内以恒定占空比进行工作。为此，需要把环路增益交越频率设计到远低于 100Hz 的水平，在本设计中，增益交叉频率在低压输入时约为 30Hz，在高压输入时约为 40Hz。

电容 C_{10} 和电阻 R_6 将主极点设定在大约 0.02Hz，与 R_7 在 200Hz 时形成一个零点，以提高增益交越时的相位裕量。为使 C_{10} 与控制引脚隔离（此时会更改启动和自动重启动时序），需要将 VT1 设计为由 U2B 输出驱动的射极跟随器。从 VT1 的发射极看，C_{10} 被增大（$C_{10} \times Q_{1hfe}$），R_6 减小（R_6/Q_{1hfe}）。这样所得到的电容值足以维持一个恒流流入 U1 的控制引脚，从而在整个 AC 电压频率周期内维持恒定的占空比。

控制引脚旁路电容（C_5）的值应选择较大值，以实现器件的正确启动及稳态工作。C_5 值越大，启动延迟时间越长。可以选择由 VD12、C_{15}、C_{16}、$R_{18} \sim R_{21}$ 和 VT5 构成一个软启动电路。在输出达到稳压之前，VT5 被偏置，同时 C_{16} 充电至 $U_{E(Q5)} - U_{BE(Q5)}$。电流通过 U2 馈入 U1 的控制引脚，这样可以确保输出达到稳压而不会出现波动（由于进入自动重启动状态）。电源关断时，C_{16} 会通过 R_{18} 进行放电而复位。变压器的两个二次绕组由 VD10 和 VD11 进行整流，并由 C_{11} 和 C_{12} 进行滤波。

VD7、R_2、R_3、C_6 及 VR1 共同构成一次钳位电路，在正常工作期间，钳位电压由 R_3 和 C_6 决定，而在启动和负载瞬态期间，最大钳位电压则由 VR1 来决定。慢速玻璃钝化二极管 VD7 的反向恢复时间为 2μs，这有助于恢复部分漏感能量，进而提高效率。电阻 R_2 用来衰减高频率振铃，从而降低 EMI。

启动电容 C_4 可在其通过二极管 VD5 进行充电时稳定 DC 电压，一旦进入稳态，电容即被 VD5 从电路中有效去耦。电阻 R_1 是泄放电阻，用于在电源关断期间对 C_4 放电，这种设计还可以提供差模电压浪涌保护。

在使用 PIXls 表格设计变压器时，首先在设计表格中输入峰值功率（33W），其对应的平均功率为 20W。输入等于最小输入 AC 电压峰值的最小 DC 电压，以计算出正确的一次电感值。将 KP 值设定为 1.0，以确保在到达最小 AC 输入电压峰值时变换器立即进入非连续模式。确保变换器始终在非连续模式下工作（稳态工作期间），增益交越频率要低于 40Hz。不要提高带宽，因为这样会增大输入电流波形中的三次谐波含量，从而降低功率因数。

应根据散热评估来选择变压器尺寸，由于绕组上 RMS 电流和 AC 磁通电流较大，所以通常需要更大规格的变压器，而不是标准 DC 供电的反激式变压器。变压器参数见表 2-10。

二极管 VD6 必须为超快型，选用超快型二极管可以防止反向电流在其关断（因输入电容变小引起）期间流经 TOPSwitch_ GX。将变压器二次侧分为 2 个并行绕组和 2 个独立二极管，可以提高电路效率。

表 2-10   变 压 器 参 数

磁芯材料	EE28，NC-2HA$_{LG}$452nH/t^2	一次电感量	724μH±5%
骨架	EE28，10pin	一次谐振频率	855kHz
绕组	屏蔽：20T×2，AWG33；一次208T×1，AWG27；屏蔽：4T×4，AWG25；二次：4T×2，AWG23，TIW；偏置：7T×4，AWG30；一次208T×1，AWG27；	漏感	10μH
绕组顺序（引脚编号）	偏置（4-5）；一次（1-2）；屏蔽：（NC-2）；7V：（7-6）		

注 AWG 为美国绕线规格。

实例 27   基于 LNK306PN 的可调光的 LED 驱动电路

图 2-61 所示的可调光 LED 驱动电路符合能源之星 SSL 功率因数大于 0.9 的要求，具有高效率（满载条件下高于 85%），满足 EN55015BEMI 要求。并具有过压、迟滞过热关断保护功能；自动重启动功能提供输出短路保护等特点。

LinkSwitch-TN 器件可工作在 MDCM 和 CCM 方式，一般来讲，MDCM 工作方式可以使成本最低，同时实现高效率。CCM 工作方式在任何情况下都需要较大的电感及超快恢复续流二极管（t_{rr}≤35ns）。在 MDCM 工作方式中选用较大型号的 LinkSwitch-TN 器件，相对于在 CCM 工作方式下使用较小型号的 LinkSwitch-TN 器件，其成本更低。因为在 CCM 设计中外围元件增加的成本更高。但是，如果要求输出电流更高，就要使用 CCM 工作方式。

在图 2-61 所示电路中，采用 LinkSwitch-TN 器件可以提供恒流输出，最大输出电压为 70VDC 时，最高输出功率达到 9W，非常适合驱动 LED。电源熔断器 F1 在发生严重故障时为电源提供保护，电容 C_6 和 C_{10} 提供差模滤波。EMI 在电感 L_1 和 L_2 以及电阻 R_{15} 和 R_{16} 共同作用下得以降低。全波整流由二极管 VD5～VD8 来实现，二极管 VD2、VD3 和 VD4 以及电容 C_1 和 C_2 共同形成填谷电路，以提高功率因数。

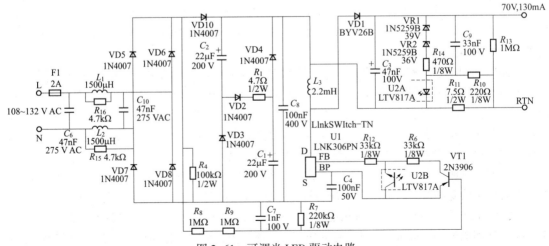

图 2-61 可调光 LED 驱动电路

填谷电路在一定程度上对输入电流进行修整，可以改善功率因数。电容 C_1 和 C_2 以串联的方式充电，以并联的方式放电。由于二极管 VD2 的存在，只要输入 AC 电压高于 C_1 和 C_2 上的电压（$U_{AC}/2$），电流便会流入负载。一旦电压降到 $U_{ACPEAK}/2$ 以下，二极管 VD3 和 VD4 就会被正向偏置，这样使 C_1 和 C_2 开始并联放电。因此，输入电流的导通角可连续从 30° 升至 150°，从 210° 升至 330°。这样可以极大地改善系统的 THD（总谐波失真）和功率因数。

电阻 R_1 有助于平滑输入电流尖峰，还可以通过限制流入电容 C_1 和 C_2 的电流来改善功率因数，电容 C_8 则有助于改善 EMI 性能。

电感 L_3 是降压—升压式变换器中的能量存储元件，二极管 VD1 是超快恢复型二极管，它会在 U1 中的 MOSFET 关断期间导通，并将 L_3 的能量传输到输出电容 C_3，二极管 VR1、VR2 和电阻 R_{14} 能够在空载条件下将输出电压钳位到大约 80V。

LNK306PN 器件采用了开/关控制方法，如果馈入 U1 的 FB 引脚的电流超过 49μA，MOSFET 开关将被禁止。进入器件的下一个内部时钟周期后，会对 FB 引脚电流进行采样，如果电流低于 49μA 阈值，MOSFET 开关将再次使能。对输出的调节是通过使能和禁止（跳过）开关周期来完成的。

电阻 R_{11} 是电流检测电阻，它用来在输入功率为 9W 时提供 130mA 电流。R_{11} 上的电压被施加在光耦合器 U2A 的二极管与增益设定电阻 R_{10} 之间。此反馈信号通过晶体管 U2B 和电阻 R_{12} 被施加到 U1 的 FB 引脚。

所采用的电压反馈方式，允许以标准相位控制进行调光。二极管 VD10 将电压与大容量电容隔离，这样可以获得导通角信息。电阻 R_7、R_8 和 R_9 构成电阻分压网络。R_7 上的电压被电容 C_7 平均分配。在 LED 端电压因调光而降低时，电容 C_7 上的电压随之下降，进而降低 VT1 基极上的电压。一旦 VT1 的基极电压降到 5.1V 以下，VT1 将会导通，将电流推入 FB 引脚，抑制开关，从而可降低平均负载电流和完成调光，电阻 R_4 加载 AC 检测节点后可加快 VT1 的导通和关断时间。

基于上述电压反馈电路可实现 LED 的调光，在电路设计中所需选择的关键元件如下。

（1）钳位二极管。钳位二极管要使用快速（$t_{rr}<250\text{ns}$）或超快速（$t_{rr}<50\text{ns}$）类型二极管，其额定耐压要高于 600V。最好使用低成本的快速恢复二极管。不应使用慢速二极管，因其会引起漏极过大的振荡，造成 LinkSwitch 器件反向偏置。

（2）钳位电容。钳位电容应为 100V 耐压的 0.1μF 电容，应使用低成本的金属薄膜电容。该元件的误差对输出特性的影响很小，因此可以使用 ±5%、±10% 或 ±20% 标准误差的电容。因 Y5U 或 Z5U 类普通电介质电容随电压及温度的变化而不稳定，从而造成输出的不稳定。也可采用高稳定介质的陶瓷电容，但与金属薄膜电容相比其成本更高。

（3）控制极引脚电容。控制极引脚电容在电源启动期间给 LinkSwitch 器件提供供电并设定自动重启动频率，对于使用恒流负载的设计，控制极引脚电容取值为 0.22μF。而对于阻性负载，控制极引脚电容取值为 1μF。这样可以确保在电源启动期间有足够的时间使输出电压达到稳压值，该电容可以使用任何种类的耐压高于 10V 的电容。

（4）反馈电阻。选择的反馈电阻阻值应使器件在峰值输出功率点时，控制极引脚的反馈电流为 2.3mA。具体数值取决于设计中选择的 U_{OR} 大小，可选用精度 1%、0.25W 类型的电阻。

（5）输出二极管。根据驱动电源的效率要求，可以使用快速 PN 结二极管、超快速 PN 结二极管或肖特基二极管。相对于 PN 结二极管，使用肖特基二极管时的效率更高。二极管的耐压额定值应足够高，以承受输出电压加上通过变压器变比折射到次级侧的输入电压（通常 U_{OR} 电压为

50V 时要求二极管的反向峰值电压为 50V），不应使用慢恢复二极管（如 1N400X 系列）。

（6）输出电容。根据输出电压及纹波电流要求选择输出电容。

在电路设计中应遵循以下设计要点。

（1）电容 C_8 不应过大，否则会降低功率因数。

（2）所选的二极管 VD1 的额定电压应大于最大 DC 总线电压（允许 25% 降额）。

（3）电阻 R_{13} 是泄放电阻，用于在驱动电源关断期间对 C_3 放电。

（4）C_1 和 C_2 的值应相等。

图 2-61 所示电路中电感参数见表 2-11。

表 2-11 电 感 参 数

磁芯材料	$TDKPC40EE19\text{-}ZA_{LG}105nH/t^2$	一次电感量	$2.2mH\pm12\%$
骨架	EE19，10pinYW-047	绕组	180T，AWG29

注　AWG 为美国绕线规格。

实例 28　基于 LNK306PN 的高效 LED 驱动电路

图 2-62 所示的恒定电流输出电路非常适合驱动 LED，高输出电压支持一个串联的 LED 串，这样无需考虑在 LED 之间分配电流，并可在在负载断开、过载、短路和过热情况下提供保护。图 2-62 所示电路在整个工作电压范围内的效率都非常高（>90%），具有小巧轻便、成本低、元件数量少等特点；满足 EN55022B 的传导 EMI 限制，EMI 裕量大于 10dBμV。

图 2-62 所示电路在低端降压式变换器配置中采用了一个 LinkSwitch-TN 器件，用以提供 130mA 的恒流，输出电压为 70VDC。F1 在发生严重故障时提供保护，电容 C_1 和共模扼流圈 L_1 可以降低传导 EMI。二极管 VD1～VD4 提供全波整流，同时高压电容 C_2 保持稳定的 DC 总线电压。在 U1 导通期间，电流流经电容 C_4、负载（70VLED 串）以及电感 L_2。该电流使 L_2 储存一定的能量，并向负载提供能量。

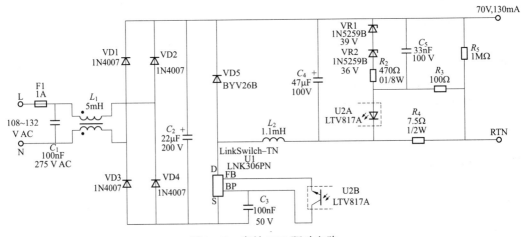

图 2-62　高效 LED 驱动电路

在 U1 关断期间，L_2 的极性反向，以维持电流，并为续流二极管 VD5 提供正向偏置，以保持

电流流动并持续为 C_4 和负载提供能量。通过一个开关控制电路可以保持输出稳定在设定值上，这样可以根据电压变化和负载状况使能和禁止 MOSFET 的（跳过）开关周期。在每个导通周期开始时对 U1 的反馈（FB）引脚进行采样。如果从光耦器 U2 的晶体管馈入 FB 引脚的电流超过 $49\mu A$，将跳过该开关周期。

电容 C_3 是 Linkwitch-TN 器件的旁路电容，电阻 R_4 用作电流检测，一旦 R_4 上的电压超过光耦发光二极管的 U_F，反馈环路将闭合，输出电流得以调节。电阻 R_3 调整整个反馈环路的直流增益。如果负载断开，通过齐纳稳压管 VR1 和 VR2 可以将输出电压调节到约为 75V 的最大值。电容 C_5 用于降低噪音的敏感性，并可均匀地分配开关周期。电阻 R_5 可以在供电断开时释放高压输出电容中存储的电能。在设计图 2-62 所示电路时，应遵循以下设计要点：

（1）二极管 VD5 选用超快恢复型二极管，反向恢复时间（t_{rr}）为 50ns 或更小。也可以使用速度较慢的二极管（例如 UF4005，$t_{rr}=75ns$），但在导通时这会造成更高的反向恢复电流尖峰并降低效率。如果使用光耦器来获得反馈，则可以在 DC 总线的低压端放置 U1。由于源极与 U1 的散热片相连，这样也会降低 EMI。

（2）如果电源能始终通过所连负载进行工作，则可以取消齐纳二极管 VR1 和 VR2。

（3）选择串联的 LED 串，以使输出电压控制在 50～70V 内。

图 2-62 所示电路中电感参数见表 2-12。

表 2-12　　　　　　　　　　　　　　电　感　参　数

磁芯材料	TDKPC40EEA$_{LG}$105.8nH/t^2	绕组	101T，AWG27
骨架	EE19，10pinYW-047	漏感	1.1$\mu H\pm10\%$

注　AWG 为美国绕线规格。

实例 29　基于 TNY270GN 的 14W 高效率 LED 驱动电路

图 2-63 所示电路具有工作环境温度高（75℃），符合 2008/能源之星 2.0 要求，带载模式效率高（可达 86%，要求为 79.6%）。在 265VAC 输入时的空载输入功率 < 250mW（要求为300mW），具有迟滞过热关断、负载断开保护功能，满足 EN55015B 传导 EMI 限制，EMI 裕量 >8dBμV。

图 2-63 所示电路为一个典型的 20V、14W 恒压（CV）、恒流（CV）输出的 LED 驱动器，LED 阵列的光输出量与所流经的电流量成正比。在本设计中，DC 输出未与 AC 输入隔离，因而 LED 阵列与灯具外壳应安全地隔离开来。

在图 2-63 所示电路中，AC 输入由 VZ1、C_1 和 C_2 进行整流和滤波，电感 L_1 与 C_1 和 C_2 一起构成一个 π 形滤波器，并提供 EMI 滤波。F1 在发生严重故障时提供保护，为使驱动电源在空载下正常工作而不受损坏，使用齐纳二极管 VZ2 进行恒压调整并使电压保持在约 21V，通过检测电流检测电阻 R_7 上的压降来实现恒流特性。并联稳压器 U3 与 R_9、R_8 和 R_{8A} 一起在运算放大器 U2 的反向输入端生成 0.07V 的精确电压参考。达到设定电流时，R_7 上的电压将超过参考电压，这样会使运算放大器的输出增大。此时会正向偏置 VD4，驱动 VT1 的基极，进而将电流从 U1 的 EN/UV 引脚拉出。电容 C_7 和电阻 R_{11} 提供环路补偿。使用运算放大器的限流方式使电流采样电压最小化，从而降低了损耗，使效率最高。

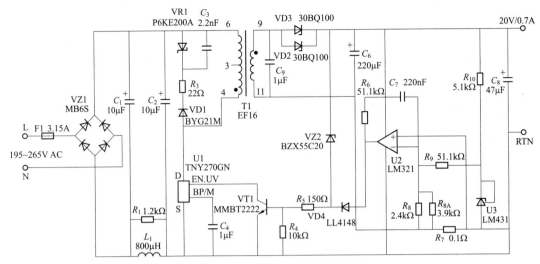

图 2-63   14W 高效率 LED 驱动电路

只要 EN/UV 引脚拉出的电流超过 115μA，U1 中的 MOSFET 都会以逐周期的方式被禁止（开/关控制）。通过调整使能与禁止开关周期的比例，反馈环路可以调节输出电压或电流。开/关控制方式优化了不同负载情况下变换器的效率，使之符合能效标准。

若环境温度升高，U1 将在降低的电流限流点模式下进行工作。这样可以提高驱动电源的整体效率，并改善其散热性能。一次钳位电路（VD1、VZ1、C_3 及 R_3）将最大峰值漏极电压控制在内部 MOSFET 的 700V 击穿电压之下。电阻 R_{23} 减小高频漏感振荡，从而降低 EMI，二次侧的输出通过二极管 VD2、VD3 和 C_6 进行整流和滤波。

在图 2-63 所示电路设计中应遵循以下设计要点。

（1）VD1 要选择快速二极管而不能选择超快二极管，通过恢复部分漏感能量来提高效率。

（2）电容 C_3 用于改善 EMI 性能。

（3）选择电阻 R_{10} 的阻值，以使在最低输出电压为 6V 时向 U3 提供 1mA 的供电电流。

（4）U1 的可选电流限流点允许对电流限流点和器件大小进行优化选择，以适应环境温度。例如，为了降低耗散，可以通过将 C_3 从 1μF 更改为 0.1μF，以在相同设计中使用 TNY280GN 器件。在散热性能较高的环境中，可以通过将 C_3 从 1μF 更改为 10μF，以在相同设计中使用 TNY278GN 器件。

（5）电源在 LED 串端电压介于 6~20V 时均应可靠工作，但由于输出电流恒定不变，LED 串的端电压越低，输出功率就越低。

在图 2-63 所示电路的 PCB 布局设计时应注意以下事项：

1）在输入滤波电容与连接到源极引脚的铜铂区域使用单点接地。

2）BP/M 引脚电容应放置在距离 BP/M 引脚和源极引脚最近的地方。

3）由输入滤波电容、变压器一次侧及 TNY270GN 器件组成的一次环路面积应尽可能小。

4）钳位电路是用来限制 MOSFET 在关闭时漏极引脚出现的峰值电压，在初级绕组上可使用一个 RCD 钳位电路或一个 Z_{ener}（200VAC）及二极管钳位电路。为改善 EMI，从钳位元件到变压器再到 TinySwitch-Ⅲ 器件的电路路径应保证最小。

图 2-63 所示电路中变压器参数见表 2-13。

表 2-13 变压器参数

磁芯材料	EE16，NC-2HA$_{LC}$73nH/t^2	一次电感量	1082μH±5%
骨架	EE16，12pin	一次谐振频率	1MHz
绕组	一次1：61T×1，AWG31；一次2：61T×1，AWG31；二次：20T×2，AWG27	漏感	30μH
绕组顺序（引脚编号）	一次1（4-3）；一次2：（3-6）；二次：（9-11）		

注 AWG 为美国绕线规格。

实例 30　基于 TOP246F 的隔离式、带 PFC 的 17WLED 驱动电路

图 2-64 所示电路具有 700mA 输出电流、精度±5%，开机无输出电流过冲，温度范围为：−40~+80℃；功率因数：>0.98，THD：≤9.6%，谐波符合 IEC61000-3-2，2.1 版；传导 EMI 符合 CISPR-22B。

由于 TOPSwitch-GX 器件高度集成，很多电源设计方面的问题在芯片内部已经解决了，这对所有的应用可使用一个共同的电路结构。不同的输出功率只是要求电路中的某些元件具有不同的数值，但电路结构不会改变。TOPSwitch-GX 系列器件拥有许多特色，很多高级功能如欠压、过压、外部设定 I_{LIMIT}、电压前馈以及遥控开/关机等可以用少量的外部元件加以实现，TOPSwitch-GX 在应用中除了使用最少的元器件外，还具有如下技术性的优势。

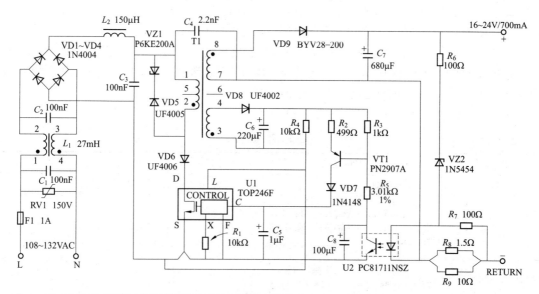

图 2-64　隔离式、带功率因数校正（PFC）的 17WLED 驱动电路

（1）TOPSwitch-GX 器件在关断模式时其功耗特别低，而外部电路也不消耗高压直流输入上的电流（M、L 或 X 脚开路），110VAC 输入时通常为 80mW，230VAC 输入时为 160mW。

（2）可以使用廉价的、低电压/电流的瞬时接触开关。瞬时接触开关无须去抖动电路，在接通期间，电源的启动时间（通常为 10~20ms）与微处理器的初始化时间起到去抖动滤波器的作用，保证只有当开关被按下至少达到上述时间才允许接通。在关断期间，微处理器在检测到开关的第一次闭合时开始关断程序，其后的开关反弹则不起作用。如果有必要，微处理器可以用软件实现关断时的开关去抖动，或用滤波电容作为开关状态输入。

（3）由于 M 引脚的电流提供内部限流，光耦输出电路无须外部限流电路。

（4）无需用连接到输入直流电压的高压电阻为一次侧的外部电路供电，甚至光耦的发光二极管电流也可由控制引脚提供。这不仅节省了元件，简化了电路布局，还消除了在开关状态时由高压电阻引起的功率损耗。

图 2-64 所示电路是一个低成本、基于 TOP246F 的 LED 驱动器，利用了 TOPSwitch-GX 的内置特性。空载时输出电压被电阻 R_6 和二极管 VZ2 限制在 30V 左右（最大）。这个电路配置为反激变换器，工作在非连续导通模式。在 16~24V 的输出电压范围内，它可以输出平均 700mA（输出纹波的峰值为 1A）的电流，是大功率 LED 阵列驱动的理想选择。

偏置供电选择 220μF 电容，以使进入电流源（VT1）的 120Hz 纹波电流最小化，并向 U1 提供控制电流。输出整流管（VD9）必须有 3.5A 的平均电流额定值。电容 C_7 的值（680μF）将 120Hz 输出纹波电流的幅度设置为 600mA 峰峰值。

电阻 R_7、R_8、R_9 和 U2 的发光二极管将平均电流限流点设置为 700mA，电容 C_8 为 PFC 环路滤波电容（C_8，100μF），优化选择 C_8 的值，以能够提供高功率因数需要的低环路带宽，电阻 R_4 在断电时为电容 C_6 和 C_8 提供放电路径。控制脚旁路电容（C_5，1μF）要足够大，允许输出负载电流平滑上升，并能够阻止输出电流过冲，但增大电容 C_5 的值将增加启动延迟时间。在图 2-64 所示电路设计时应遵循以下设计要点。

（1）为了得到高的功率因数，在 8.33ms 的半周内占空比必需恒定。因此偏置供电电压和 U1 控制脚电流必须保持恒定，电容 C_6 和 C_8 的值必需相应地优化选择。

（2）减小电容 C_8 的值将降低开机延迟时间，也降低功率因数。

（3）由于低成本是这个低环路增益设计的目标，输出电流的误差依靠光耦的 CTR 和偏置电压的值（未稳压）。严格的 AC 输入范围允许偏置绕组使用正激式（不是反激式）配置。如果 AC 输入电压范围变大，偏置电源电路需要加电压调整器。

图 2-64 所示电路中变压器参数见表 2-14。

表 2-14　　　　　　　　　　　变 压 器 参 数

磁芯材料	EF-20，A_{LG} 1570nH/t²	一次电感量	350μH±5%
骨架	EF0700EF20，8pin	一次谐振频率	2.0MHz
绕组	一次侧 70T，AWG29，2 层；二次侧：13T，2×AWG32；偏置：9T，2×AWG23	漏感	10μH
绕组顺序（引脚编号）	一次侧（2-5）；二次侧：（8-7）；一次侧（5-1）；偏置（3-4）		

注　AWG 为美国绕线规格。

实例31　基于 LNK304PN 的非隔离 1.25W 恒流 LED 驱动电路

图 2-65 所示电路适用于全球通用 AC 输入电压范围，具有精确及稳定的恒流输出、体积小、

重量轻、高效率（85V AC 输入时，效率>60%）等特点，并达到 EN55022B 对 EMI 的要求，使用更大型号的 LinkSwitch-TN 器件可以方便地实现输出功率的增加。

图 2-65 所示电路为一个采用降压—升压型拓扑结构的 1.25W 非隔离恒流（CC）LED 驱动电路，AC 输入电压经 VD1、VD2、C_1、C_2、R_{F1} 及 R_{F2} 整流滤波。使用两个二极管可改善输入浪涌的耐受力（2kV）及传导 EMI，电阻 R_{F1} 应使用可熔阻燃型电阻，而 R_{F2} 采用阻燃型电阻。LinkSwitch-TN 使用开/关控制方式稳定输出电流，当流进反馈引脚（FB）的电流超过 49μA 时，MOSFET 的开关在下一个周期被禁止。49μA 是引脚电压为 1.65V（±7%的容差）时的阈值电流，因此，FB 引脚电压可以作为电压参考来使用。

经过电容 C_4 平波后的输出电流在电阻 R_3 上建立的压降表示了输出电流的大小，当电阻 R_3 的电压超过 2V 时，通过电阻 R_1、R_2 构成的电阻分压网络，当 FB 引脚的电压超过 1.65V，从而有 >49μA 的电流流入 FB 引脚。电阻 R_3 两端 2V 的电压将输出电流设定为 100mA，即每串 LED 流过 25mA。如果负载开路或输出端短路，没有反馈信号至 LinkSwitch-TN 的 FB 引脚，则其会进入自动重启动状态（只有 5%的时间内导通）。为防止空载时的输出电压过高，可以采用 VZ1 和 VD4 组成的可选反馈电路。VZ1 的取值要高于正常的输出电压。电感 L_1 的大小可以根据 LinkSwitch-TN 设计指南或 PIXIs 设计表格进行选择。输入 LED 串的电压作为输出电压，所有 LED 的电流总和作为输出电流。在图 2-65 所示电路的设计时应遵循以下设计要点。

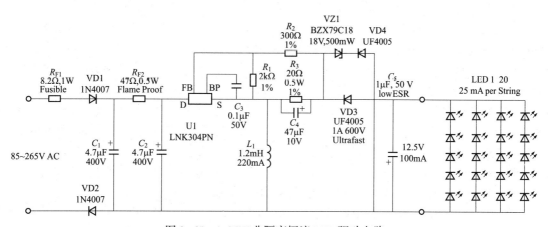

图 2-65　1.25W 非隔离恒流 LED 驱动电路

（1）为了减少噪声耦合降低 EMI，输入滤波元件要远离 LinkSwitch-TN 的源极及 L_1 电感；DC 输入滤波电容 C_1 和 C_2 可以放置在 AC 输入和 U1/L_1 中间，作为屏蔽使用。

（2）选择电容 $C_4 \geq 20 \times (15ms/R_3)$，从而对电流检测电压进行足够的滤波。如果电容 C_4 取值大于 $50 \times (15ms/R_3)$，则可以改善输出恒流的线性。

（3）根据 LED 串上可接受的峰值电流选择电容 C_5 的值，大容量的电容值会降低流过 LED 的峰值电流。典型值为 100nF~100μF，要选用低 ESR 的电容。如果没有此电容，峰值输出电流为 U1 的内部限流点。

（4）电阻 R_3 可以通过 $R_3 = 2U/I_0$ 计算得到，驱动电源提供的总输出电流由 LED 串的数量决定，并受 L_1 的值及 U1 限流点的限制。对图 2-65 中所示电路，负载应小于等于 100mA 及总功率小于等于 1.25W。

基于 TOP250YN 的单级 PFC 恒压/恒流 LED 驱动电路

图 2-66 所示为单级 PFC 恒压/恒流 LED 驱动电路，符合 IEC61000-3-2 中对级别 C 设备规定的谐波含量限制，满足工业环境下最小功率因数（PF）为 0.9 的要求（277V AC 输入时最差条件下大于 0.97）。在整个输入电压范围内均具有高效率（高于 85%），符合 EN55015B 传导 EMI 限值，EMI 裕量大于 10dBμV，具有自动重启动功能提供无限制的输出短路保护功能。

未使用输入电容的反激式变换器在非连续导通模式下工作，本身就具有较高的功率因数。在图 2-66 所示的电路中采用此设计方法，增加一个输出限流点以构成大功率 LED 驱动器。

为防止因 AC 输入电感或浪涌引起的瞬态过压，由 C_4、VD5 及 R_3 构成的钳位电路将 DC 总线电压限制到一个安全值。一旦进入稳态，二极管 VD5 将从电路上对电容有效去耦，这样可以不影响功率因数（PF）。电阻 R_3 为电容 C_4 提供放电通路。二极管 VD6 可以防止反向电流在 AC 输入电压小于反射输出电压时流经 U1。在标准反激式变换器中，这种情况是通过大输入电容上的直流电压来避免的。

电阻 R_{11}、R_{12}、R_{13}、VT2、VT3、VT4 及其相关电路与 U2 中的发光二极管共同构成低压降恒流电路，并将平均输出电流设定为 3.1A（±10%）。在没有负载时，电阻 R_{16} 和二极管 VZ2 将输出电压限制到 28V 左右（最大值）。

光敏晶体管（U2B）驱动射极跟随器 VT1 及 PFC 环路补偿电容 C_{10}。电容 C_{10} 和电阻 R_6 将 PFC 的主极点设定为大约 0.02Hz，电阻 R_7 则提供环路补偿。

在一个周期内，流入 U1 控制引脚的电流是恒定的，控制引脚电容 C_5 与 VD8 一起决定启动时间，以便在达到稳压之前将 U1 隔离在其他反馈元件之外。可以选择由 VD12、C_{15}、R_{18}、R_{19}、R_{20}、C_{16} 和 VT5 来组成一个软启动电路。这样可以在输出达到稳压之前对 C_{10} 进行充电，并防止出现输出过冲。二极管 VD10 和 VD11 对变压器二次绕组电压进行整流。变压器使用并联的二次绕组和二极管可以分配耗散并提高效率。

TOPSwitch-GX 器件与 TOPSwitch 器件相比，TOPSwitch-GX 拥有更多功能并且功率更高，采用 TOPSwitch-GX 器件在具体电路设计时，应注意以下事项。

（1）脉冲变压器的一次电感值要适当，一般为 300～3000μH。输出功率较大时应取下限；反之则应取上限。变压器的一次电感不能太小，否则会造成 TOPSwitch-GX 器件中 MOSFET 的漏极电流过大而使损耗增加，同时易造成过流保护而使电源难以启动。同样，一次电感也不能太大，过大则不能满足输出功率的要求。

（2）输出滤波电容的等效串联电阻应尽可能的小，特别是在低压大电流的情况下更是如此，否则会由于电容损耗的增大而导致电源可靠性的降低。

（3）反馈光耦输出端应靠近控制端 C，控制端 C 的滤波电容应靠近源极；另外多功能端 L、X、F 或 M 与源极之间的连接线也应尽可能的短，同时还应当远离漏极，以减小电源噪声。

（4）TOPSwitch-GX 器件源极引脚的输入滤波电容负极端应采用单点连接到偏置绕组回路，使电涌电流从偏置绕组直接返回输入滤波电容，以增强了浪涌的承受力。控制引脚旁路电容应尽可能接近源极和控制引脚，其源极连线上不应有 MOSFET 的开关电流流过。所有以源极为参考的连接到多功能引脚、线路检测引脚或外部限流引脚的元件同样也应尽可能靠近源极和相应引脚，而且源极连线上也不应有 MOSFET 的开关电流流过。重要的是由于源极引脚也是控制器的参考地引脚，其开关电流必须经独立的通路返回到输入电容的负端，而不能和连接到控制脚、

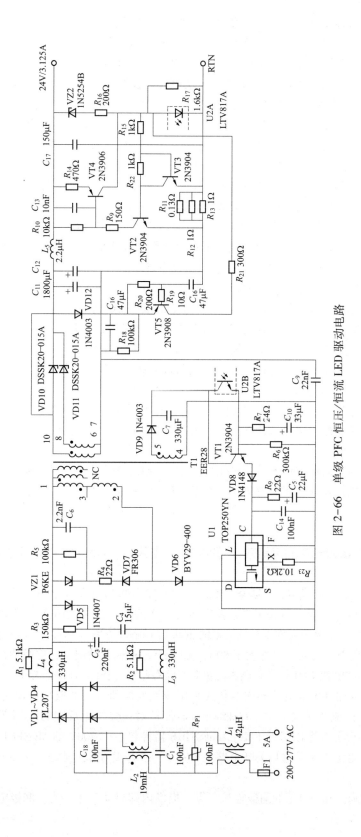

图 2-66 单级 PFC 恒压/恒流 LED 驱动电路

多功能引脚、线路检测引脚或外部限流引脚的其他元件共用同一通路。

（5）多功能（M）、线路检测（L）或外部限流（X）引脚的连线应尽可能短，并且远离漏极连线以防止噪声耦合。线路检测电阻应接近 M 或 L 引脚，使其到 M 或 L 引脚的连线长度最短。用一个高频旁路电容与 47μF 控制电路电容并联使用，能更好地预防噪声，反馈光耦合器的输出也应接近 TOPSwitch-GX 的控制和源极引脚。

（6）Y 电容的位置应接近变压器的二次输出回路引脚和一次直流正极输入引脚。

Y 封装或 F 封装 TOPSwitch-GX 器件的散热部分在电气上与源极引脚内部相连接，为避免循环电流，在引脚上附加的散热装置不应与电路板上任何一次地、源节点电气连接。使用 P（DIP-8）、G（SMD-8）或 R（TO-263）型封装的 TOPSwitch-GX 器件时，器件下靠近源极引脚的铜片区域可起到有效的散热作用。在采用双面电路板的设计中，连接顶层和底层之间的过孔可用来提高散热。此外，输出二极管的正负极引脚下的铜片面积应足够大，以利于器件散热。在输出整流管和输出滤波电容之间设置一个狭窄连线，可在整流管和输出滤波电容之间起到防止电容过热作用。在设计图 2-66 所示电路的变压器时应遵循以下设计要点。

（1）使用 PIXls 表格设计变压器时，在设计表格中输入 106W 的峰值功率，其对应的平均功率为 75W。直接在表格中输入等于最小输入 AC 电压峰值的最小 DC 电压。

（2）将 KP 值设定为 1.0，以确保在到达最小 AC 输入电压峰值时立即进入非连续模式。确保变换器始终在非连续模式下工作（稳态工作期间），以取得较高的功率因数。

（3）非连续模式工作可以增大一次 RMS 电流，这将同时影响变压器和 TOPSwitch-GX 器件的尺寸。

（4）根据散热评估选择变压器尺寸，这可能需要选择比所需输出功率更大的磁芯，以适应线径尺寸的增大。根据可接受的效率和温升选择 TOPSwitch-GX 相应器件，在设计表格中设定其相应的限流点。

（5）使用导热型灌封材料将变压器、MOSFET 和二极管中的热量散发到周围区域，采用这种更为有效的散热方法可以用尺寸更小的散热片、变压器和 TOPSwitch-GX 器件来设计可靠的 LED 驱动器。

实例 33　基于 LNK605DG 的高能效、低成本、非隔离 350mA/12VLED 驱动器

图 2-67 所示的高能效、低成本、非隔离 350mA、12V 输出的 LED 驱动电路，具有精确的一次侧恒压/恒流控制器（CV/CC），省去了光耦器和所有二次侧 CV/CC 控制电路，无需电流检测电阻，即可达到最高效率，是使用元件少、低成本的驱动 LED 解决方案（16 个元件）。图 2-67 所示电路在整个输入电压范围内满载效率均大于 80%，在 265V AC 输入情况下，空载功耗<200mW。满足 EN55015 和 CISPR-22B 级 EMI 标准和能源之星对于固态照明（SSL）产品的要求。

采用 LinkSwitch 系列器件可以更低的成本替代采用线性变换器方案的低功率恒流 LED 驱动器设计，并且具备更好性能及更高效率。LinkSwitch 器件针对偏置绕组反馈的应用而进行了优化，同时对开关特性进行了改进以降低 EMI。LinkSwitch 器件将一个 700V 的 MOSFET、PWM 控制器、高压启动电路、电流限制及过热关断电路集成在了一个单片集成电路上。LinkSwitch 系列器件引脚功能如下。

（1）漏极（D）引脚。MOSFET 的漏极连接节点，提供内部启动工作电流，漏极电流的内部限流检测点。

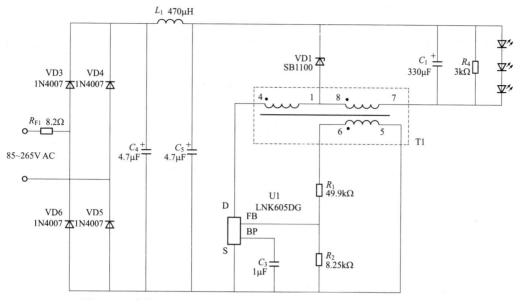

图 2-67　高能效、低成本、非隔离 350mA、12V 输出的 LED 驱动电路

（2）控制极（C）引脚。占空比和限流点控制的误差放大器及反馈电流的输入引脚，内部分流稳压器的连接节点，在正常工作期间提供内部偏置电流，同时它还用于连接供电去耦电容及自动重启动补偿电容。

（3）源极（S）引脚。MOSFET 的源极连接节点，作为高压功率的返回端，初级侧控制电路的共地及参考点。

为提供近似的 CV/CC 输出特性，变压器要设计工作在非连续工作方式。在 MOSFET 关断期间，所有变压器储能被传递到次级。非连续模式的能量传输不依赖于输入电压的高低，进入恒流工作方式之前的峰值功率点由变压器传输的最大功率决定。传输的功率公式为

$$P = 0.5 \times L_P \times I^2 \times f \qquad (2\text{-}21)$$

式中：L_P 为一次电感量；I^2 为一次峰值电流的平方；f 为开关频率。

数据手册参数表中规定了一个 $I^2 f$ 系数，此参数为限流点平方与开关频率的乘积，并按反馈参数 I_{DCT} 进行归一化。这样此系数可用来说明由于 LinkSwitch 器件的不同，而引起的电源峰值功率点的变化。由于一次电感量的误差部分地决定了峰值功率点（CC 工作开始处），因此必须对此参数进行良好的控制。如果要得到 ±24% 的恒流误差范围，则一次电感量的误差应满足 ±7.5% 或更好。使用标准的低成本中间柱开气隙技术可满足此要求，通常气隙大小为 0.08mm 或更大。也可使用较小的气隙，但要求使用非标准的 A_L 误差严格的铁氧体磁芯。

其他开气隙技术，比如利用薄膜材料开气隙，可以得到更精确的误差（±7% 或更佳），进而可以改善峰值功率点的精度。磁芯中所开的气隙应均匀一致的，不均匀的磁芯气隙，尤其是尺寸很小的气隙，在磁通密度改变时会引起初级电感量的变化（部分饱和），从而造成恒流工作时输出电流特性的非线性。为验证气隙是否均匀，应在直流供电情况下检查初级电流波形。其斜率为 $di/dt = U/L$，在整个 MOSFET 导通期间此斜率都应保持不变，电流上升斜率的任何改变都表明气隙不是平坦均匀的。

对于中心柱气隙为 0.08mm 的典型 EE16 或 EE13 磁芯，在标准的大批量生产中可以保证的

一次电感量误差范围为±10%。这样在功率达 2.75W、空载功耗 300mW 的设计中可以使用 EE13 磁芯。如果在磁芯的边柱采用薄膜气隙，则电感量的误差可提高至±7%或更好，采用 EE13 磁芯 也可使输出功率达到 3W。而使用较大的 EE16 磁芯时，使用中心柱开气隙的方法也可使输出功 率达到 3W。如果设计中受到空间的限制或与 EE16 相比有成本优势，则适宜采用 EE13 磁芯。

选取变压器的变比使 U_{OR}（通过二次至一次的匝数比反射的输出电压）为 40~80V，较高的 U_{OR} 增大了 LinkSwitch 器件的输出功率，但同时也增大了空载功率消耗。在对空载功耗没有要求 的设计当中，甚至可以采用更高的 U_{OR}。但在恒流驱动器的应用当中，当电源工作于输出特性的 上限点时，器件的最大温升要在可接受的范围内，在任何情况下都要保证变压器工作在非连续 工作方式。因电源输出特性的恒流线性度受偏置电压的影响，如果该特性对于具体应用特别重 要，在设计最终方案前则必须对输出特性进行检查。

器件误差以及外部电路都会对整个 LinkSwitch 器件的输出特性造成影响，若采用 LNK520 器 件，设计输出功率为 2.75W，峰值功率点的误差范围分别为±10%（电压精度）及±24%（电流 精度）。这包含器件、变压器误差（假设±7.5%）及输入电压变化的影响。输出功率越低的设 计，其恒流线性度也越差。

在峰值功率点处随着输出负载的降低，由于对输出负载端电压的跟踪存在误差，输出电压 会上升。产生这些误差包括输出电缆压降、输出二极管正向电压以及起主要作用的漏感。当负载 降低时，一次工作峰值电流降低，漏感能量也相应减小，因而减低了钳位电容的峰值充电作用。

在负载非常轻或空载时，输出电流小于 2mA 情况下，由于二次侧的漏感峰值充电作用，输 出电压也会升高。可通过增加假负载的办法将此电压降低，此假负载对空载功耗产生的影响很 小。增加一个光耦器及二次参考可以在整个负载范围内提高输出电压的负载调整率，二次参考 仅在输出电压高于正常峰值功率点电压时提供反馈，从而保证了恒流工作特性。

在图 2-67 所示电路中采用抽头电感非隔离降压变换器结构。抽头降压拓扑结构非常适合设 计输入电压与输出电压比值较高的变换器，它可以对输出提供电流倍增，从而能够在要求输出 电流是器件限流值两倍多的应用中使用这种新的降压拓扑结构。采用这种拓扑结构的变换器与 隔离反激式变换器相比，其 PCB 尺寸更小、电感磁芯尺寸更小、效率更高（最差负载条件下为 80%）。由于产生的共模噪声少，因此可简化 EMI 滤波设计。这种拓扑结构通常需要在一次侧使 用一个钳位电路。不过，由于 U1 中集成了 700V 的 MOSFET，因此可以省去钳位电路。

集成电路 U1 内含功率开关器件、振荡器、高度集成的 CC/CV 控制回路以及启动和保护电 路，内含的 MOSFET 能够为包括输入浪涌在内的通用输入应用提供充足的电压裕量。

二极管 VD3、VD4、VD5 和 VD6 对 AC 输入进行整流，然后大容量电容 C_4 和 C_5 则对经整流 后的 DC 电压/电流进行滤波。电感 L_1 与电容 C_4 和 C_5 一起组成一个 π 形滤波器，对差模传导 EMI 噪声进行衰减。这种设计能够轻松满足 EN55015B 级传导 EMI 要求，且裕量为 10dBμV，可 熔防火电阻 R_{F1} 提供严重故障保护。

U1 内的开关导通后，电流将增大并流经负载和电感。电容 C_1 对负载电流进行滤波，二极管 VD1 因反向偏置而无法导通，电流继续增大，直至达到 U1 的电流限流点。一旦电流达到该限流 点，开关将关断。

开关关断后，储存在电感中的能量会产生电流并流入输出部分（引脚 8、引脚 7）。输出绕 组中的电流以 4.6 的因数（匝数比）突增，从输出绕组流经续流二极管 VD1，最后流到负载。 由于漏感（电感两个部分之间）值比较小，因此无须使用钳位电路来限制峰值漏极电压。通常 这会耗散漏感能量，但在本设计中，电感绕组内的电容量和 MOSFET 电感量（在每个开关周期放电）是充足的。

由于 LED 需要恒流驱动，因此 U1 在正常工作期间以恒流模式工作。在恒流模式下，开关频率根据输出电压（在引脚 5 和 6 检测）进行调节，以保持负载电流恒定。恒压特性可以在 LED 发生开路故障或负载断开时自动提供输出过压保护。在图 2-67 所示电路的设计中应遵循以下设计要点。

（1）优化选择 T1 的匝数比（4.6），确保本电路在低输入电压（85V AC）条件下，以非连续模式（DCM）进行工作，VD1 的导通时间至少为 4.5μs。

（2）反馈电阻 R_1 和 R_2 应具有 1%的误差值，有助于将额定输出电压和恒流调节阈值严格控制在中心位置。

（3）R_{F1} 起熔断器功能，确保其额定值能够在电源首次与 AC 连接时耐受瞬态耗散。

（4）假负载电阻 R_4 在故障条件下（如负载断开）维持输出电压。

实例 34 基于 LNK606PG 的高效率 7.6V/700mA 隔离式 LED 驱动器

高效率 7.6V/700mA 隔离式 LED 驱动电路如图 2-68 所示，该电路具有精确的一次侧恒压/恒流控制器（CV/CC），省去了光耦器和所有二次侧 CV/CC 控制电路，无需电流检测电阻，即可构成高效率，使用元件少、低成本的 LED 驱动器。迟滞热关断功能可防止电源损坏，自动重启动保护功能可在输出短路或开路条件下将输出功率降低到 95%以下，开/关控制可在极轻负载时提供恒定的效率，满足 CEC 及能源之星 2.0 效率要求。在 265VAC 输入情况下，空载功耗 <250mW，超低漏电流，在 265VAC 输入情况下<5μA（无需 Y 电容），满足 EN55015 和 CISPR-22B 级传导 EMI 限值。

在图 2-68 所示电路中，二极管 VD1~VD4 对 AC 输入进行整流，电容 C_1 和 C_2 对经整流后的 DC 电压/电流进行滤波。电容 C_1、C_2 与电感 L_1、L_2 一起对差模传导 EMI 噪声进行衰减，电阻 R_1 和 R_2 可以阻尼电容 C_1、C_2 和电感 L_1、L_2 之间所产生的谐振。上述设计与 PowerIntegrations 的变压器 E-sheild 技术相结合，使该电源能以大于 10dBμV 的裕量轻松满足 EN55015B 级传导 EMI 要求，且无须 Y 电容。可熔电阻 R_{F1} 用于限制启动时产生的浪涌电流，并在元件因输入电流过大而发生故障时起到熔断器的作用。

本电源设计利用 U1 集成的恒流特性来驱动 LED 负载，可以在恒流模式下以最大输出功率进行工作。U1 的恒压模式可以在 LED 发生开路故障时提供输出过压保护。

在恒流阶段工作时，U1 通过更改 MOSFET 的开关频率来调整输出电流。随着输出电压升高，U1 将提高其开关频率。输出电压大小由 LED 的数量决定。电阻 R_5 和 R_6 的值决定了最大开关频率和输出电压，变压器的电感量可确保驱动器始终以最大功率工作。

如果出现输出故障，电源将以恒压模式工作，并使用开/关控制方式来调节输出电压。这样可以提供自动输出故障保护，降低此种情况下的功耗，U1 的自动重启动功能提供输出短路保护。

U1 通过 BP（旁路）引脚实现自供电，并对电容 C_4 进行退耦，同时还提供高频去耦。当内部 MOSFET 导通时，U1 会利用存储在 C_4 中的能量。当 MOSFET 关断时，内部的 6V 稳压器会从漏极引脚拉出电流。这样便可省去外部偏置绕组，添加外部偏置绕组将进一步降低空载功耗。

经整流及滤波的输入电压加在 T1 一次绕组的一侧，U1 中集成的 MOSFET 驱动变压器一次绕组的另一侧。VD5、R_3、R_4 和 C_3 组成一个 RCD-R 钳位电路，用于限制漏感引起的漏极电压尖峰。

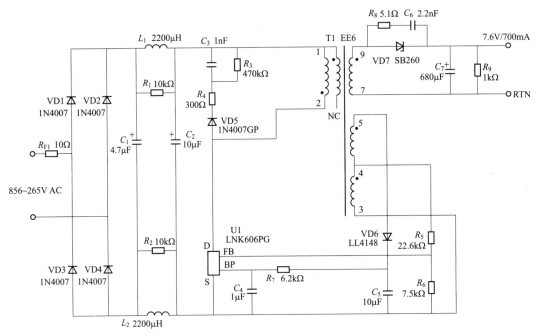

图 2-68　高效率 7.6V/700mA 隔离式 LED 驱动电路

U1 可自动补偿一次励磁电感中的误差，输出功率的变化可在 FB 引脚检测到。输出功率发生变化时将调整开关频率，以对电感波动进行补偿。二次输出经 C_7 滤波，电阻 R_8 和电容 C_6 可消除高频传导和辐射 EMI。没有负载连接时，假负载电阻 R_9 充当 C_7 的泄放电阻。在图 2-68 所示电路的设计中应遵循以下设计要点。

（1）U1 在封装上使高压引脚与低压引脚之间的爬电距离非常大，可以避免产生电弧并进一步提高可靠性，这在高湿度或高污染条件下特别重要。

（2）电容 C_7 具有低效串联阻抗（ESR），可降低输出电压纹波和省去 LC 后级滤波器。

（3）反馈电阻 R_5 和 R_6 应具有 1% 的误差值，有助于将额定输出电压和恒流调节阈值严格控制在中心位置。

（4）使用外部偏置绕组可进一步降低空载功耗。

（5）在 PCB 上，将旁路引脚电容靠近 U1 放置。

（6）减小钳位和输出二极管的环路面积，以降低 EMI。

（7）使 AC 输入和开关节点保持一定距离，以降低旁路输入滤波的噪声耦合。

（8）确保 U1 的 D 引脚的峰值漏极电压低于 650V，否则的话，需要通过降低 R_3 的值来实现。

实例 35　基于 LNK605DG 的隔离式 350mA/4.2W 的 LED 驱动器

隔离式 350mA/4.2W 的 LED 驱动电路如图 2-69 所示，该电路具有精确的一次侧恒压/恒流控制器，省去了二次侧控制和光耦器，无须电流检测电阻，实现效率最大化，是使用元件少、低成本、高可靠性的驱动 LED 的解决方案。具有误差范围为 ±5% 的过热保护、迟滞恢复功能，可确保 PCB 温度在所有条件下均处于安全范围内，具有自动重启动、输出短路和开环保护功能。开/关控制可在极轻负载时具备恒定的效率，在 265V AC 输入情况下，空载功耗<200mW。漏电

流在 265V AC 输入情况下<5μA（无须 Y 电容），满足 EN55015 和 CISPR-22B 级 EMI 标准。

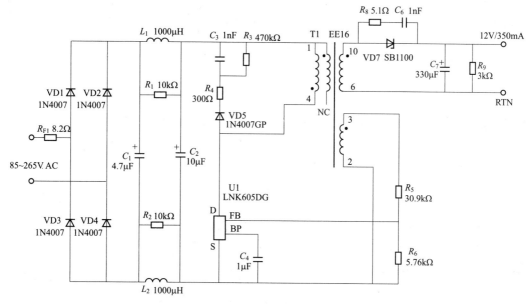

图 2-69 隔离式 350mA/4.2W 的 LED 驱动电路

图 2-69 所示电路中的集成电路 U1 内含功率开关器件、振荡器、CC/CV 控制回路以及启动和保护电路，电路的恒压特性可以在任何 LED 发生开路故障时提供输出过压保护（OVP）。

二极管 VD1、VD2、VD3 和 VD4 对 AC 输入进行整流，大容量电容 C_1 和 C_2 则对其进行滤波。电感 L_1 和 L_2 以及电容 C_1 和 C_2 组成一个 π 型滤波器，对差模传导 EMI 噪声进行衰减。这些设计与 PowerIntegrations 的变压器 E-sheild 技术相结合，使该电源能以 10dBμV 的裕量满足 EN55015B 级传导 EMI 要求，且无需使用 Y 电容。电阻 R_1 和 R_2 可以阻尼振荡并提高抗 EMI 性能，可熔防火电阻 R_{F1} 用于限制浪涌电流。

U1 通过旁路（BP）引脚实现自供电，并对电容 C_4 进行去耦。T1 的一次绕组一端（1）输入为经整流和滤波的直流电压，U1 中的 MOSFET 驱动一次绕组的另一端（4）。VD5、R_3、R_4 和 C_3 组成 RCD-R 钳位电路，用于限制漏感引起的漏极电压尖峰。

在从空载到满载的多个模式下，U1 内的控制器首先在恒压阶段工作，此时它通过开/关控制来调节输出电压，并根据需要通过跳过开关周期来维持输出电压水平，通过调节使能周期与禁止周期的比例来维持稳压，使变换器的效率在整个负载范围内得到优化。在轻载条件下，还会降低电流限流点以减小变压器磁通密度，进而降低音频噪声和开关损耗。随着负载电流的增大，电流限流点也将升高，因而跳过的周期也越来越少。

一旦 U1 检测到最大功率点（即控制器停止跳过周期），控制器将自动进入恒流模式。一旦需要进一步提高负载电流，输出电压便会随之下降。当检测到 FB 引脚上的输出电压下降时，开关频率将线性下降，从而确保恒流输出。二极管 VD7（为提高效率选用肖特基势垒二极管）用于整流二次输出，同时 C_7 对二次输出进行滤波。电容 C_7 具有低 ESR，可以满足所需的输出电压纹波要求，而无需使用后级 LC 滤波器。电阻 R_8 和电容 C_6 可降低高频传导和辐射 EMI。在图 2-69 所示电路的设计中应遵循以下设计要点。

（1）U1 在封装上使高压引脚和低压引脚之间有非常大的爬电距离（在封装和 PCB 上），这对于高湿度和高污染环境很有必要，可以避免产生电弧并进一步提高可靠性。

（2）将 C_4 放置到尽可能靠近旁路引脚的位置。

（3）反馈电阻 R_5 和 R_6 应具有1%的误差值，有助于将额定输出电压和恒流调节阈值严格控制在中心位置。

（4）可以选择使用偏置绕组（本设计未使用），用来降低空载功耗和提高高输入电压下的工作效率。

实例 36 **基于 LNK306PN 的填谷式电流校正的可调光 LED 驱动电路**

图2-70所示的填谷式电流校正可调光 LED 驱动电路，具有符合能源之星 SSL 功率因数大于0.9的要求，效率在满载条件下高于85%，满足 EN55015BEMI 要求。并具有过压保护、迟滞过热关断及输出短路保护功能。

图2-70中所示电路的最大输出电压为70VDC 时最高输出功率达到9W，非常适合驱动 LED。使用被动填谷式功率因数校正（PFC）电路可使电源的功率因数大于0.92，这完全符合能源之星 SSL 对商业应用的要求。经过精心设计，电源可满足 EN55015BEMI 要求。

电源熔断器 F1 在发生严重故障时为电源提供保护，电容 C_6 和 C_{10} 提供差模滤波。EMI 在电感 L_1 和 L_2 以及电阻 R_{15} 和 R_{16} 共同作用下得以降低。全波整流由二极管 VD5 ~ VD8 来实现。二极管 VD2、VD3 和 VD4 以及电容 C_1 和 C_2 共同形成填谷电路，提供功率因数校正。

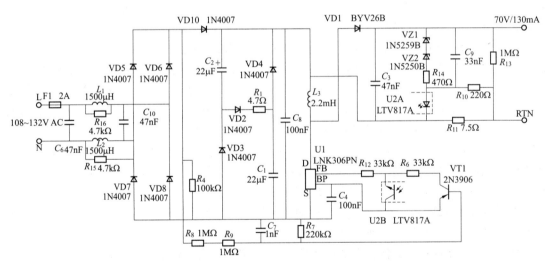

图2-70 填谷式电流修整可调光 LED 驱动电路

在填谷电路中，电容 C_1 和 C_2 以串联的方式充电，以并联的方式放电。由于二极管 VD2 的存在，只要输入 AC 电压高于 C_1 和 C_2 上的电压（$U_{AC}/2$），电流便会流入负载。一旦电压降到 $U_{AC}/2$ 以下，二极管 VD3 和 VD4 就会被正向偏置，这样使 C_1 和 C_2 开始并联放电。因此，输入电流的导通角可连续从30°升至150°，从210°升至330°，这样可以极大地改善系统的 THD（总谐波失真）和功率因数。

电阻 R_1 有助于平滑输入电流尖峰，还可以通过限制流入电容 C_1 和 C_2 的电流来改善功率因数。电容 C_8 则有助于改善 EMI 性能，电感 L_3 是降压—升压式变换器中的能量存储元件。二极管

VD1 是超快恢复型二极管，它会在 U1 中的 MOSFET 关断期间导通，并将 L_3 的能量传输到输出电容 C_3。二极管 VZ1、VZ2 和电阻 R_{14} 能够在空载条件下将输出电压钳位到大约 80V。

LNK306PN 器件采用了开/关控制方法，如果馈入 U1 的 FB 引脚的电流超过 49μA，MOSFET 开关将被禁止。进入器件的下一个内部时钟周期后，会对 FB 引脚电流进行采样，如果电流低于 49μA 阈值，MOSFET 开关将再次使能，对输出的调节是通过使能和禁止（跳过）开关周期来完成的。

电阻 R_{11} 是电流检测电阻，它用来在输入功率为 9W 时提供 130mA 电流。R_{11} 上的电压被施加在光耦合器 U2A 的发光二极管与增益设定电阻 R_{10} 之间。此反馈信号通过晶体管 U2B 和电阻 R_{12} 被施加到 U1 的 FB 引脚。

图 2-70 所示电路所采用的反馈方式还允许从标准相位控制调光器单元进行调光，二极管 VD10 将电压与大容量电容隔离，这样可以获得导通角信息。电阻 R_7、R_8 和 R_9 构成电阻分压器网络，R_7 上的电压被电容 C_7 平均分配。若 LED 端电压因使用调光器而降低，电容 C_7 上的电压随之下降，进而降低 VT1 基极上的电压。一旦 VT1 的基极电压降到 5.1V 以下，VT1 将会导通，将电流推入 FB 引脚，抑制开关，从而可降低平均输出电流以完成调光。电阻 R_4 加载 AC 检测节点后可加快 VT1 的导通和关断时间。在图 2-70 所示电路的设计中应遵循以下设计要点。

（1）电容 C_8 不应过大，否则会降低功率因数。

（2）所选的二极管 VD1 的额定电压应大于最大 DC 总线电压（允许 25% 降额）。

（3）电阻 R_{13} 是泄放电阻，用于在电源关断期间对 C_3 放电。

（4）C_1 和 C_2 的值应相等。

实例 37 **基于 LNK306PN 的高效恒流降压式 LED 驱动电路**

图 2-71 所示的高效恒流降压式 LED 驱动电路非常适合驱动串联的 LED，因串联的 LED 之间无需考虑电流分配，并可在负载断开、过载、短路和过热情况下提供保护。在整个工作电压范围内的效率都非常高（>90%），并具有小巧轻便、成本低、元件数量少、无需变压器采用简单的单电感设计等特点。

图 2-71 所示的电路采用了一个 LinkSwitch-TN 器件，可提供 130mA 的恒流输出，输出电压为 70VDC，并满足 EN55022B 的传导 EMI 限制，EMI 裕量大于 10dBμV。

电路中的熔断器 F1 在发生严重故障时提供保护，电容 C_1 和共模扼流圈 L_1 可以降低传导 EMI。二极管 VD1 ~ VD4 提供全波整流，同时高压电容 C_2 保持稳定的 DC 总线电压。在 U1 导通期间，电流流经电容 C_4、负载（70VLED 串）以及电感 L_2。该电流使 L_2 储存一定的能量，并向负载提供能量。

在 U1 关断期间，L_2 的极性反向，以维持电流，并为续流二极管 VD5 提供正向偏置，以保持电流流动并持续为 C_4 和负载提供能量。通过一个开关控制电路可以保持输出稳压，这样可以根据电压变化和负载状况使能和禁止（跳过）开关周期。在每个导通周期开始时对 U1 的反馈（FB）引脚进行采样。如果从光耦器 U2 的晶体管馈入 FB 引脚的电流超过 49μA，将跳过该开关周期。

电容 C_3 是 Linkwitch-TN 器件的旁路电容，电阻 R_4 用作电流检测，一旦 R_4 上的电压超过光耦发光二极管的 U_F，反馈环路将闭合，输出电流得以调节，电阻 R_3 调整整个反馈环路的直流增益。如果负载断开，通过齐纳稳压管 VR1 和 VR2 可以将输出电压调节到约为 75V 的最大值。电

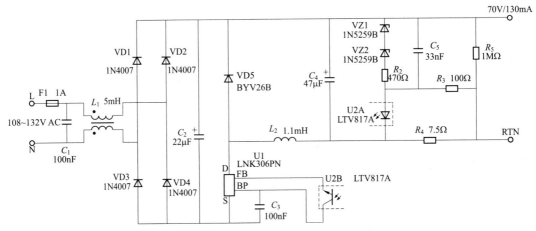

图 2-71　高效恒流降压式 LED 驱动电路

容 C_5 用于降低噪声的敏感性，并可均匀地分配开关周期。电阻 R_5 可以在供电断开时释放高压输出电容中存储的电能。在图 2-71 所示电路的设计中应遵循以下设计要点：

（1）二极管 VD5 选用超快恢复型二极管，反向恢复时间（t_{rr}）为 50ns 或更小。也可以使用速度较慢的二极管（例如 UF4005，$t_{rr}=75$ns），但在导通时会造成更高的反向恢复电流尖峰并降低效率。

（2）如果使用光耦器来获得反馈，则可以在 DC 总线的低压端放置 U1。由于源极与 U1 的散热片相连，这样也会降低 EMI。

（3）如果电源能始终通过所连负载进行工作，则可以去除齐纳二极管 VZ1 和 VZ2。

（4）优化选择串联 LED 的数量，以使输出电压控制为 50~70V。

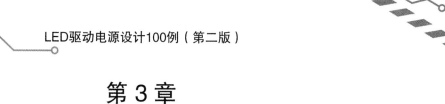

第3章

车用LED照明驱动电路设计实例

实例1 基于LT3756的LED驱动电路

LT3756包含了高压侧电流检测,从而使该器件能用在升压、降压、降压/升压或SEPIC和反激式拓扑中。LT3756用于升压模式,可以提供超过94%的效率,无需散热措施。频率调节引脚允许在100kHz~1MHz范围内对频率编程,从而优化效率,并最大限度减小外部组件尺寸和成本。采用3mm×3mm QFN封装的LT3756可提供一个非常紧凑的50~75W的LED驱动器解决方案。

此外,LT3756采用真正彩色PWM(TrueColorPWM)调光,这种调光方法以宽达3000∶1的调光范围提供恒定LED颜色。对不苛刻的调光需求而言,CTRL引脚可用来提供10∶1的模拟调光范围。该器件的固定频率、电流模式结构在宽电源电压和输出电压范围内提供稳定工作。一个以地为基准电压的FB引脚用作几种LED保护功能的输入,从而使该变换器可以作为恒定电压源工作。

图3-1所示为基于LT3756的LED驱动电路,该电路为采用单个LED驱动器IC驱动50W的LED串电路。LT3756是一个100V、高压侧电流检测DC/DC变换器,6~100V的输入电压范围使其非常适用于多种应用。LT3756使用一个外部N沟道MOSFET,可以通过标称12V的输入驱动多达14个1A的白光LED,提供超过50W的功率。它可以用一个24V输入为多达20个LED供电,提供总共75W的驱动LED功率。图3-1所示电路的效率和输入电压的光效曲线如图3-2所示。

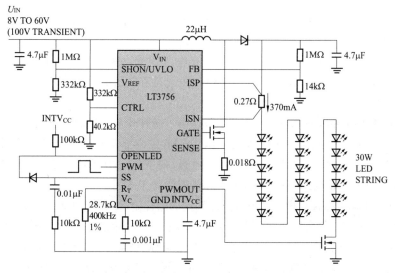

图3-1 基于LT3756的LED驱动电路

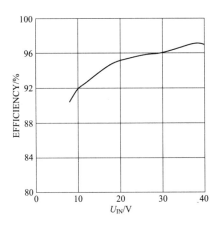

图 3-2　图 3-1 所示电路的效率和输入电压的光效曲线

　　除了节省能源，由 LT3756 驱动的 LED 还提供即时接通功能、纯净的多光颜色，并能快速和准确地对 LED 调光，每个 LED 都能以同样或更好的光颜色，提供相当于一个 40W 卤素灯的光输出，同时降低非常热的卤素灯固有的火灾风险。

实 例 2　基于 MAX16805/MAX16806 的 LED 驱动电路

　　MAX16805/MAX16806 适用于 5.5~40V 输入电压，输出电压高达 39V，LED 电流调整范围为：35~350mA，具有输出短路和过热保护，可工作在 -40~+125℃（该温度范围为汽车级）。在汽车照明设计中，采用 MAX16805/MAX16806 可以省去用于汽车内部顶灯、地图和门控照明灯应用中所必需的微控制器或开关模式变换器。由 EEPROM 编程的 LED 电流检测基准，仅需一个检测电阻即可为所有 LED 引脚设置电流，从而简化了设计。

　　MAX16800 具有的双模式 DIM 引脚和片上 200Hz 斜坡发生器，实现了使用模拟或 PWM 控制信号来调节 LED 的亮度，给亮度控制输入端 DIM 施加模拟控制信号允许实现"theater"式亮度控制效果，快速的开通/关闭时间允许使用宽范围的 PWM 工作，内置的波形整形电路可以使亮度调节时的 EMI 最小化。

　　在设计中可由 EEPROM 编程实现折返式 LED 电流调节，这使得该器件可采用高电压工作，而无需大型散热片，以节省成本和空间。MAX16806 与外部热敏电阻协同工作，通过降低 LED 电流来控制 LED 的最高结温。

　　MAX16805/MAX16806 内部包含了三角波发生器、脉冲检测、带隙基准及其他功能电路，无需微控制器或开关模式变换器。MAX16805/MAX16806 的内部基准用于监测反馈回路的 LED 电流，并且可以通过串口调整。因此，实际应用中可以对各路 LED 使用固定的检流电阻，简化了电路设计并降低成本，MAX16805/16806 的引脚排列如图 3-3 所示。

　　在很多 LED 驱动电路设计中，若没有可以利用的微控制器来产生 PWM 调光信号，可以采用 MAX16805/MAX16806 器件。这两款器件均可由内部产生 PWM 信号，PWM 信号由加在 DIM 输入引脚的外部模拟电压设置。在不采用模拟调光时，MAX16806 有一个开关输入端（SW），该开关输入不仅检测开关状态，并具有去抖功能，为开关提供湿电流。器件这种创新结构，无需微控制器的 PWM 信号，因为其片上 200Hz 斜坡发生器允许使用模拟方式实现或 PWM 控制实现 LED

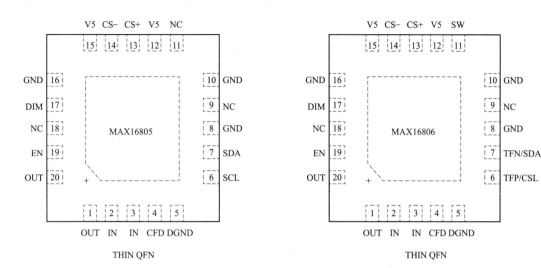

图 3-3　MAX16805/16806 的引脚排列图

亮度调节。高电压（额定值40V）DIM 引脚还可同步至外部 PWM 信号，频率可高达 2kHz。快速的导通/关闭时间保证了确保较宽的亮度控制范围，而波形整形电路可以使 EMI 最小化。MAX16806 应用电路如图 3-4 所示。采用 MAX16806 只需要最少的外部元件，这使其成为大多数照明应用的一个极具成本效益的解决方案。

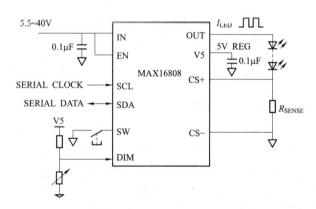

图 3-4　MAX16806 应用电路

　　MAX16806 驱动器内置有低压（204mV）电流检测基准和差分 LED 电流检测电路，提供 ±3.5% 的负载电流精度。这样的电流精度可使所有 LED 的亮度一致。MAX16800 的两个低压差调整元件（典型 0.5V）以及电流检测基准可以使功率损耗最小，在额定输出电压为 39V 时，MAX16806 可驱动多个串联的 LED。

　　在汽车照明应用中，必须密切监测 LED 的温度，这一点对于空间紧凑，特别是散热条件较差的系统特别重要，因 LED 过热会降低 LED 的使用寿命。通过短时间调低 LED 亮度，在大多数应用中可以避免过热现象。为了达到这个目的，MAX16806 为外部温度传感器提供了一个输入端。当检测到过热时，器件可以调低亮度，直到温度恢复到可以接受的范围。温度和亮度调节门限可以通过串口编程，并存储到 EEPROM。该功能可以省去昂贵的大尺寸散热器。

MAX16805 具备 MAX16806 的大部分功能，适合用于不需要限制 LED 电流降低、轻触式开关不需要湿性电流和去抖电路及暂态开关去抖动的应用，MAX16805 应用电路如图 3-5 所示。

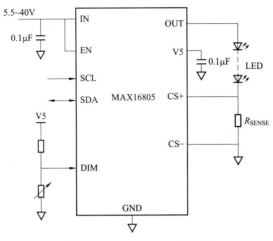

图 3-5　MAX16805 应用电路

实例3　基于 MAX16807/16808 的 LED 驱动电路

MAX16807/16808 是集成的、高效白色或 RGBLED 驱动器，MAX16807/16808 可以工作在 buck、boost 或 SEPIC 模式，具体取决于输入电压范围以及每个输出通道的 LED 数量。MAX16807/16808 具有 8～26.5V 输入电压范围或采用外部偏置器件兼容更高的输入电压，低电流检测基准（300mV）实现高效率，较宽的频率调整范围（20kHz～1MHz）允许通过对效率和电路板空间进行折中优化设计。

MAX16807/16808 内包括 8 个漏极开路、恒定吸电流驱动 LED 的输出通道，（每通道电流高达 55mA），额定连续工作电压为 36V。LED 电流控制电路可使 LED 串之间的电流匹配度精度达到±3%，能使高于 55mA 电流的 LED 串并联工作。输出使能引脚可用于同时对所有输出通道进行 PWM 调光（高达 30kHz），亮度比可达 5000：1。由单个电阻设置所有通道的 LED 电流（8 个恒定电流输出通道），每个输出通道的 LED 电流可调整至高达 55mA，将通道并联应用可驱动具有更大电流的 LED。

MAX16807/16808 可运行于独立工作模式，也可以由微控制器（μC）通过工业标准的 4 线串行接口控制。MAX16808 具有自动检测 LED 开路和过热保护功能，可工作于扩展的-40～+125℃温度范围，采用热增强型、带裸露焊盘的 28 引脚 TSSOP 封装。MAX16807/16808 的引脚排列如图 3-6 所示，MAX16807/16808 的引脚功能见表 3-1。

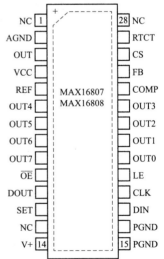

图 3-6　MAX16807/MAX16808
的引脚排列图

表 3-1   **MAX16807/16808 的引脚功能**

引脚	符号	功 能
1、13、28	NC	空脚
2	AGND	模拟地
3	OUT	MOSFET 驱动器输出端，连接至外部 N 沟道 MOSFET 的栅极
4	VCC	电源输入端，使用一个 0.1μF 的陶瓷电容或 0.1μF 的陶瓷电容并联一个更高容量的陶瓷电容将 VCC 旁路至 AGND
5	REF	5V 基准输出端，使用一个 0.1μF 的陶瓷电容将 REF 旁路至 AGND
6~9	OUT4~OUT7	LED 驱动器输出端，额定电压为 36V 的恒定吸电流输出
10	$\overline{\text{OE}}$	低电平有效输出使能控制，将 $\overline{\text{OE}}$ 驱动至 PGND 低电平则使能 OUT4~OUT7，将 $\overline{\text{OE}}$ 驱动至 PGND 高电平则禁止 OUT4~OUT7
11	DOUT	串行数据输出，数据在 CLK 的上升沿从内部 8 为移位寄存器移出到 DOUT 端
12	SET	LED 电流设置，在 SET 与 PGND 之间连接电阻 R_{SET} 设定 LED 电流
14	V+	LED 驱动器正电源，使用一个 0.1μF 的陶瓷电容旁路 V+ 至 PGND
15、16	PGND	功率地端
17	DIN	串行数据输入
18	CLK	串行时钟输入端
19	LE	锁存器使能输入，当 LE 为高电平时，数据从内部移位寄存器传输到输出锁存器，数据在 LE 的下降沿锁存到输出锁存器，且在 LE 为低电平时保持
20~23	OUT0~OUT3	LED 驱动输出端，OUT0~OUT3 是漏极开路，额定电压 36V 的恒定吸电流输出
24	COMP	误差放大器输出端
25	FB	误差放大器反相输入端
26	CS	PWM 控制器电流检测输入端
27	RTCT	PWM 控制器定时电阻/电容连接端，振荡器频率由连接在 RT/CT 与 REF 之间的电阻 R_T 和连接在 RT/CT 与 AGND 之间的电容 C_T 设定
—	BP	裸焊盘，连接至地层以改善功率耗散，不要作为唯一的接地端使用

    MAX16807/16808 增加一个外部电阻和一个齐纳二极管可以进行抛负载测试，虽然各个通道的电流都由一个电阻设置，但每通道的电流可以独立调整。在不增加任何外围元件的情况下，可以保证每通道之间的电流匹配度优于 3%。对于不同批次的 LED，每通道可以分别调节 LED 亮度的匹配度，也可以通过使能引脚统一调节各个通道。当亮度调节信号的开关频率范围为 20kHz~1MHz 时，可以避开干扰其他设备（如收音机）的频段。图 3-7 所示为 MAX16807/MAX16808 驱动白光 LED 电路。

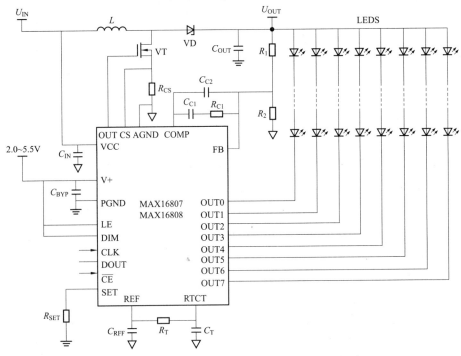

图 3-7　MAX16807/MAX16808 驱动白光 LED 电路

实例 4　基于 MAX16818 的 LED 驱动电路

　　LED 需用电流源而非电压源来驱动，为了优化 LED 驱动电路的设计，驱动器采用改进后的降压—升压变换器拓扑，将串联的 LED 串置于 DC/DC 变换器输出端和输入电压源之间。运用这种连接方式，可以为 LED 串提供低于或高于输入电压的驱动电压。

　　降压—升压变换器的输入电流是非脉动方式，这不同于典型的降压—升压变换器的脉动输入电流，非脉动电流可有效降低了 EMI。LED 驱动器的简化框图如图 3-8 所示，在图 3-8 所示的 LED 驱动器电路中，LED 端电压为

$$U_{\text{LED}} = (U_{\text{OUT}} - U_{\text{IN}}) \tag{3-1}$$

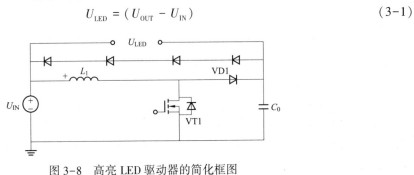

图 3-8　高亮 LED 驱动器的简化框图

　　由于 $U_{\text{OUT}} = \dfrac{U_{\text{IN}}}{1-D}$，$D$ 为占空比，则

$$U_{\text{LED}} = \frac{U_{\text{IN}} \times D}{1 - D} \qquad\qquad (3-2)$$

在平均电流控制模式下，输入电流的反馈电压由检流电阻检测，如图 3-9 所示。该电压送入电流误差放大器（CEA）的反相输入端。放大器的同相输入端为电流控制电压。比较后的误差信号经过放大器放大后，驱动 PWM 比较器的输入端，与开关频率的斜坡信号进行比较。电流环路的增益带宽特性可通过补偿网络进行优化。

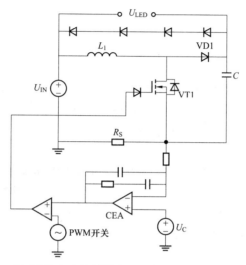

图 3-9　采用平均电流控制模式（内部环路）的高亮 LED 驱动

MAX16818 采用平均电流模式控制器，利用跨导放大器（transconductanceamplifier）放大电流误差信号。检流电阻两端的电压由内部放大器放大 34.5 倍，电流误差放大器的跨导是 $550\mu s$，锯齿波信号峰值为 2V。输入电流在返回通路上由电阻 R_S 检测，利用 MAX16818 构成的高亮 LED 驱动器如图 3-10 所示。电路中电流检测电阻值由平均电流极限设置，LED 支路的最大电压为

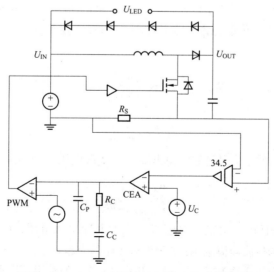

图 3-10　利用 MAX16810（内部电流环路）构建的高亮 LED 驱动器

$$U_{\text{LED(MIN)}} = n \times U_{\text{fm}(IF)} \qquad (3-3)$$

式中：n 是 LED 的数目；$U_{\text{fm}(IF)}$ 是 LED 在满负荷电流 I_{F} 下的最大压降。

最大输入功率为

$$P_{\text{max}} = U_{\text{LED(max)}} \times I_{\text{F}} \qquad (3-4)$$

效率为 η 时，最大输入电流为

$$I_{\text{IN(max)}} = \frac{P_{\text{max}}}{\eta \times U_{\text{IN(max)}}} \qquad (3-5)$$

最小平均电流阀值为 24mV，因而，电流检测电阻值为

$$R_{\text{S}} \leqslant \frac{0.024}{I_{\text{IN(max)}}} \qquad (3-6)$$

为了避免控制器的 PWM 比较器输出自激，比较器反相输入信号的斜率应小于同相输入的锯齿波斜率。锯齿波斜率为 $U_{\text{S}} \times f_{\text{s}}$，电流误差放大器的增益 G_{CA} 为

$$G_{\text{CA}} = 34.5 \times g_{\text{m}} \times R_{\text{C}} \qquad (3-7)$$

式中：g_{m} 是 CEA 跨导。

放大器输出为 PWM 比较器的反相输入，PWM 比较器的同相输入是锯齿波，峰值为 U_{S}、开关频率为 f_{S}。电流误差放大器将检流电压（电阻 R_{S} 端电压）输入到放大器输出，在高频端的交流增益是频率低于补偿电容 C_{p} 产生的极点，也是 PWM 比较器敏感频点处的增益。电流误差放大器的最大增益 G_{CA} 由式（3-8）决定，即

$$\frac{G_{\text{CA}} \times U_{\text{LED(max)}} \times R_{\text{S}}}{L} = U_{\text{S}} \times f_{\text{S}} \qquad (3-8)$$

式中：$U_{\text{LED(max)}}/L$ 是输入电流的下降斜率。

从式（3-7）和式（3-8）可以得出 R_{C} 的最大值为

$$R_{\text{C(max)}} = \frac{U_{\text{S}} \times f_{\text{S}} \times L}{U_{\text{LED(max)}} R_{\text{S}} \times 34.5 \times g_{\text{m}}} \qquad (3-9)$$

由 $R_{\text{C}} \times C_{\text{C}}$ 决定的零点频率要低于电流环路的交越频率（crossoverfrequency）f_{C}，且要留有足够的相位余量，这是确定 C_{C} 值的标准。零点频率 f_{Z} 和极点频率 f_{P} 由式（3-10）和式（3-11）推导，即

$$f_{\text{Z}} = \frac{1}{2\pi R_{\text{C}} C_{\text{C}}} \qquad (3-10)$$

$$f_{\text{P}} = \frac{1}{2\pi R_{\text{C}} C_{\text{P}}} \qquad (3-11)$$

升压调节器电流环路的小信号控制的输出增益为 R_{S} 端电压 U_{RS} 与 CEA 输出 U_{CA} 电压比，即

$$\frac{U_{\text{RS}}}{U_{\text{CA}}} = \frac{R_{\text{S}}}{U_{\text{S}}} \times \frac{U_{\text{IN}} + U_{\text{LED}}}{2\pi f_{\text{C}} L} \qquad (3-12)$$

式中：R_{S} 为电流检测电阻值；L 为输入电感值；U_{IN} 是直流输入电压；U_{LED} 是 LED 支路的总直流电压；U_{S} 为同相输入端锯齿波峰值电压；f_{C} 为电流环路的交越频率。

输入电流部分的总开环增益为式（3-12）和式（3-7）的乘积，将乘积设为 1，计算环路的交越频率为

$$\frac{R_S}{U_S} \times \frac{U_{IN} + U_{LED}}{2\pi f_C L} \times 34.5 \times g_m \times R_C = 1$$

$$f_C = \frac{R_S}{U_S} \times \frac{U_{IN} + U_{LED}}{2\pi L} \times 34.5 \times g_m \times R_C \qquad (3-13)$$

将式（3-9）中的 R_C 最大值带入式（3-3），交越频率最大值 f_{Cmax} 为

$$f_{Cmax} = \frac{(U_{IN} + U_{LED})f_S}{2\pi U_{LED}} = \frac{f_S}{2\pi D} \qquad (3-14)$$

设计有 3 个 LED 串联支路的驱动电路，输入电压范围为 7~28V，开关频率为 600kHz，电感为 5.1μH。电路所需最大输出电流为 1.2A，LED 数为 1~4 只，LED 支路的最大压降为 18V，总输出功率为 P_{max} = 21.6W。假定效率为 90%，可以计算出最大输入电流为 3.428A。如果设定检流电阻为 0.007Ω，R_C 最大值可以由式（3-9）求得，即

$$R_{Cmax} = \frac{U_S \times f_S \times L}{U_{LEDmax} \times R_S \times 34.5 \times g_m} = 2.55k\Omega$$

可选择小于 R_{Cmax} 的 R_C，R_C = 2kΩ。对于 18V 的输出，由式（3-14）求出

$$f_{Cmax} = \frac{(U_{IN} + U_{LED})f_S}{2\pi U_{LED}} = \frac{f_S}{2\pi D} = 132.6kHz$$

需设定零点频率 f_Z 低于 f_{Cmax}，本例中，选择 C_C 为 2200pF。所以，零点频率为

$$f_Z = \frac{1}{2\pi R_C C_C} = 36.17kHz$$

极点频率需高于 2 倍开关频率，这里选择 C_P 为 4pF，得到 f_P 为 1.693MHz。LED 可以等效为一个电压源串联一个电阻，在该电路中，每个 LED 等效为 3.15V 电压源串联一个 0.6Ω 的电阻。如果将 3 只 LED 串联，那么，总的电压源电压为 9.45V，总阻抗为 1.8Ω。如果输入为 9V，3 只 LED 串联，则交越频率为

$$f_C = \frac{R_S}{V_S} \times \frac{U_{IN} + U_{LED}}{2\pi L} \times 34.5 \times g_m \times R_C = 82.445kHz$$

LED 亮度可以通过 PWM 信号控制，这种方法通过调整驱动器的导通时间控制 LED 驱动器的输出电流。采用 PWM 调光方式时，LED 驱动器的导通时间可调，其占空比近似等效于 LED 亮度，即 100% 占空比对应最大亮度。

LED 驱动器输入电压为 7~28V，LED 电流通过电位器在 0.4~1.2A 调节。LED 支路可以串联 1~4 只 LED。图 3-11 所示为 PWM 调光过程中波形图，提供了 LED 亮度调节过程的 PWM 调光信号和 LED 电流曲线。LED 电流具有较快的上升和下降时间，当 PWM 调光信号变高时，对于 0.8A 的 LED 电流会有小于 100mA 的过冲。

在图 3-11（a）中，3 只串联 LED 的电流为 0.8A，输入电压为 7V。示波器通道 1 为 PWM 调光信号，通道 4 为 LED 电流，该电流在 PWM 信号变高时会增大。而在图 3-11（b）中，当 PWM 信号关断时，LED 电流降为 0。

从图 3-11 所示的 PWM 调光过程中的波形图可以看出，平均电流控制模式能够理想的用于 LED 驱动。同时，也可以方便地对该电路加以改进，以使 PWM 亮度控制电路实现较高的调光比。

图 3-12 所示的 PWM 调光过程与图 3-11 采用了相同设置，与图 3-11 唯一区别是输入电压为 14V。图 3-12（a）所示的 PWM 调光过程为 LED 电流的上升过程，示波器通道 1 为 PWM 调光信号，通道 4 为 LED 电流。图 3-12（b）所示的 PWM 调光过程为 LED 电流的下降过程，示波器通道 1 为 PWM 调光信号，通道 4 为 LED 电流。

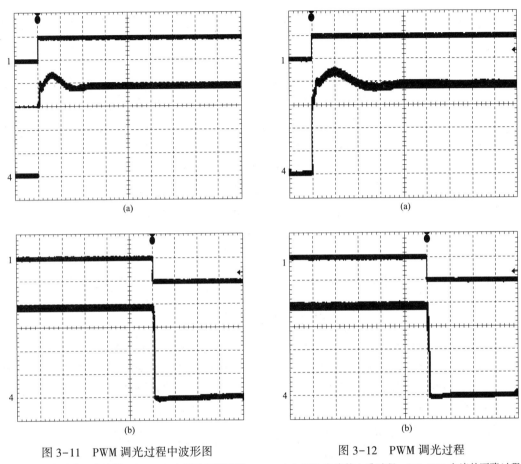

图 3-11　PWM 调光过程中波形图
（a）LED 电流的上升过程；（b）LED 电流的下降过程

图 3-12　PWM 调光过程
（a）LED 电流的上升过程；（b）LED 电流的下降过程

实例 5　基于 MAX16814 的 LED 驱动电路

MAX16814 是新一代 LED 驱动器，具有构建 LCD-TV、监视器和汽车显示器等高性能 LED 背光驱动器所需的所有功能，能够提供高性价比方案，在保持高性能的同时大大简化了照明设计。MAX16814 集成了开关 DC/DC 控制器，用于产生驱动多串 LED 所需的电压。器件还具有 4 个带有片内功率 MOSFET 的线性电流吸收电路，为每串 LED 提供最高 150mA 的可编程电流。自适应输出电压控制结构优化了效率，极大地降低了 LED 电流吸收通路的功耗。可省去多个外部组件，简化了空间受限应用的设计，节省了空间。MAX16814 采用独特的技术，实现了 5000∶1 的超宽 PWM 调光范围，调光频率为 200Hz，能够对所有亮度环境下的显示性能进行优化。

MAX16814 具有开路和短路故障保护，当出现 LED 短路或开路时，驱动器检测故障并自动关闭受影响的 LED 串，同时保持其他 LED 串正常工作。这种保护方式极大地降低了故障的影响，防止进一步损坏系统。在上述两种故障情况下，可通过一个输出引脚向系统的其他部分发出故障状态告警信号。

MAX16814 还具有过热保护，防止出现过热状态时损坏电路。这些故障保护电路结合器件的高输入电压以及宽工作温度范围，能够从根本上保证器件在恶劣的电气和温度环境下可靠工作。MAX16814 允许用户在 200kHz~2MHz 范围内设置开关频率，从而使工作频率高于 AM 广播频段。另外，在同一个模块内使用多片 MAX16814 时，器件的振荡器同步功能可大大降低 EMI 噪声。上述功能可减少系统中 EMI 滤波器的组件数量、尺寸和成本。MAX16814 工作在 -40~+125℃ 汽车级温度范围，较宽的输入电压范围（4.75~40V）使其能够承受 40V 的抛负载，MAX16814 提供增强散热的 4mm×4mm、32 引脚 TQFN 封装和 20 引脚 TSSOP 封装。

新一代 MAX16814 多串 LED 驱动器的升压开关变换器和线性吸电流调节器可以进行双向通信（而不是独立工作），大大提高了系统性能。这些新型驱动器在 IC 内部检测 LED 串的电压（比如每个吸电流 MOSFET 的漏极电压），利用内部二极管或模拟开关电路选择最低电压。这种方案大大降低了外部元件数量和方案成本。此外，双向通信功能还解决了上述一个 LED 失效或开路引发的问题。一旦发生这种情况，升压变换器输出电压开始上升，达到过压保护门限时即可识别故障的 LED 串，禁止或移出该串对应的 AVO 控制环路，其他 LED 串可保持正常工作。除了降低照明亮度外（而不是全部关闭 LED），失效的 LED 不会对系统造成其他影响。

在采用 MAX16814 调节 LED 亮度时，其内部开关和线性调节环路具有更低噪声。LED 关闭时可能禁止升压变换器工作。换句话说，变换器在此期间停止了开关工作，功率开关 MOSFET 保持在断开状态，补偿电路也处于开路。补偿电容保持其电荷量（补偿环路工作时的状态）。升压输出电压由输出电容 C_{OUT} 维持，由于 LED 关闭电容不放电，放电电流只是漏电流。LED 恢复导通时，变换器重新启动开关操作，具有极小的纹波。在这种方案中，升压变换器输出电压在 PWM 亮度调节期间几乎保持恒定，大大降低了 EMI 噪声和输出电容上的可闻噪声。

MAX16814 是 LCDTV、台式监视器、汽车显示器和仪表盘以及工业显示器等 LED 背光驱动器的理想选择，MAX16814 还非常适合用于汽车前灯和近/远光灯以及其他 SSL（固态照明）应用。此外，MAX16814 的故障指示输出还可以提供 LED 失效报警，基于 MAX16814 驱动 LED 电路如图 3-13 所示。

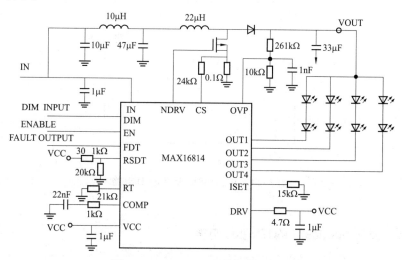

图 3-13　MAX16814 驱动 LED 电路

实例6　基于MAX16812的LED驱动电路

MAX16812内置模拟和PWM调光控制，为减少组件数并降低成本，该器件集成高边/差分LED电流检测放大器以及PWM调光MOSFET驱动器。此外，该器件还内置额定电压76V、0.2Ω开关MOSFET，具有宽达100kHz~500kHz的工作频率范围，确保最大的灵活性。

MAX16812采用的内部调光MOSFET驱动器在汽车甩负载时可自动切断电源与LED串的连接，提高了系统可靠性。为进一步提高可靠性并保证一致的亮度匹配，MAX16812可提供±5%精度的LED电流控制。片上200Hz斜波发生器可采用外部模拟信号进行PWM调光控制，也可同步至外部PWM信号。线性控制PWM调光大大简化两级亮度控制以及影院调光，在PWM调光期间，MAX16812控制LED电流的上升和下降时间，以抑制电磁干扰（EMI）以及系统噪声。为进一步减小EMI，可以在栅极驱动器以及内部开关MOSFET之间连接外部电阻，实现对开关电流上升和下降时间的控制。

MAX16812工作在5.5~76V电压范围，可满足冷启动和甩负载应用，可工作于恶劣的工作环境，并具有过压保护、欠压锁定、软启动以及热关断保护功能。MAX16812可工作在-40~+125℃汽车级温度范围，采用热增强型5mm×5mm、28引脚TQFN封装。

MAX16812驱动LED电路如图3-14所示，当输入电压高于或低于LED的总导通电压时，必须使用buck-boost模式。在buck-boost模式配置中，需要一个浮动的电流检测放大器检测并调节LED电流。另外还需要提供额外的保护，例如过压保护，在HB-LED发生开路或短路失效时保护系统不被损坏。对于汽车前灯中的大功率LED，输入电压的变化范围可能在5.5V（冷启动）~24V（蓄电池倍压），此时，比较理想的选择是buck-boost电路，驱动器必须能够承受40V以上的抛负载峰值电压。

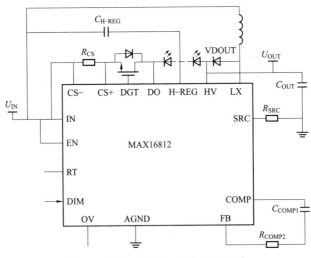

图3-14　MAX16812驱动LED电路

实例7　基于MAX16834的LED驱动电路

MAX16834可用于升压、升/降压、SEPIC及高边降压结构，该器件可降低固态照明（SSL）

设计的尺寸、复杂度和成本。MAX16834 集成了高边电流检测放大器、PWM 亮度控制 MOSFET 驱动器以及可靠的保护电路。MAX16834 能够为 LED 系统设计提供至关重要的效率管理和热管理，是理想的 LED 汽车外部照明、LCD 背光及建筑 LED 照明的驱动器。

MAX16834 的多种特性使其仅需很少的外部组件即可构建升压或升/降压 DC/DC 变换器，除采用开关控制器驱动 n 沟道功率 MOSFET 外，MAX16834 还通过驱动 n 沟道 PWM 亮度调节开关，实现 3000：1 的宽范围 PWM 亮度控制。为进一步提高设计灵活性，器件还提供模拟亮度控制功能，允许通过外部直流电压控制 LED 电流，片内高压电流检测放大器和高达 1MHz 的开关频率允许设计中对效率和尺寸进行优化。

MAX16834 提供模拟折返式热保护功能，当 LED 串的温度超过设定温度时，允许采用外部负温度系数（NTC）热敏电阻降低 LED 电流。此外，器件还包括过压、过流及过热故障指示输出，可编程、真差分过压保护功能可满足汽车系统中对 LED 照明和显示器背光的严格要求。MAX16834 可工作在−40～+125℃汽车级温度范围，提供带裸焊盘的增强散热型 4mm×4mm、20 引脚 TQFN 封装。

基于 MAX16834 的适用于汽车中 LCD 背光的驱动 LED 电路如图 3-15 所示，因 MAX16834 集成了高边检流放大器、PWM 调光 MOSFET 驱动器和高度可靠的保护电路，大大简化了 LCD 背光电路的设计。该电路的输入电压范围为 4.75～28V，具

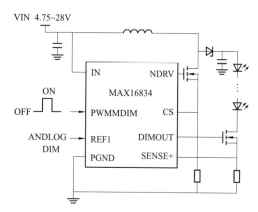

图 3-15 基于 MAX16834 的适用于汽车中 LCD 背光的驱动 LED 电路

有 3000：1 较宽调光范围及内置保护电路，在冷启动和抛负载状况下可确保稳定工作。

实例 8 基于 MAX16803 的 LED 驱动电路

MAX16803 是一款可调恒流源，工作在 6.5～40V 输入电压范围，可为一列或多列 LED 提供高达 350mA 的驱动电流，可调输出电流范围为 35～350mA。最高 40V 的宽输入电压范围允许串联数目较多的 LED，MAX16803 可用于电视、车载和计算机显示器中的白光和 RGBLED 背光驱动。

MAX16803 恒流调节器内置调整管，减少了外部元件数目，具有低关断电流（典型值 12μA），204mV 低电流检测基准，降低功耗，差分电流检测提高了噪声抑制能力，利用外部 BJT（双极结晶体管）可提供高达 2A 的驱动 LED 电流；可提供±3.5%的输出电流精度，这种电流精度能提供均匀的 LED 亮度。

MAX16803 提供低压差调整元件（0.5V，典型值）和低压电流检测基准，可使系统功耗降至最低。高压 DIM 引脚用于亮度控制，通过专门的亮度调节输入实现 LED 电流的 PWM 调节功能，允许较宽范围的 PWM "脉冲"通过亮度控制输入端进行亮度调节，内置波形整形电路产生平缓的 LED 电流上升沿和下降沿（具有相同的持续时间），进而降低开、关瞬态的 EMI。

MAX16803 的封装与引脚排列如图 3-16 所示，MAX16803 输出电流通过一个与 LED 串联的外部检流电阻设置。MAX16803 非常适合高电压输入应用，可提供 5V 稳压输出，并具有 4mA 源

出电流能力及短路保护和热保护等功能。MAX16803采用高效散热的5mm×5mm、16引脚TQFN封装，工作温度范围为：-40~+125℃（该温度范围为汽车级）。

采用 MAX16803 设计的驱动 LED 电路如图 3-17所示，它充分利用了 CCFL 驱动器的 12V直流输入电压，通过外置的采样电阻 R_1，设定输出的总电流值，即可保持输出的总电流恒定，并且支持 PWM 调光。采用 MAX16803 驱动 LED 组最大的优势在于电路非常简单，而且基本没有 EMI 的问题，比较适合和 LED 灯组做在一起，直接放置在 LCD 屏内。其主要的问题是效率比较低，因为输入电压和 LED 组所需要的实际驱动电压之间的电压差都加在 MAX16803 上，当这个压差比较大时，不仅整体效率低，而且 MAX16803 发热比较大。由于 LED 组内部并联的各 LED 串之间不存在均流机制，只能依靠选择正向导通电压比较一致的LED 来尽可能地减少各 LED 串之间电流分配不均的影响。

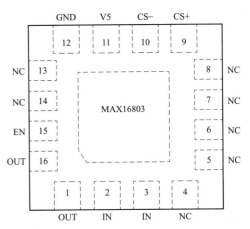

图 3-16　MAX16803 的封装与引脚排列

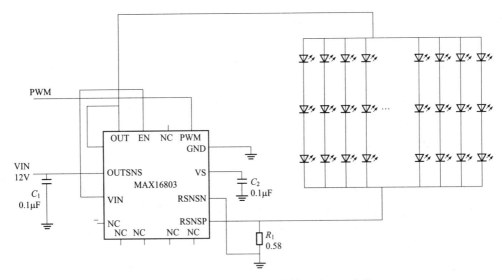

图 3-17　采用 MAX16803 设计的驱动 LED 电路

实例 9　基于 MAX16804 的 LED 驱动电路

MAX16804 电流调节器可工作在 5.5~40V 输入电压范围内，可提供 350mA 电流驱动一串或多串 LED，可调输出电流范围为：35~350mA，LED 电流精度为 3%，内置的低压差（典型值0.5V）调整元件及 200mV 低电流检测基准降低了功耗。

MAX16804 输出电流的大小通过一个与 LED 串联的外部检流电阻来调节，具有的双模式 DIM引脚和片上 200Hz 斜坡发生器，使其可使用模拟或 PWM 控制信号调节 LED 的亮度。给亮度控制输入端 DIM 施加模拟控制信号允许实现 "theater" 式亮度控制效果。快速的开通/关闭时间允许使用宽范围的 PWM 信号工作，并可接收外部 PWM 信号（高达 2kHz），内置的波形整形电路使脉冲电流具有平滑的边沿，从而降低了 PWM 亮度控制时的 EMI。差分电流检测输入提高了 LED 电流精度和噪声抑制能力，该器件还提供 5V/2mA 稳压输出以及短路保护和热保护等特性。

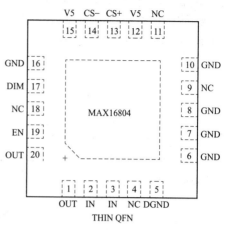

图 3-18　MAX16804 引脚排列图

MAX16804 非常适合要求高压输入的应用，并具有承受高达 45V 的抛负载特性，采用其设计的 LED 驱动电路仅需要两个小型陶瓷电容和一个小型检测电阻，可以最小化电路板尺寸和驱动器成本。MAX16804 采用热增强型、5mm×5mm、20 引脚 TQFN 封装，可工作在 -40 ~ +125℃ 汽车级温度范围内。MAX16804 引脚排列如图 3-18 所示，MAX16804 驱动 LED 典型应用电路如图 3-19 所示。

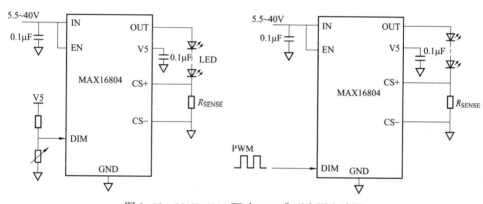

图 3-19　MAX16804 驱动 LED 典型应用电路图

多数汽车的尾灯和刹车灯采用同一组 LED，这就要求 LED 工作在两个不同的亮度等级：刹车时处于全亮状态，作为尾灯行驶灯时处于 10%~25% 满亮度状态（可调光）。调光方式最好选择脉宽调节（PWM），能够在整个亮度范围内保持 LED 的色谱。另外，采用内置 200Hz 振荡电路的 LED 驱动器可以省去外部 PWM 信号发生器，简化设计。

尾灯（可调节 LED 亮度）和刹车灯（全亮状态）受控于 LED 驱动器的 TAIL 端和 STOP 端输入，当 TAIL 端施加电压时，尾灯 LED 驱动到满亮度的 10%~25%。当 STOP 端施加电压（刹车）时，LED 驱动至满亮度状态（无论 TAIL 端输入处于何种状态）。

输入电源电压（STOP 端或 TAIL 端与地之间）标称值为 6~16V，抛负载下可能达到 45V。输出电压（U_{LED}）最高可达（$U_{IN}-1.4V$）。

在 STOP（+）端和 GND（-）端之间的输入电压为 6~16V 时，可以 350mA、240mA 或 140mA 连续电流驱动 LED，电流大小由 J1 设置。

TAIL（+）端和 GND（-）端之间的输入电压为 6~16V 时，可以 350mA、240mA 或 140mA 10% 的占空比驱动 LED，电流大小由 J1 设置。

用于汽车尾灯（STOP 和 TAIL 模式）的 LED 驱动器可以简单地利用线性 LED 驱动器 IC（例

如：MAX16804）实现，只需极少的外部元件。图3-20给出了对应的电路原理图。流过LED的最大电流由R_3或R_4设置，受控于J1的连接方式，亮度由PWM信号控制，在IC内部实现该功能。驱动器IC产生200Hz的LED电流调节信号，占空比取决于DIM端的电压，例如：DIM端电压为0.78V时，尾灯亮度设置在满亮度的20%。

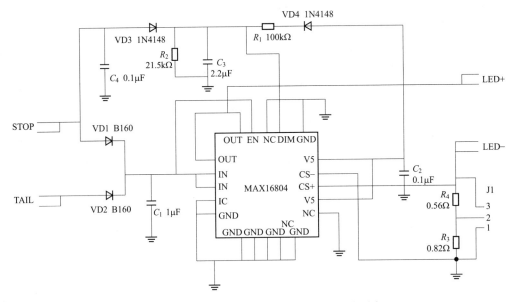

图3-20　MAX16804高亮度LED驱动器原理图

STOP端和TAIL端输入通过二极管VD1、VD2连接到IN引脚，IC可以通过任何一个输入端供电，输入之间不会相互影响。VD1和VD2还可以在汽车电源总线出现尖峰电压时提供电压反向保护，电容C_4和C_3可以旁路STOP端上的任何噪声，为DIM引脚提供保护。

从TAIL端输入产生固定的0.78V电压给DIM端（从+5V稳压输出产生），驱动器将该电压转换成20%的PWM占空比，进而调节LED电流。TAIL模式下的PWM占空比与TAIL端的输入电压无关，由电阻分压器R_1、R_2设置TAIL模式下的DIM电压。如果要求占空比设置不等于20%，可按照式（3-15）计算相应的DIM电压（U_{DIM}），即

$$U_{DIM} = \frac{D \times 2.895}{100} + 0.21 \tag{3-15}$$

式中：D为所要求的占空比；U_{DIM}的单位为V。

按照式（3-16）选择R_1和R_2，以满足DIM电压的要求，即

$$R_1 = \left(\frac{5V - 0.6V}{U_{DIM}} - 1\right) R_2 \tag{3-16}$$

式中：0.6V为二极管的正向导通电压；5V为稳压器输出；U_{DIM}是所要求的DIM引脚电压，以满足PWM占空比的要求。为了避免由于DIM端输入偏置电流的变化影响DIM电压，R_2选择在20kΩ左右。

为了得到100%的占空比，DIM电压需要设置在3.1V以上，STOP端作用输入电压时，DIM端通过VD3获得足够的驱动电压，确保100%的PWM占空比。此时，无论TAIL端输入何种电

压，都将以 350mA 连续电流驱动 LED。图 3-20 所示 MAX16804 电路可以通过跳线 J1 设置三种不同的电流（140mA、240mA 或 350mA），见表 3-2。

表 3-2   跳线 J1 设置三种不同的电流连接方式

J1 跳线连接	1 和 2	2 和 3	开路
LED 电流	350mA	240mA	140mA

如需不同的电流设置，可按照式（3-17）计算检流电阻，即

$$R_{CS} = \frac{0.198}{I_{OUT}}$$ (3-17)

式中：0.198（V）为检流电压；I_{OUT} 为所要求的 LED 电流，A。

MAX16804 耗散功率为 2.758W，在 STOP 模式下功耗最大。按照式（3-18）计算最大功耗，即

$$P_{MAX} = (U_{IN} - U_{LED}) \times 350mA$$ (3-18)

式中：U_{IN} 为 IN 引脚的输入电压；U_{LED} 为 LED 串的正向导通电压；350mA 是通过跳线 J1 设置的最大 LED 电流。

绝大部分器件的功耗是通过裸焊盘耗散掉，为了改善散热，应将裸焊盘焊接在同等面积的电路板焊盘上，并使用多个过孔连接裸焊盘与地层的覆铜区域。MAX16804 在 25℃室温环境下能够耗散最大额定功率，当环境温度较高时所能耗散的功率有所降低。为避免 IC 进入热关断状态，高温下应适当降低功耗。

为了获得 350mA 的 LED 电流，选择连接 J1 的引脚 1 和 2。在 STOP 模式下，电源电压连接在 STOP（+）端和 GND（-）端之间，电压最小值为 6V，比 LED 正向导通电压至少高出 1.4V。在 TAIL 模式下，将电源电压连接在 TAIL（+）端和 GND（-）端之间。

在 STOP 模式下，最大 LED 电流设置在 350mA 和 240mA，以连续电流驱动 LED，不存在过冲，LED 处于满亮度状态。在 TAIL 模式下，200Hz、20%占空比的 PWM 控制信号只允许 1/5 周期内有电流流过 LED，因而降低了 LED 亮度。器件工作在 STOP 或 TAIL 模式下，驱动 LED 的电流幅度相同，受限制的上升和下降时间有助于改善 EMI 指标。

实例 10 基于 MAX16802 的 LED 驱动电路

MAX16802 是高度集成反激型 PWM 控制的 LED 驱动器，反激型 LED 驱动器的输入电压可高于或低于所要求的输出电压。此外，当反激电路工作在非连续电感电流模式时，能够保持 LED 电流恒定，无需额外的控制回路。MAX16802 的主要技术特性如下。

（1）MAX16802 具有高的集成度使其所需的外围元件很少，输入电压范围为：10.8~24V。

（2）相当精确的振荡频率，有助于减小 LED 电流变化。可为单个 3.3VLED 供电，提供 350mA（典型）电流。

（3）正极对地的最大开路电压为 29V（典型值）。

（4）开关频率为 262kHz。

（5）较小的检流门限降低损耗，并具有逐周期限流功能。

（6）通断控制输入。

（7）允许使用低频 PWM 信号调节 LED 亮度。

（8）可以调整电路以适应驱动多种配置形式的串联、并联 LED。

（9）片上电压反馈放大器可用于限制输出开路电压。

（10）微小的 8 引脚 MAX 封装。

开环非隔离型反激 LED 驱动器具有以下优点。

（1）无需外部控制环路即可调节 LED 电流。

（2）非连续电感电流传输降低了 EMI 辐射。

（3）较低的开关导通损耗。

（4）简单的电路设计流程。

（5）LED 的端电压可高于或低于输入电压。

（6）较宽的输入电压范围。

（7）可以方便地接入 PWM 亮度调节信号。

（8）非连续电感电流工作模式，使该拓扑结构适合于低功耗应用。

在开环非隔离型反激 LED 驱动器设计中，最重要参数是 LED 的电流，高亮度 LED 的工作电流一般为几百毫安。为了延长 LED 的工作寿命，电流必须保持恒定；LED 的驱动电源从本质上说是一个电流驱动器。采用 MAX16802 电流模式 PWM 控制器构成的 LED 驱动电源，是一个简单而且低成本的解决方案。

例如，设计中给定 LED 参数为：$I_{LED} = 350mA$、$U_{LED} = 3.3V$、$U_{INmin} = 10.8V$、$U_{INmax} = 24V$。计算最小输入电压下最佳占空比的近似值公式为

$$d_{on} = \frac{U_{LED} + R_b \times I_{LED} + U_D}{U_{INmin} + U_{LED} + R_b \times I_{LED} + U_D} \qquad (3-19)$$

式中：R_b 为整流器电阻，与应用电路中的 R_{11} 相同，在本应用中设定为 1Ω；U_D 为整流二极管 VD1 的正向压降。

将已知数值代入式（3-19），得

$$d_{on} = 0.291$$

计算峰值电感电流的近似值，为

$$I_P = \frac{K_f \times 2 \times I_{LED}}{1 - d_{on}} \qquad (3-20)$$

式中：K_f 为临界"误差系数"，设为 1.1。

将已知值代入式（3-20），得

$$I_P = 1.058A$$

计算所需电感的近似值，并选择小于并最接近于计算值的标准电感，即

$$L = \frac{d_{on} \times U_{INmin}}{f \times I_P} \qquad (3-21)$$

式中：L 为应用电路中 L_1 的电感值；f 为开关频率，为 262kHz。

将已知值代入式（3-21），得

$L = 10.566\mu H$，低于该值、最接近的标准值为 $10\mu H$。

通过反激工作过程传递到输出端的功率为

$$P_{IN} = \frac{1}{2} \times L \times I_P^2 \times f \qquad (3-22)$$

输出电路的损耗功率等于

$$P_{\text{OUT}} = U_{\text{LED}} \times I_{\text{LED}} + U_{\text{D}} \times I_{\text{LED}} + R_{\text{b}} \times I_{\text{LED}}^2 \tag{3-23}$$

根据能量守恒原理，式（3-22）和式（3-23）应该相等，即可得到一个更精确的峰值电感电流，即

$$I_{\text{p}} = \sqrt{\frac{2 \times I_{\text{LED}}(R_{\text{b}} \times I_{\text{LED}} + U_{\text{LED}} + U_{\text{D}})}{L \times f}} \tag{3-24}$$

式中：L 为实际选择的标准电感值。

将已知数值代入式（3-24）可得

$$I_{\text{p}} = 1.037\text{A}$$

MAX16802 的典型应用电路如图 3-21 所示，检流电阻由 R_9 和 R_{10} 并联构成，电压检测分压电阻由 R_6 和 R_7 组成，MAX16802 的限流门限为 291mV。因此选择 R_9、R_{10}、R_6 和 R_7，满足所计算的电感峰值电流。因电路存在寄生效应，电阻 R_7 的阻值需要进行适当调整，以得到所期望的电流。

在图 3-21 所示电路中，通过分压电阻 R_1 和 R_2 调整 $+U_{\text{LED}}$ 至 29V，以抑制输出端出现意外开路时输出电压上升。如果没有电阻 R_1 和 R_2 构成的分压电路，输出电压上升将导致器件损坏。电容 C_1 和电阻 R_5 用于稳定电压反馈环路。

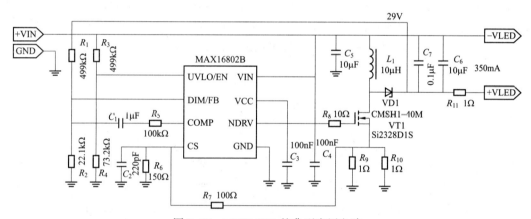

图 3-21 MAX16802 的典型应用电路

通过一个低频 PWM 脉冲调制 LED 电流，可使 LED 发出的光波波长在整个调节范围内保持不变，利用 PWM 调节 LED 亮度的电路如图 3-22 所示。

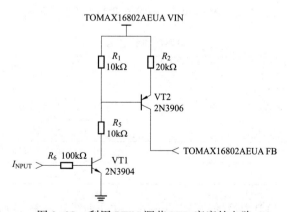

图 3-22 利用 PWM 调节 LED 亮度的电路

实例11 基于MAX5003的LED驱动电路

MAX5033为易于使用、高效率、高压、降压型DC/DC变换器，工作于高达76V的输入电压，空载时仅消耗350μA的静态电流。MAX5033为采用PWM技术的开关式变换器，重载时工作在固定的125kHz开关频率，轻载时可自动切换到脉冲跳频模式，以达到低静态电流和高效率。MAX5033内置频率补偿电路，简化了电路应用。器件内部采用低导通电阻、高电压DMOS晶体管，以获得高效率和降低整个电路成本。此器件还具有欠压锁存、逐周期限流、间歇模式、输出短路保护及热关断保护功能。

MAX5033的输出电流高达500mA，在外部关断模式下，具有10μA（典型）的关断电流。MAX5033A/B/C型号分别提供固定的3.3V、5V或12V输出电压；MAX5033D提供1.25~13.2V的可调输出电压。MAX5033采用节省空间的8引脚SO或8引脚塑料DIP封装，工作在工业级（0~+85℃）温度范围内。

采用MAX5033驱动高亮度LED电路原理图如图3-23所示，这款基于电感的buck变换器能够准确控制流过LED（或几个串联LED，总电压为12V）的电流。此电路可以在较宽的输入电压范围内保持恒定的LED电流。表3-3给出了该电路的设计参数。通过调节控制电压（0~3.9V），MAX5033能够在LED-A和LED-K端产生近似0~350mA的输出电流。

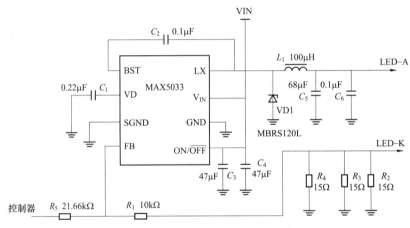

图3-23　MAX5033驱动高亮度LED电路原理图

表3-3　　　　　　　　　　　　　　　　电路的设计参数

参数	数值
最小输入电压/V	7.5（大多数单LED）
最大输入电压/V	30（受VD1和C_3、C_4限制）
最大输出电流/mA	350（$U_{CONTROL}=0V$）
最大输出电压/V	12（由MAX5035内部限制，输出电流350mA）
控制电压范围（$U_{CONTROL}$）/V	9（满电流）~3.9（全部调暗）

图3-23所示电路的LED电流随控制电压变化的关系曲线如图3-24所示，图3-23电路在驱动一只、两只或三只350mA串联LED时，调节器效率与LED电流的关系曲线如图3-25所示。

外部控制器的控制电压与三个并联检流电阻的检测电压共同作用到 MAX5033 的反馈（FB）引脚。MAX5033 的内部控制环路使 FB 引脚的电压保持在大约 1.22V，因此，控制电压与电流检测电压都必须保持在 1.22V（由电阻 R_1 和 R_5 设置），更高的控制电压将产生更小的电流，LED 的电流可按式（3-25）计算，即

$$I_{\text{LED}} = \frac{U_{\text{REF}} \times (R_1 + R_5) - U_{\text{CONTROL}} \times R_1}{R_5 \times R_{\text{SENSE}}} \quad (3-25)$$

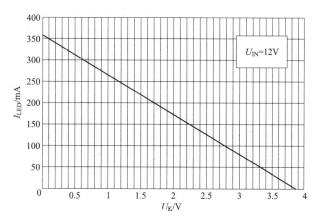

图 3-24 LED 电流随控制电压的变化关系曲线

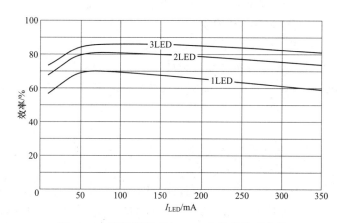

图 3-25 调节器效率与 LED 电流的关系曲线

在许多情况下，利用低频（50~200Hz）PWM 方式调节 LED 电流非常方便，这种调节方法的优点在于 LED 的光谱保持不变，而采用电流幅度调节时，LED 的光谱会随着流过 LED 电流的变化而改变。

采用 100Hz 的 PWM 控制信号时，LED 的电流脉冲波形如图 3-26 所示。一般来说，低频 PWM 调光电路的效率比线性调光电路更高。采用图 3-23 所示电路可为恒流驱动 LED 提供了一种高性价比方案，该方案具有以下优势。

（1）高开关频率（125kHz）允许选择小电感器件（因电感元件的尺寸和开关频率呈现反比关系。例如 100kHz 电路需要 22μH 的电感，而 1MHz 电路仅需要 2.2μH 的电感。由于电感尺寸随电感值的减小而迅速缩小，因而尺寸要小得多）。

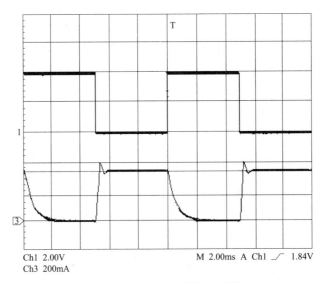

图 3-26   LED 电流的脉冲波形

（2）能够在宽输入电压范围内实现高的转换效率。

（3）输出电压可达 12V，能够驱动三个串联的高亮度 LED。

（4）无需散热器。

（5）输入电压范围可扩展至 76V，适用于驱动汽车应用的高亮度 LED。

（6）可用于 24V 信号标志灯和建筑照明。

（7）通过变化电流检测电阻 R_2、R_3 与 R_4 的值，输出电流可达到 1A。

（8）器件内置开关 MOSFET，简化了电路设计。

（9）可通过控制输入引脚，利用模拟电压（线性调光）调节 LED 的亮度。也可通过控制输入引脚，利用低频 PWM 信号调节 LED 的亮度。

实例 12   基于 MAX16834 的 LED 驱动器

基于 MAX16834 的 LED 驱动器如图 3-27 所示，buck-boost 变换器（以输入电压为参考）从 7~18V 直流电源产生驱动 4 个白光 LED（WLED）的 350mA 电流，采用 MAX16834 设计的 HB-LED 驱动器的技术参数如下。

（1）输入电压：7~18V。

（2）输入电压纹波：$100\text{m}U_{P-P}$。

（3）LED 电流：350mA。

（4）LED 电流纹波：5%（最大值）。

（5）LED 正向电压：3.5V（350mA 时）。

（6）LED 数量：4 只（最大值）。

（7）输出过压保护：17.2V。

将 boost 变换器输出负端连接到输入电源正端，构成 buck-boost 变换器（以输入电压为参考）。此方案集成了峰值电流模式控制器，工作于 CCM（连续导通模式），开关频率为 495kHz。

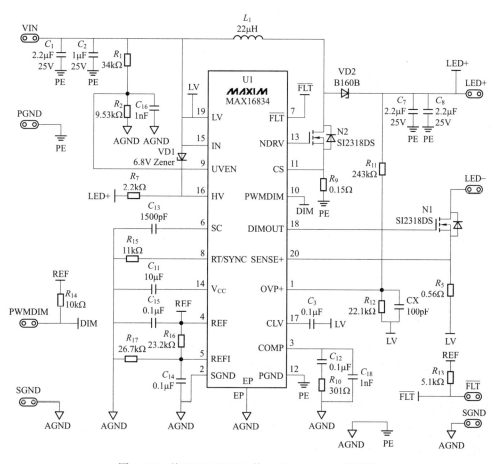

图 3-27 基于 MAX16834 的 buck-boosfLED 驱动器

开关频率通过 R_{15} 电阻（11kΩ）设置。

输入、输出电压变化时，MAX16834 控制电感的峰值电流，保证 LED 的电流为 350mA。检测 LED 回路电流检测电阻两端的电压，然后将其在内部放大 9.9 倍，这样可以减小检测电阻的阻值，从而提高效率。经过放大的电压与 R_{16} 和 R_{17} 设定的基准电压进行比较，其差值由一个 GM = 500μs 的跨导放大器进行放大，输出信号在 COMP 引脚产生控制电压，此电压设置电流环路的基准，这样，电感电流检测电阻 R_9 两端的电压峰值最终成为此控制电压。

按照式（3-26）计算 N2 的最大占空比，为

$$D_{max} = \frac{U_{LEDmax} + U_D}{U_{INmin} - U_{DS} + U_{LEDmax} + U_D} \tag{3-26}$$

式中：U_{LEDmax} 是 LED 最大电压，U_{INmin} 是最低输入电压，U_D 是二极管压降，U_{DS} 是 FET 开关导通时的平均压降。

本应用中，D_{max} 为 0.69。

选择电感时需计算电感量和峰值电流。峰值电感电流可按式（3-27）计算，即

$$I_{LP} = I_{Lavg} \times (1 + \Delta I_L) \tag{3-27}$$

式中：I_{Lavg} 为平均电感电流；ΔI_L 为电感电流纹波，表示为平均电感电流的百分比，有

$$I_{Lavg} = \frac{I_{LED}}{(1 - D_{max})} \qquad (3-28)$$

允许电流纹波 ΔI_L 为 30%，代入已知参数，得

$$I_{Lavg} = 1.15A; \quad I_{LP} = 1.5A$$

最小电感量可按式（3-29）计算，即

$$L_{min} = \frac{(U_{INmin} - U_{DS})D_{max}}{f_{SW} \times I_{Lavg} \times 2\Delta I_L} \qquad (3-29)$$

式中：f_{SW} 为开关频率。考虑到 20% 的容差，可得 $L_{min} = 17\mu H$，此处选择 $22\mu H$ 电感。

电路在正常工作时，开关检流电阻两端的电压最大值不应高于 250mV，如果检流电阻的电压达到 300mV（典型值），变换器将关断。R_9 上的电压决定了开关周期中导通脉冲的宽度，芯片内部提供了前沿屏蔽电路，可防止开关 MOSFET 提前关断。R_9 的阻值按式（3-30）计算，即

$$R_9 = \frac{0.25}{1.25 \times I_{LP}} \qquad (3-30)$$

根据已知参数计算得到：$R_9 = 0.133\Omega$，这里选择 0.15Ω。

在峰值电流模式控制中，CCMboost 变换器的占空比超过 50% 时环路将出现不稳定，需要引入适当的斜率补偿，以消除由谐波分量引起的不稳定性。MAX16834 具有内部斜坡发生器，用于斜率补偿。在每个开关周期开始时，斜坡电压复位，然后按外部电容 C_{13} 设定的速率上升，C_{13} 由内部的 $100\mu A$ 电流源进行充电，斜坡电压与 R_9 两端的电压内部叠加。C_{13} 的计算如式（3-31）所示，即

$$C_{13} = \frac{100}{U_{SLOPE}} \qquad (3-31)$$

式中 U_{SLOPE} 为

$$U_{SLOPE} = \frac{U_{LEDmax} \times R_9 \times 2}{L_{min} \times 3} \qquad (3-32)$$

从式（3-31）和式（3-32）可以得到：$C_{13} = 1.57nF$，实际选取 $1.5nF$ 电容。

利用式（3-33）计算 R_5 值，即

$$R_5 = \frac{U_{REF1}}{9.9 \times I_{LED}} \qquad (3-33)$$

在此应用中，取 $U_{REF1} = 1.94V$，得到：$R_5 = 0.56\Omega$。

输出电容 C_{OUT}（C_7 与 C_8 的并联电容）按式（3-34）计算，即

$$C_{OUT} = \frac{I_{LED} \times D_{max}}{f_{SW} \times \Delta U_{LED}} \qquad (3-34)$$

式中：ΔU_{LED} 为输出电压纹波的最大峰峰值，它取决于最大电流纹波和此电流下 LED 的动态阻抗。为延长 LED 使用寿命并保证其色度，LED 上的纹波电流应小于其平均电流的 5%。在本应用

中，计算得到 C_{OUT} 为 $3\mu F$，故电容 C_7、C_8 均选用 $2.2\mu F/50V$。

由式（3-35）计算输入电容（C_1、C_2 的并联电容），即

$$C_{IN} = \frac{I_{Lavg} \times \Delta I_L}{4 \times f_{SW} \times \Delta U_{IN}} \tag{3-35}$$

式中：ΔU_{IN} 为输入电压纹波的峰峰值。

对于 $100mV$ 的 ΔU_{IN}，C_{IN} 为 $1.9\mu F$，所以选择 C_1 为 $2.2\mu F/25V$，C_2 为 $1.1\mu F/25V$。

Buck-boost 变换器的传递函数在右半平面存在一个零点，可按式（3-36）计算，即

$$f_{RHPZ} = \frac{U_{LEDmax}(1 - D_{max})^2}{2\pi L_{min} \times I_{LED} \times D_{max}} \tag{3-36}$$

在本应用中，f_{RHPZ} 在 $37.8kHz$ 处，为了提供充分的相位裕量，保持环路稳定，在 $-20dB/$ 十倍频程时，整个环路增益应在 RHP 零点频率的 $1/5$ 之前达到 $0dB$，由此可得截止频率 f_C 为 $7.56kHz$。输出电容和负载等效输出阻抗会产生一个极点，即

$$f_{P1} = \frac{1}{2\pi R_0 \times C_{OUT}} \tag{3-37}$$

式中：R_0 为负载等效阻抗，由式（3-38）确定，有

$$R_0 = \frac{(R_{LED} + R_5)V_{LEDmax}}{(R_{LED} + R_5) \times I_{LED} \times D_{max} + V_{LEDmax}} \tag{3-38}$$

从式（3-38）可得 $f_{P1} = 4.7kHz$。

选择的补偿元件 R_{10} 和 C_{12} 需要在极点频率 f_{P1} 处产生一个零点，并调整 f_{P1} 处的环路增益，使之在 f_C 达到 $0dB$。

利用式（3-39）计算 R_{10} 的阻值，即

$$R_{10} = \frac{f_C \times R_9 [V_{LEDmax} + (R_{LED} + R_5) \times I_{LED} \times D_{max}]}{f_{P1} \times V_{LEDmax} \times R_5(1 - D_{max}) \times 9.9 \times GM} \tag{3-39}$$

利用式（3-39）计算的 $R_{10} = 341\Omega$，此处 R_{10} 选择 301Ω 电阻；GM 是内部跨导放大器的增益。相应地，C_{12} 的电容值可按下式计算

$$C_{12} = \frac{1}{2\pi R_{10} \times f_{P1}} \tag{3-40}$$

利用式（3-40）计算的 $C_{12} = 0.11\mu F$，此处选用 $0.1\mu F$ 电容。

MAX16834 内部有一个用于 PWM 调光的 MOSFET 驱动器，它可以接受 $1.5 \sim 5V$ 的逻辑高电平 PWM 信号，信号频率从直流到 $20kHz$，通过改变 PWM 信号的占空比调节 LED 亮度。

NDRV 驱动器和跨导放大器输出由 PWM 信号控制，PWM 信号为高时，NDRV 使能，跨导放大器的输出端连接到 COMP 引脚；信号为低时，NDRV 被禁止，跨导放大器的输出端断开，COMP 端连接到 PWM 比较器反相输入端，该端为 CMOS 输入，可忽略其从补偿电容 C_{12} 吸收的漏电流，故 C_{12} 上电荷将保持，直到 PWM 变高。一旦信号变为高电平，NDRV 将使能，放大器输出又连接到 COMP 端，从而快速建立稳定的工作状态。

如果空载或发生 LED 开路故障，boost 变换器将会产生很高的输出电压，该变换器可在发生这种高电压时关闭，电压门限通过 R_{11} 和 R_{12} 设定。R_{11} 和 R_{12} 的分压点接到 IC 的 OVP 引脚，当该引脚电压达到 1.435V（典型值）时，变换器将关闭。在本设计中，R_{11} 和 R_{12} 设定的 LED 开路保护点为输出电压达到 17.2V。

实例13 基于 MAX16836 的 LED 驱动电路

基于 MAX16836 的 LED 驱动电路如图 3-28 所示，本 LED 驱动方案用于驱动 6 串 LED 信号灯，每串包含 4 只串联 LED。每串 LED 负载具有独立的阳极接点，阴极连接在一起。该电路采用汽车蓄电池供电，最低电压为 10V，最高电压为 28V，能够为每串 LED 提供 350mA 电流。

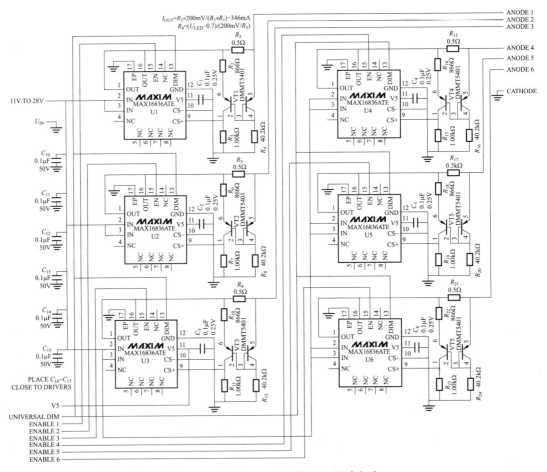

图 3-28 基于 MAX1686 的 LED 驱动电路

由于使用共阴极结构，检流电阻必须放置在 LED 串的阳极端。LED 驱动器（MAX16836）电流检测输入端的最大共模电压限制在 4V，因此，检流电阻两端的电压必须经过电平转换，以地为参考，以符合驱动器的要求。一对 PNP 晶体管把 LED 检流电阻的电压转换成以 GND 为参考的电压，送入 MAX16836 电流检测引脚。R_1、R_2、R_3 和 R_4 电阻按式（3-41）和式（3-42）计算，即

$$I_{\text{LED}} = \frac{R_2 \times U_{\text{SENSE}}}{R_3 \times R_1} \tag{3-41}$$

$$R_4 = \frac{0.7U_{\text{LED}}}{\dfrac{U_{\text{SENSE}}}{R_3}} \tag{3-42}$$

式中：U_{SENSE} 是 IC 的电流检测电压（200mV）。

当 LED 串的电压处于最小值（7.6V），而输入电压处于最大值（28V）时，LED 驱动电路功耗最大，大于 7W。仅通过电路板散热很难耗散如此大的热量，所以，在高输入电压情况下，必须使用低占空比（低至 25%）的调光信号驱动 UNIVERSALDIM 输入，以降低驱动器的功耗。本设计具有独立的使能信号，可分别控制每串 LED。

实例 14　基于 LT3599 的 LED 驱动电路

LT3599 适合于 3~30V 的输入电压范围和 40V 瞬态保护的汽车环境。甚至当 U_{IN} 高于 U_{OUT} 时（这种情况可以在 36V 瞬态时发生），LT3599 仍将调节所需的输出电压。

大多数 LCD 背光照明应用需要 10~15W 的 LED 功率，LT3599 可满足该功率需求，且它能够将汽车总线电压（标称 12V）提高至 44V，以驱动多达 4 个并联的 LED 串（每串含有 10 个串联的 100mA LED）。图 3-29 显示了 LT3599 驱动 4 个并联 LED 串的电路，每串都由 10 个 80mA 的 LED 组成，总功率为 12W。

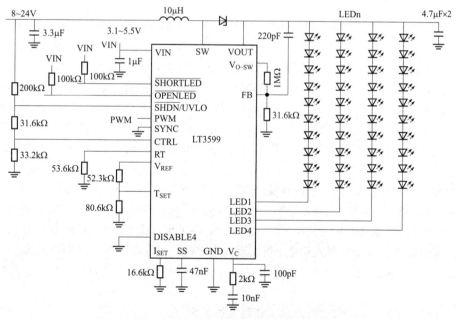

图 3-29　LT3599 驱动 LED 应用电路

LT3599 采用一种自适应反馈环路设计，该设计调节输出电压至略高于 LED 串的最高电压，这最大限度地降低了限流电路中损失的功率，从而优化了效率。采用 LT3599 构成 LED 驱动电路无需任何散热措施，实现了占板面积非常紧凑的扁平解决方案。就驱动 LED 阵列而言，同样重要的是，能提供准确的电流匹配，以确保背光照明亮度在整个显示屏上是一致的。LT3599 在 −40~125℃ 的温度范围内保证 LED 的电流变化低于 2%。

LT3599 采用固定频率、恒定电流升压型变换器拓扑。其内部的 44V、2A 开关能够驱动 4 个 LED 串（每串由 10 个 100mA 的 LED 串联组成）。其开关频率在 200kHz~2.5MHz 范围内是可编程和可同步的，从而使其能够保持开关频率在 AM 收音机频带之外，同时最大限度地减小外部组件尺寸。如果所使用的 LED 串较少，通过其设计可使该器件能够运行 4 个 LED 串之一，而且每串都能够提供额外的 LED 电流。每个 LED 串都能使用相同数量的 LED，或者可以每串用不同数量的 LED，以非对称形式运行。

LT3599 提供调光比高达 3000∶1 的直接 PWM 模式，以及可通过控制引脚实现调光比高达 20∶1 的模拟调光。在需要调光比达 30000∶1 的应用中，这两种调光功能可以结合起来，以达到所需的调光比。

此外，LT3599 具有集成的保护功能，包括开路和短路保护以及报警引脚。例如，如果一个或多个 LED 串开路，LT3599 就调节其余的 LED 串。如果所有 LED 串都开路，它仍然调节输出电压，而且在两种情况下，都会向 OPENLED 引脚发出信号。类似地，如果 VOUT 和任何 LED 引脚之间发生短路，那么 LT3599 就立即断开该通道，并设置一个 SHORTLED 标记。禁止该通道可保护 LT3599 免受大功率热量耗散的影响，并确保可靠工作。其他优化可靠性的功能包括：停机时输出断接、可编程欠压闭锁和可编程 LED 温度降额。LT3599 这种高压能力和高集成度为汽车背光照明应用提供了一种理想的 LED 驱动器解决方案。

实例 15　基于 MAX16831 的 LED 驱动电路

基于 MAX16831 驱动 LED 电路如图 3-30 所示，MAX16831 是一款电流型高亮 LED 驱动器，可通过控制 2 个外部 N 沟道 MOSFET 来调节单串 LED 的电流。MAX16831 集成了宽范围亮度控制、固定频率及高亮 LED 驱动器所需的全部组件。MAX16831 可配置为降压型（buck）、升压型（boost）或升-降压型（buck-boost）电流调节器。带有前沿消隐的电流模式简化了控制回路的设计，内部斜率补偿可在占空比超过 50% 时保持电流环路稳定。MAX16831 工作于较宽的输入电压范围，并可承受汽车抛负载。多个 MAX16831 可相互同步或同步至外部时钟。MAX16831 包含一个浮动亮度驱动器，浮动亮度驱动器驱动与 LED 串联的 N 沟道 MOSFET 可实现 LED 亮度控制。

使用 MAX16831 构成的高亮 LED 驱动器，可在汽车应用中达到 90% 以上的工作效率。MAX16831 还包括一个可源出 1.4A、吸收 2.5A 电流（sink）的栅极驱动器，用于在高功率 LED 驱动器应用中驱动开关 MOSFET，如车灯总成等。允许采用宽范围的 PWM 调节 LED 的亮度，其频率可高达 2kHz。在较低的调光频率下可实现高达 1000∶1 的调光比。MAX16831 提供带裸焊盘的 32 引脚薄型 QFN 封装，工作于 −40~+125℃ 汽车级温度范围。MAX16831 的主要技术特性如下。

（1）宽输入范围：6~76V，冷启动工作时可达 5.5V。

（2）集成 LED 电流检测差分放大器。

（3）由于检测 LED 电流的电压低至 107mV，可有效的提高了电路效率。

（4）LED 电流精度为：5%。

（5）200Hz 片上斜坡发生器，可同步至外部 PWM 亮度信号。

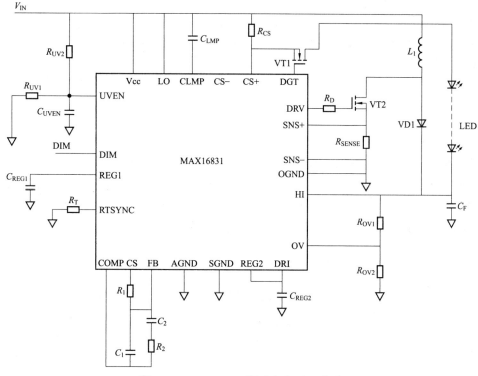

图 3-30 MAX16831 驱动白光 LED 电路

（6）可同步/可编程开关频率为 125~600kHz。

（7）具有输出过压、负载开路、LED 短路、过热保护功能。

（8）使能/关断输入，关断电流低于 45μA。

实例16 基于 LT3474 的 LED 驱动电路

汽车内的白光顶灯和化妆灯可能采用一个或两只 3W 的 LED，每个 LED 产生 75~100lm 的亮度。这些 LED 的典型正向电压范围为 3~4.5V，最大电流为 1~1.5A。最简单的 LED 驱动器设计采用降压型稳压器，直接用汽车蓄电池驱动单个 LED。

汽车蓄电池的典型工作电压范围为 9~16V（典型值为 12V），一个消耗了一定电量的汽车蓄电池，在汽车启动之前电压也许降至 9V，汽车启动后交流发电机对其充电，使其电压回复到高达 14.4V。伴随着一些尖峰和过冲，这种典型的蓄电池电源的电压最高可达 16V。在通常情况下，当发动机不工作时，充好电的汽车蓄电池电压为 12V。在冷车发动时，汽车蓄电池电压可能降至 5V、甚至 4V。关键的电子产品必须能在这么低的电压下保持工作，但是内部照明不必如此。

在汽车蓄电池电源中，高瞬态电压也非常常见。从蓄电池到底盘上不同地方的长电缆和汽车环境中的电子噪声总是会导致大的电压尖峰。在为汽车设计选择开关稳压器时，典型的 36V 瞬态电压必须考虑。在大多数情况下，用简单的瞬态电压抑制器或 RC 滤波器就可以滤掉更高的电压尖峰。

LT3474 是一个高电压、大电流降压型 LED 驱动器，该器件具有宽的 PWM 调光比，可以驱动一只或多只 LED，驱动电流高达 1A。LT3474 的如下特点使其非常适用于在汽车环境中驱动大功率 LED。

（1）它是一个专用的 LED 驱动器，具有片上高压开关和低压电流检测电阻，以最大限度地缩小电路板面积并简化设计，同时保持高效率。

（2）4~36V 的宽输入电压范围，适用于汽车蓄电池电压的工作范围，同时可提供恒定 LED 电流。

（3）降压型拓扑和可调的宽频率范围，允许利用小型、低成本、具有高温度系数的陶瓷电容器提供低纹波 LED 电流。

LT3474 的工作效率在 12V 输入时高于 80%，通过 V_{ADJ} 引脚进行模拟控制时，随着 LED 电流和亮度的降低，效率会下降，但是功耗仍保持很低。LT3474 为汽车蓄电池供电的应用而设计，在置于停机状态时仅消耗低于 2μA（典型值为 10nA）的电流。在停机状态时还可以起到 LED 接通/断开按钮的作用，就像按钮或微控制器的作用一样。基于 LT3474 的 1A 降压式 LED 驱动器典型应用如图 3-31 所示。

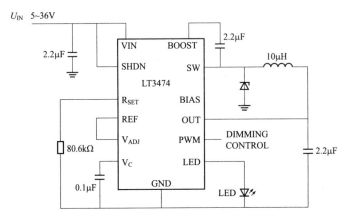

图 3-31　基于 LT3474 的 1A 降压 LED 驱动器典型应用

在图 3-31 所示电路中，LED 亮度可由 LT3474 来控制，把一个模拟电压输入至 V_{ADJ} 引脚，简单的模拟亮度控制通过降低内部检测电阻上的电压，将恒定 LED 电流从 1A 降至更低的值，但是 LED 发光的颜色在低电流时会变化，实际的调光比为 10:1。

另一种降低亮度的方法是数字 PWM 调光，把一个数字 PWM 信号输送至调光 MOSFET 的栅极和 PWM 引脚。在 PWM 接通期间，LED 电流稳定在 1A。在 PWM 关断期间，LED 电流为零。这在降低亮度的同时保持了 LED 发光的颜色不发生变化。

PWM 功能在集成电路内部使得 LED 回归至编程电流值时，对 PWM 调光的响应非常快。LT3474 的最大数字 PWM 调光比为 250:1，该调光范围可以利用 PWM 引脚和一个外部 N-MOSFET 进一步扩大，从而实现 1000:1 的总调光范围。

LT3474 的开关频率可以编程，范围为 200kHz~2MHz，这样，设计中就能够避开主要的噪声敏感频段，并采用小电感器和陶瓷电容器。恒定开关频率工作加上低阻抗陶瓷电容器实现了很低并可预测的输出纹波。LT3474 基于电流模式控制，具有快速瞬态响应，并可提供逐周期限流，频率折返和热关机提供了附加保护功能。

图 3-31 所示电路为采用 12V 汽车蓄电池作为工作电源时的应用电路，该电路能够容许汽车环境中常见的 4~36V 电压摆幅。采用一个集成 NPN 开关、升压二极管和检测电阻器的 LT3474，

可最大限度地减少了外部组件的数目。

　　高端检测提供了一种接地负极连接，从而放宽了布线约束条件。只需对电路稍做改动，即可实现 PWM 和模拟调光。

　　LT3474 可直接调节 LED 电流，因而能够在 U_{IN} 变动的情况下维持恒定的 LED 电流。LT3474 的宽输入电压范围使其能够与一个经过整流的 12VDC 电源直接相连。如图 3-32 所示，采用一个小输入电容器实现了外形尺寸的最小化。在该应用中，LT3474 可提供接近 1A 的 LED 驱动电流，输入电压电流波形如图 3-33 所示。在输入端增设更大电容的驱动 LED 电路如图 3-34 所示，在这种应用中，即使输入端上存在 120Hz 纹波，LT3474 也能够提供一个恒定 LED 电流，如图 3-35 所示。

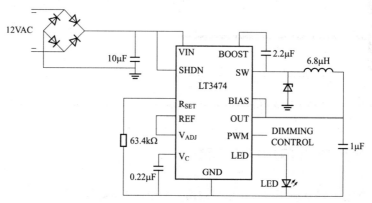

图 3-32　通过整流桥的 12V 输入的 LED 驱动器

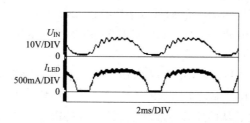

图 3-33　采用一个 10μF 输入电容器的电压电流波形

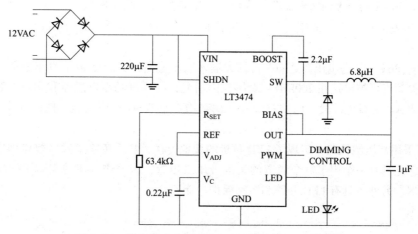

图 3-34　增大输入电容的 AC12V 输入的 LED 驱动器

对于许多 LED 应用而言，热管理是其核心问题。一种可靠的解决方案是通过使 LED 结温低于所推荐的限值来维持 LED 的使用寿命。可采用的对策之一是采用大的散热器，但这样做既浪费空间又增加成本。图 3-36 示出了一种更好的解决方案。LED 的温度由安装在 LED 附近的热敏电阻来检测，并被变换成一个送至 V$_{\text{ADJ}}$ 引脚的电压信号。通过 V$_{\text{ADJ}}$ 引脚适当地减小流经 LED 的电流，以满足 LuxeonIIIStar 制造商规定的功率降额要求。只需对电阻器阻值略加修改便可完成该电路的调节，以供其他大功率 LED 使用。

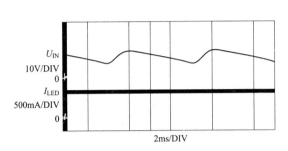

图 3-35　采用一个 220μF 输入电容器的电压电流波形

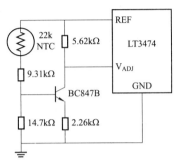

图 3-36　LED 温度监测电路

实例 17　基于 LT3475 的 LED 驱动电路

许多嵌入式高电流 LED 应用将包括单只或两只高电流 LED（I_{LED} 的范围为 1~1.5A），这些应用包括车内照明（比如：车顶灯、地图灯、储物盒照明灯）和车外照明（比如：车门门槛灯或"地面照明"灯）。根据应用的不同，它们可以采用彩色 LED（用于车载仪器的背面照明）或白光 LED（用于普通照明）。由于这些 LED 通常具有 3~4V 的正向电压，并由 12~14V 的汽车总线电源来供电，因此需要采用降压式变换器。

LT3475 是一款双通道、36V、2MHz 降压式 DC/DC 变换器，专为用作恒定电流双 LED 驱动器而设计，基于 LT3475 的 LED 驱动电路如图 3-37 所示。LT3475 的每个输出通道具有一个内部检测电阻器和调光控制功能，从而使其非常适合于驱动那些需要高达 1.5A 电流的 LED。一个通道的开关工作与另一个通道异相 180°，因而使得两个通道的输出纹波均有所减小。每个通道均独立地在一个 50mA~1.5A 的宽电流范围内保持了很高的输出电流准确度，而独特的 PWM 技术提供了一个 3000：1 的调光范围，且不发生任何的色偏移（这种现象在 LED 电流调光中很常见）。

凭借其 4~36V（瞬态电压高达 40V）的宽输入电压范围，LT3475 成了汽车电源系统的理想选择。其开关频率可被设定在 200kHz~2MHz，因而允许使用纤巧型电感器和陶瓷电容器，并使开关噪声远离 AM 无线电波段。LT3475 采用了耐热增强型 TSSOP-20 封装，使该器件适合于驱动大功率 LED。

LT3475 采用高压侧检测，实现了 LED 负极的接地连接，从而免除了大多数应用中所需的一根接地线。它还具有一个用于每个通道的集成升压二极管，因而进一步地缩减了解决方案的占板面积和成本。另外还具有 LED 开路和短路保护功能。

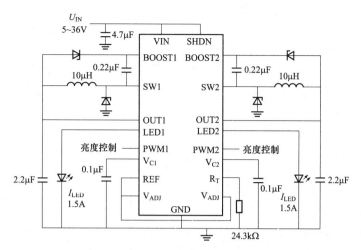

图 3-37 基于 LT3475 的 LED 驱动电路

实例18 基于 LT3486 的 LED 驱动电路

目前，汽车内电子设备广泛采用液晶显示器（LCD），如仪表盘、车载计算机、广播、导航系统以及娱乐系统，背光照明需要将光散射到尽量大的面积，而不是产生聚焦光束。对于中小尺寸的 LCD，可以选择 LED 阵列作为 LCD 的背光源，而 LED 用于 LCD 背光面临的挑战是需要在整个区域提供均匀的亮度和色彩。

在豪华型汽车和主流消费类车型中，安装 GPS 导航和舱内娱乐显示器越来越流行。在日光下，这些 LCD 显示器需要恒定和明亮的 LED 串照明，而在夜间工作时需要宽调光范围。与单只 LED 顶灯相比，LED 串带来了不同的挑战。在这些显示器中，6~10 只 LED 组成的多个 LED 串的电流通常是较低的（<150mA），因为 LED 较小，但是累计电压却比汽车蓄电池电压高（>20V）。就这些监视器而言，具有高效率和高 PWM 调光能力的大功率升压型 DC/DC 变换器是必需的。

图 3-38 是基于 LT3486 双输出升压型 LED 驱动器的应用电路，它以 100mA 恒定电流驱动 20 个 LED 组成的两个 LED 串，LED 端电压高达 36V。这个升压型变换器用低的电压检测电阻与 LED 串和 PWM 调光 MOSFET 串联，具有高效率。在整个汽车蓄电池电压范围内（9~16V），双通道 LED 驱动器同时保持最高开关电压低于该集成电路的 42V 额定值。

LT3486 在汽车蓄电池的工作电压范围内，效率大约为 90%。如果蓄电池电压降至 4V，LT3486 仍会工作，但要视 LED 编程电流和 LED 数量而定，可能进入限流状态。该变换器停机时仅消耗低于 1μA（典型值为 100nA）的电流，LED 电流可通过选择外部检测电阻值设定，在选择检测电阻时，非常低的 200mV 检测电阻电压可实现高效率。每个 LED 串的电流都可以用 CTRL 引脚上的模拟信号调节，最高调光比为 10：1，或者用 PWM 信号调节，以实现高的调光比。

就夜间观看极亮的显示器（这样的显示器也用于日光下）而言，1000：1 的调光比非常适用。LT3486 拥有独特的内部 PWM 调光结构，在 100Hz（高于可视光谱）时采用外部 MOSFET 实现 1000：1 的 PWM 调光比。内部 LED 电流存储器具有超快 PWM 响应时间，可在低于 10μs 的时

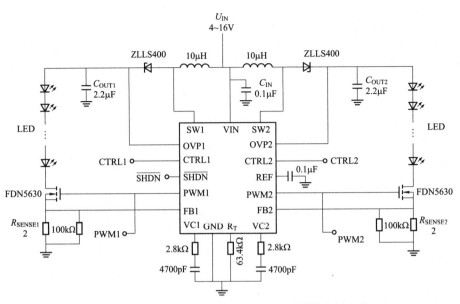

图 3-38　LT3486 双输出升压型 LED 驱动器的应用电路

间内让 LED 电流从 0mA 回归到 100mA，以实现真彩 PWM 调光。在高端显示器中，将两个 LT3486 用于 4 串 R-G-G-BLED，可提供 1000：1 的调光比，在非常暗的夜间工作时仍可保持显示器的真彩特性。

汽车采用 LED 的中央高位刹车灯（CHMSL）的优点有：更快达到设定亮度、更高的效率、更长的使用寿命、以及很细小的红光 LED 阵列更易于设计和安装。LED 在低于 1ms 的时间内就可达到设定亮度，从而使后面汽车的驾驶员能够更快地看到刹车灯，因此可以减少追尾事故；相比之下，传统的白炽灯要用高达 200ms 的时间才能达到设定亮度。与白炽灯相比，LED 灯的功耗可降低高达 80%，从而降低了汽车的燃料消耗。LED 的使用寿命会很容易超过汽车的寿命，因此无需更换。

为了实现 LED 刹车灯的性能和工作寿命的最大化，应采用一种能够适合汽车刹车系统所需的红光 LED 串的驱动器。LT3486 便是专为此类汽车应用而开发的，LT3486 是一款双通道升压型 DC/DC 变换器，专为从 12～14V 汽车总线电源以恒定的电流来驱动多达 16 只 LED（每个变换器驱动 8 只串联 LED）而设计。采用 LED 串联的方式能够提供相等的 LED 电流，从而获得均匀的 LED 亮度。在需要的时候，两个独立的变换器还能够驱动不对称的 LED 串，基于 LT3486 的汽车 LED 驱动电路如图 3-39 所示。

两个 LED 串的调光也可通过各自的 CTRL 引脚来单独地控制，通过把一个 PWM 信号馈送至各自的 PWM 引脚，一个内部 PWM 调光系统可使调光范围扩展至高达 1000：1。LT3486 的工作频率可由一个外部电阻器设置在 200kHz～2MHz。一个 200mV 的低反馈电压（2% 准确度）最大限度地减少了电流设定电阻器中的功率损耗，旨在提升效率，并具有 LED 断接时的输出电压限制功能。LT3486 提供了一款占板面积非常紧凑的驱动 LED 解决方案，并可采用节省空间的 16 引脚 DFN（5mm×3mm×0.75mm）封装或 16 引脚耐热增强型 TSSOP 封装。

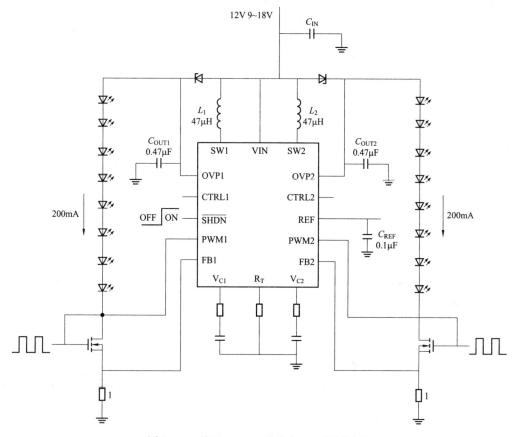

图 3-39　基于 LT3486 的汽车 LED 驱动电路

实例 19　基于 LT3575 的 LED 驱动电路

　　汽车前照灯分为：白天运行灯，信号灯和头灯（晚上照亮的大灯）三部分，它们全都可以采用 LED 作为光源，但现在还只有信号灯已广泛地商业化了，白天运行灯还只有少数灯型，而头灯则处于研究开发之中。随着大功率 LED 的研制成功，使得采用 LED 光源设计汽车头灯成为可能，但也仅仅是开始试制。

　　LED 汽车灯具与传统汽车灯具相比有明显的优点，但是作为汽车头灯，与现有的钨丝卤素灯和 HID 灯比较，每只灯的输出功率还相当的低，最好的大功率 LED 灯只是钨丝灯的 20%，HID 的 10%。目前解决的办法是在一个灯中使用多只大功率 LED。有关交通法规要求汽车头灯在路上投射的光亮度应当达到 301m，因此，至少需要 9 只大功率 LED。HID 灯能投射的光亮度为 1000lm，所以大功率 LED 要和 HID 灯竞争，至少要用 30 只大功率 LED。这就是目前所提出的汽车头灯设计都采用所谓多组元大功率 LED 的缘故。

　　LT3755 在 LED 串的高端侧检测输出电流，高压侧电流检测是用于驱动 LED 最灵活的方案，PWM 输入提供了高达 3000∶1 的调光比，而 CTRL 输入则提供了额外的模拟调光能力。LT3755 采用 16 引脚（3mmx3mm）QFN 和 MSOP 封装。LT3755 的主要技术特性如下。

（1）宽输入电压范围：4.5~40V。

（2）高达 75V 的输出电压。

（3）恒定电流和恒定电压调节。

（4）100mV 高端电流检测。

（5）可以采用升压、降压、降压—升压、SEPIC 或反激式拓扑结构来驱动 LED。

（6）具有 LED 开路、迟滞可编程欠压闭锁保护功能。

（7）开路 LED 状态引脚。

（8）PWM 断接开关驱动器。

（9）CTRL 引脚提供了模拟调光功能。

（10）具有可编程软启动功能，低停机电流：<1μA。

LT3755 是 DC/DC 控制器，专为恒流驱动高电流 LED 而设计，以一个内部已调 7V 电源来驱动一个低压侧外部 N 沟道功率 MOSFET。LT3755 采用固定频率、电流模式结构，可在一个很宽的电源和输出电压范围内实现稳定工作。一个参考于地的 FB 引脚用做多个 LED 保护功能电路的输入，而且还使得变换器能够起一个恒定电压源的作用。一个频率调节引脚允许在100kHz~1MHz 的范围内设置频率，旨在优化效率、性能或外部元件尺寸。基于 LT3755 的 50W 白光 LED 头灯驱动电路图如图 3-40 所示。

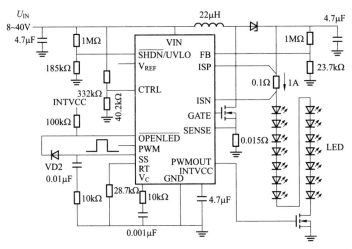

图 3-40 基于 LT3755 的 50W 白光 LED 头灯驱动电路图

实例 20 基于 LT3477 的 LED 驱动电路

LT3477 是具有双轨电流检测放大器和内部 3A、42V 开关的电流模式、固定频率 DC/DC 变换器，LT3477 的输入电压范围为 2.5~25V，适用于多种应用。它兼有传统的电压反馈环路和两个独特的电流反馈环路，适用于驱动大功率 LED。LT3477 可配置成降压—升压模式或降压模式用于多种应用，甚至如汽车蓄电池等具有起伏电压输入的应用。LT3477 的开关频率可采用单个电阻编程（200kHz~3.5MHz），使设计中能够最大限度地减小外部组件尺寸并避开系统中的"噪声关键"频段。可选用扁平的电感器和陶瓷电容器使解决方案占板面积很紧凑，并最大限度地降低解决方案成本。LT3477 的低 U_{CESAT} 开关在 2.5A 时的电压为 0.3V，工作效率高达 91%。它在启动期间具有限制电感器电流的可编程软启动功能和在短路以及电压瞬态期间的浪涌电流保护功能。扁平（0.75mm）4mm×4mmQFN-20 和耐热增强型 20 引脚 TSSOP 封装，具有小占板面积和卓越的热性能。

图 3-41 所示的 LT3477 降压—升压型 LED 驱动器应用电路，可以 1A 电流驱动两个大功率 LED。这两个 LED 无需以地为基准，连接的两个端子一般是变换器的输出和蓄电池输入。 LT3477 有两个独特和具 100mV 浮动电流检测输入引脚，这引脚连接与 LED 串串联而且不以地为基准的电流检测电阻。在汽车蓄电池的工作电压范围内以及低于这个范围时，在电流为 1A 的情况下可实现以恒定的电流驱动 LED。LT3477 的停机引脚用于实现车灯的接通/断开功能，并在未使用时将输入电流降低到1μA（典型值为 100nA）。I_{ADJ1}、I_{ADJ2}引脚用来为车后部信号指示灯或刹车灯等应用实现高于 10∶1 的模拟调光比，这类应用无需真彩 PWM 调光。

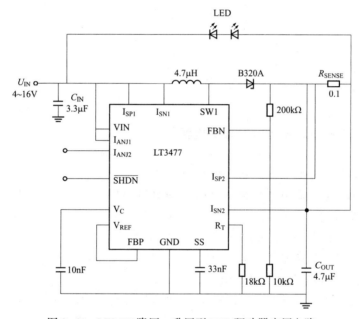

图 3-41　LT3477 降压—升压型 LED 驱动器应用电路

实 例 21　基于 LT3466 的 LED 驱动电路

LT3466 是一种双输出全功能升压式 DC/DC 变换器，是专门为采用恒定电流驱动多达 50 个 LED（每个变换器可串联多达 25 个）而设计。串联连接的 LED 可以使其具有相同的电流，从而产生一致的亮度，且无需限流电阻。两个相互独立的变换器能够驱动非对称 LED 串。两个 LED 串的调光也可以独立控制。LT3466 非常适用于为汽车应用中的车载多媒体系统和导航显示器提供背光照明，图 3-42 所示为用于 50 个白光 LED 的 LT3466 背光照明电路，该电路为 LT3466 的典型应用电路，具有外形尺寸小、电源调节电路简单、紧凑等特点，并具有高达 83% 的工作效率，减少工作时产生的散热量。

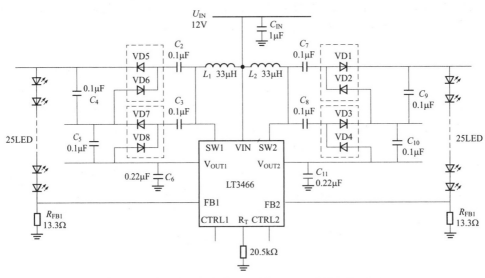

图 3-42　用于 50 个白光 LED 的 LT3466 背光照明电路

实例 22　基于 LTC3783 的 LED 驱动电路

LTC3783 是一款电流模式 LED 驱动器及升压、反激和 SEPIC 型控制器，用于驱动一个 N 沟道功率 MOSFET 和一个 N 沟道负载 PWM 开关。当采用一个外部负载开关时，PWMIN 输入不仅驱动 PWMOUT，而且还将使能控制器 GATE 开关和误差放大器工作，可使控制器在 PWMIN 为低电平时存储负载电流信息。3000 : 1 的 LED 调光比可以通过数字方式来实现，从而避免了采用 LED 电流调光时常见的彩色偏移现象。FBP 引脚提供了负载电流的仿真调光，因此，与仅采用 PWM 的时候相比，有效调光比增加了 100 : 1。

对于中低功率应用，可利用功率 MOSFET 的导通电阻作为电流检测电阻器，从而实现效率的最大化。可以通过一个外部电阻器将该 IC 的工作频率设定在 20kHz~1MHz，并能够利用 SYNC 引脚来使其与一个外部时钟同步。LTC3783 采用 16 引脚 DFN 和 TSSOP 封装。LTC3783 具有以下技术特性。

（1）PWM 提供了恒定的彩色和 3000 : 1 的调光比。

（2）用于实现高功率 LED 的 PWM 调光控制的全集成化负载 FET 驱动器。

（3）模拟控制实现 100 : 1 的附加调光比。

（4）宽 FB 电压范围：0~1.23V。

（5）恒定电流或恒定电压调节。

（6）低停机电流：$I_Q = 20\mu A$。

（7）精度为 1% 的 1.23V 内部电压基准。

（8）具有 100mV 迟滞的 2%RUN 引脚门限。

（9）具有可编程输出过压保护及可编程软启动功能。

LTC3783 是一种电流模式多种拓扑变换器，具有恒定电流 PWM 调光功能，专有技术实现了极快的真正 PWM 负载切换，无瞬态欠压或过压问题，该器件能以数字方式实现 3000 : 1（在

100Hz 时）的调光比，因采用 PWM 调光技术可保证白光和 RGBLED 的颜色一致性。LTC3783 允许采用模拟控制实现100∶1 的附加调光比。为了提供大电流（≥1.5A），LTC3783 驱动一个外部 N 沟道 MOSFET，以便为高亮度（HB）和超高亮度（SuperHB）LED 供电。LTC3783 的输入和输出电压可依所选外部电源组件的不同而扩展，可以轻松驱动 LED 串（串联）或 LED 组（串联加并联）。

LTC3783 采用降压-升压型拓扑，驱动8 个 1.5A 红光 LED 电路如图 3-43 所示，该电路可用于汽车尾灯。外部开关 MOSFET 和开关电流检测电阻为大功率和高压 LED 驱动器设计提供了最大的设计灵活性。就刹车灯和尾灯调光而言，在 100Hz 时，可以用直接连接到 LTC3783PWM 引脚的 PWM 信号降低 LED 电流，以实现高达 200∶1 的调光比。在 1kHz 时，调光比降低至 20∶1，这对尾灯应用来说已足够了，调节 ILIM 引脚也可以降低 LED 电流。

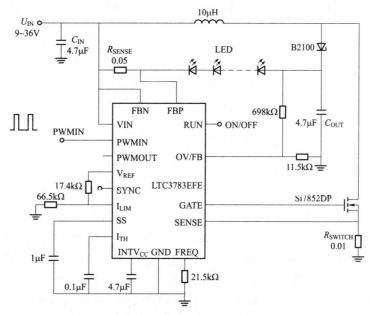

图 3-43　LTC3783 驱动 8 个 1.5A 红光 LED 电路

在汽车应用中，高效率是最重要的，在这种应用中，具有高达 36W 的输出，93%的效率可以降低刹车时对蓄电池电能的消耗，用于刹车灯接通/断开控制的 RUN 引脚可将 LED 电流降至 20μA。通过将 LED 串连接到 GND 而不是 VIN 可将电路拓扑变为升压型，以驱动高达 60W 的更高电压的 LED 串。

实例23　基于 LM3423 的 LED 驱动电路

LM3423 是 NS 公司一款升压/降压多用途高压 LED 驱动器，可以配置成降压、升压、降压-升压（反激）或 SEPIC 拓扑，输入电压范围为 4.5~75V，可调开关频率高达 2MHz，关断电流小于 1μA。还具有快速 PWM 调光、每周期限流、过压保护以及输入欠压保护等功能。使用传统的升压模式的驱动器时会面临一个问题是：不管控制器驱动工作与否，其输入和输出之间都一个通路，在这种情况下，输入端的蓄电池会对负载有个直流的通路，会造成漏电。当用于车载照明时，汽车在长时间不用的时候，有这个通路就会对蓄电池进行放电。另外一个问题是，输出端出现短路的时候，也会对蓄电池进行放电。针对这种情况，利用 LM3423 可以解决这个问题，有效延长蓄电池的使用寿命。若 LED 串与地连接，形成短路，由 FLT 引脚负责驱动的输入端 P−FET 会随即被关闭，从而令输入路径成为开路，避免了漏电问题。LM3423 升压/降压应用原理图如图 3−44 所示。

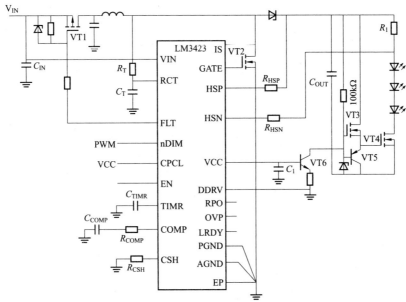

图 3−44　LM3423 升压/降压应用原理图

LM3423 可支持快速调光及"0"停机电流功能，适用于汽车导航系统显示器以及仪表板的 LED 背光系统，LM3423 升压 LED 驱动电路如图 3−45 所示。它可以确保流过每只 LED 的电流是一致的，在 LED 下方串接了一个 MOS 管作为调光控制的开关。其中，nDIM 引脚负责执行输入欠压锁定以及 PWM 调光功能。每当输入 PWM 信号时，DDRV 引脚便会驱动 DIMN−FET，命令串联在一起的 LED 进行快速开关，以便控制亮度，调光控制频率可以高达 50kHz。

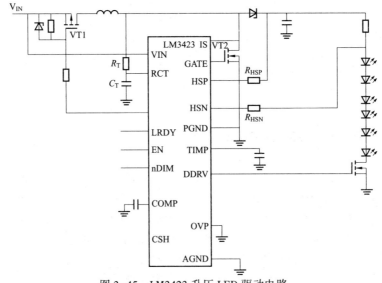

图 3−45　LM3423 升压 LED 驱动电路

实例 24 基于 LM3406 的 LED 驱动电路

对于需要进行调光及闪灯的应用而言，有几种方法可以用来切断 LED 灯串的电源，最常用的方式之一是采用 PWM 调光控制，通常以专用信号来调整 LED 的亮度，因为需要增加一条专用线路作为 LED 调光回路，因此不太适合汽车应用。另外一种方式是所谓双线调光，使供给 LED 驱动器的电源会周期性地被中断以控制 LED 的亮度，LM3406 便是一款内置了这种功能的器件。

LM3406/LM3406HV 具有宽输入电压范围，低参考电压，是内置双线调光功能的降压稳压器。因此，LM3406/06HV 是 LED 的理想恒流驱动器，并可提供高达 1.5A 的正向电流。此外，这款芯片采用受控导通时间（COT）结构，其内置比较器及一次性启动计时器，而启动计时器与固定时钟不同，其变化与输入及输出电压的变化呈反比关系。

LM3406/LM3406HV 芯片内置可确保电流平均输出的积分电路，每当变换器采用连续导电模式（CCM）工作时，受控导通时间结构可以确保无论输入及输出电压如何变化，开关频率都会恒定不变。因此 LM3406/06HV 的输出电流极为准确，瞬态响应也极快，可以在不同的情况下确保开关频率恒定不变。双线 PWM 调光是用于汽车内部照明的常见解决方案，LM3406 的应用电路如图 3-46 所示，此电路的优点如下。

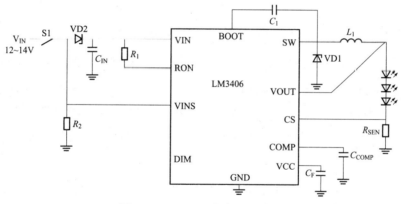

图 3-46　LM3406 的应用电路图

（1）利用 LM3406 的输入电压监测引脚（VINS）可不使用专用调光信号，使得 LED 灯串的 PWM 调光可通过调节 LM3406 的电源来实现。

（2）电路设置了阻流二极管 VD2，可允许电路保留输入电容器 C_{IN}，正如在非双线调光解决方案中一样，基于降压稳压器的非连续性输入电流，可保留输出电容器。

（3）这种配置方式可让器件本身维持驱动状态，无需在调光周期完结后再重新启动。这种标准 PWM 调光方式所需的附加器件包括阻流二极管 VD2、VINS 下拉电阻器 R_2 及切断开关 S1。

实例 25 基于 ZXSC300/310 的 LED 驱动电路

一个典型的汽车白光 LED 前照明灯需要给白光 LED 阵列提供大约 25W 以上的功率，因为 LED 元件的一个优点是效率高，所以驱动电子元件也应该提高效率，以充分发挥 LED 技术的优势。采用开关电源驱动 LED 阵列的基本电路如图 3-47 所示。

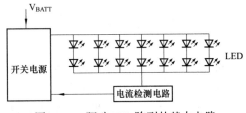

图 3-47   驱动 LED 陈列的基本电路

对于这种应用，在输入电压（$U_{BATT} = 9V_{min}.$）和 LED 阵列的正向压降（$2 \times U_F = 8.0V$，$U_{FMAX} = 4V$；$I_F = 350mA$）确定后，采用降压拓扑来满足这些要求是合理的。其他驱动 LED 的方法是用开关方式产生稳定电压，然后通过脉冲宽度调制方式调节流过 LED 的电流。在 LED 和开关的路径上，需要串联一个限流电阻，以避免流过 LED 的电流过大，但这个串联电阻产生的功率损耗，会导致效率降低。

简化的降压调节器电路如图 3-48 所示，在图 3-48 所示电路中，考虑开关电源的电感工作于电流连续模式，通过电感的电流波形如图 3-49 所示。所以调节电流并向负载提供是电路设计的主要目标，设计中输出电压不是重点考虑的参数，因输出电压会随着 LED 阵列而改变，因而不需要像传统稳压电路一样考虑这个节点的稳压。当电感进行充电并且向 LED 阵列提供能量时，输出电容在此期间提供电流。

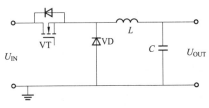

图 3-48   简化的降压调节器电路图

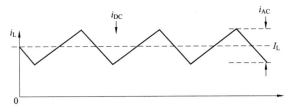

图 3-49   连续模式流过电感中的电流波形

采用降压模式 DC/DC 变换器驱动 LED 电路如图 3-50 所示，在图 3-50 所示的电路中，DC/DC 变换器（ZXSC310）以降压模式工作。通过增加 R_2 的值可提供更高的系统电压，例如，要得到 24V 的电压仅需将 R_2 改为阻值 2.2kΩ 的电阻，同时电容 C_1 也须有更高的额定电压，图 3-50 所示电路的基本工作原理如下。

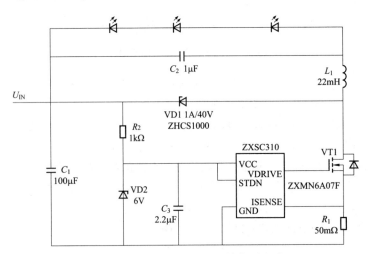

图 3-50   使用降压模式 DC-DC 转换器驱动 LED

当 VT1 导通时，电流流过 LED、电容 C_2 和电感。当 R_1 两端的压降达到 Isense 引脚的阈值电压时，VT1 关断并保持一个固定时间，电感中的能量流过 VD1 和 LED。经过这个固定时间后，

VT1 重新导通，如此循环往返。

在图 3-51 所示电路中，开关 VT1 在一个固定时间 T_{ON} 内导通，在 VT1 导通期间，ZXSC310 将在 ISENSE 引脚上检测到 19mV 电压（标称值），达到此阈值电压时 VT1 流过的电流为 19mV/R_1，称为 I_{PEAK}。

当 VT1 导通，电流从电源流出，流过 C_1 和串联的 LED。假设 LED 正向压降为 U_F，则剩下的电源电压将全部落在 L_1 上，称为 U_{L1}，并使 L_1 上的电流以 $di/dt = U_{L1}/L_1$ 的斜率上升。其中 di/dt 单位为 A/s、U_{L1} 的单位为 V、L_1 的单位为 H。

VT1 与 R_1 上的压降可忽略不计，因为 VT1 的导通电阻 $R_{DS(ON)}$ 很小，且 R_1 上的压降总是小于 19mV。19mV 是 VT1 的关断阈值电压，依据 ISENSE 引脚的阈值电压设置

$$U_{IN} = U_F + U_{L1} \tag{3-43}$$

$$T_{ON} = I_{PEAK} \times L_1 / U_{L1} \tag{3-44}$$

由于将 U_{IN} 减去 LED 正向压降可得到 L_1 两端的电压，故可算出 T_{ON}。因此，如果 L_1 较小，则对于同样的峰值电流 I_{PEAK} 及电源电压 U_{IN}，T_{ON} 亦较小。在电感电流上升到 I_{PEAK} 的过程中，电流流过 LED，因此 LED 上的平均电流等于 T_{ON} 上升期间及 T_{OFF} 下降期间的电流之和。

DC/DC 变换器（ZXSC310）的 T_{OFF} 在内部被固定为 1.7μs（标称值），如果用该值来计算电流斜坡，则其范围最小为 1.2μs，最大为 3.2μs。

为尽量减少传导损耗及开关损耗，T_{ON} 不能比 T_{OFF} 小太多。过高的开关频率会造成较高的 du/dt，因此 ZXSC310 的最高工作频率为 200kHz。假设固定 T_{OFF} 为 1.7μs，则 T_{ON} 最小值为 5−1.7 = 3.3μs。这不是一个绝对限制值，ZXSC310 也可在 2~3 倍该频率下工作，但转换效率会降低。

在 T_{OFF} 期间，储存在电感中的能量将被转移到 LED，只在肖特基二极管上有一些损耗。如果 T_{OFF} 恰好是电流达到零所需的时间，则 LED 中的平均电流将为 $I_{PEAK}/2$。实际上，电流可能会在 T_{OFF} 之前达到零，此时平均电流将小于 $I_{PEAK}/2$，因为在这个周期里有一段时间 LED 的电流为零，这称为"非连续"工作模式。如果经过 1.7μs 后电流没有达到零，而是下降到 I_{MIN}，则称 ZXSC310 进入"连续"工作模式。LED 电流将在 I_{MIN} 与 I_{PEAK} 之间上升和下降（di/dt 斜率可能不同），此时平均 LED 电流为 I_{MIN} 与 I_{PEAK} 的平均值。

若已知输入电压为稳定的 12V 直流，需驱动 3 个功率为 1W 的 LED（需要 340mA 工作电流），即可参考图 3-50 的电路进行设计。

电源输入电压 $U_{IN} = 12$V，LED 正向压降 $U_F = 9.6$V，$U_{IN} = U_F + U_{L1}$。因此，$U_{L1} = 12 − 9.6 = 2.4$V。

峰值电流 $= U_{SENSE}/R_1 = 34$mV/50m $= 680$mA，此处 R_1 的值就是 R_{SENSE} 的值。

$$T_{ON} = I_{PEAK} \times L_1 / U_{L1} = (680 \times 22) / 2.4 = 6.2 \, (\mu s)$$

在上述等式中，近似认为在整个电流上升与下降期间 LED 正向压降不变。事实上它会随电流升高而增大，按上述公式计算结果选用器件，在实际应用电路中均在其所允许的误差范围内。此外，U_{IN} 与 U_F 之间的差值小于它们中的任何一个，所以 6.2μs 的上升时间将基本上取决于这些电压值。对于 9.6V 的白光 LED 正向压降以及 300mV 的肖特基二极管正向压降来说，从 680mA 下降到零的时间为

$$T_{DIS} = \frac{I_{PEAK} \times L_1}{(U_F + 0.3)} = \frac{680 \times 22}{9.6 + 0.3} = 1.5 (\mu s)$$

由于 T_{OFF} 一般为 1.7μs，所以电流有足够的时间降到零。然而，尽管 1.5μs 已相当接近 1.7μs，因为器件的误差，线圈电流可能不能降到零，但残余电流会很小。由于对峰值电流的测

量及关断，不可能在具有固定 T_{ON} 时间变换器中产生危险的"电感阶跃"问题。由于电流可能永远都不会超过 I_{PEAK}，即使电流从一个有限值开始导通（即连续模式），也不会超过 I_{PEAK}，于是 LED 电流近似等于 680mA 与 0 的平均值，即 340mA。它并不是严格意义上的平均值，因为有 200ns 的时间内电流为零，但与 I_{PEAK} 及器件误差相比这非常小。

在 T_{ON} 期间（假设为非连续工作模式），电源的输入功率等于 $U_{IN} \times I_{PEAK}/2$，因而电源的平均输入电流等于该电流乘以 T_{ON} 相对于整个周期时间的比值

$$I_{PS} = \frac{I_{PEAK}}{2} \times \frac{T_{ON}}{T_{ON} + T_{OFF}} \tag{3-45}$$

从式（3-45）可看出平均电源电流是如何在较低电压下随着 T_{ON} 相对于固定的 1.7μs 的增加而增大，这是符合功率原理的，因为当电源电压较低时，固定（或近似固定）的 LED 功率需要更多电源电流才能获得相同功率。储存在电感中的能量等于从电感转移到 LED 的能量（假设为非连续工作模式）。因此，当输入电压与输出电压的差别变得更大时，从电感转移到 LED 的能量比 LED 直接从电源获取的能量要大。如果能计算出使电流正好在 1.7μs 时达到零的电感值 L_1 及峰值电流 I_{PEAK}，则 LED 的功率将不会太依赖于电源电压，因为此时 LED 中的平均电流总是近似为 $I_{PEAK}/2$。

随着电源电压的增加，达到 I_{PEAK} 所需的 T_{ON} 将减小，但 LED 的功率基本恒定，且在 T_{ON} 期间只吸取从零至 I_{PEAK} 的电源电流。电源电压越高，T_{ON} 占整个周期的比例越小，所以较高电源电压时的平均电源电流亦较小，这样保持了功率（和效率）的恒定。

肖特基二极管的正向压降会使效率降低，例如，假设白光 LED 的 U_F 为 6V，肖特基二极管的 U_F 为 0.3V，则从电感转移过来的能量的功率损失为 5%，即肖特基二极管的正向压降与 LED 正向压降之比。在 T_{ON} 期间，肖特基二极管不在电流回路中，故不会引入损耗，因此整个功率损失比取决于 T_{ON} 与 T_{OFF} 之比。对于 T_{ON} 占整个周期的大部分的低电源电压来说，由肖特基二极管导入的损耗并不大。当 LED 电压较高（多个 LED 串联）时，肖特基二极管导入的损耗也不大，因为此时肖特基二极管的正向压降在整个压降所占的比例更小。

通过采用降压模式的升压变换器方案，可以用一个低端 N 沟道 MOSFET 替代典型降压型变换器中常见的高端 P 沟道 MOSFET。N 沟道 MOSFET 器件的固有导通损耗比尺寸相同的 P 沟道 MOSFET 器件的导通损耗低三倍。

当然，在典型的降压变换器电路中也可以使用 N 沟道 MOSFET，但需要额外自举电路对它进行驱动。低端开关也可以使峰值检测电流以地为参考，这与高端电流检测相比，可提高精度并减小噪声。

在间断工作模式下采用升压方法，控制回路工作在电流模式，可为变换器提供周期性控制。这样使其从根本上保持稳定，与电压模式降压变换器相比，它可以简化设计。

上述方案的另外一个特点是，因为当电感处于充电状态时电流流过 LED，所以 LED 电流的峰均值将减小，这样在相同 LED 亮度下可将峰值电流设置得更小，从而进一步改善效率、可靠性以及输入噪声性能。

实例26 基于 MAX168233 的 LED 驱动电路

基于 MAX168233 和外部 BJT 构成的 LED 驱动电路如图 3-51 所示，该 LED 驱动电路由：输入保护电路与输入选择器、10% 占空比发生器、抛负载和双电池检测、LED 驱动电路四部分电路

组成。输入保护主要由金属氧化物变阻器 MOV1 和 MOV2 提供。设计中，采用了 Littelfuse 的 V18MLA1210H（EPCOS 也提供高质量的 MOV 器件）。根据具体应用环境选取不同额定功率的 MOV。

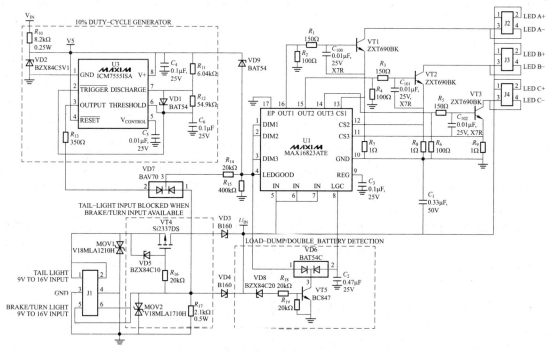

图 3-51　基于 MAX168233 和外部 BJT 构成的 LED 驱动电路

输入电压建立后，除非刹车灯/转向灯输入端作用有效电源，否则，输入选择器将电源切换到尾灯节点。一旦电源为刹车灯/转向灯输入供电，输入选择器将自动屏蔽尾灯输入电流。这种结构将为刹车灯/转向灯输入提供 600mA 电流，指示 RCL 功能。当 LED 驱动器发生故障或者 LED 本身发生故障时，MAX16823 将彻底关断所有 LED，此时只有不足 5mA 的电流流出刹车灯/转向灯，输出级电路能够成功检测到这一低电流，根据设计要求发出报警信号。

VD5、R_{16} 组成检测电路。当尾灯输入节点电压为 9V 或更高电压，并且刹车灯/转向灯输入节点接地或为高阻时，该检测电路打开 VT4。输入电压通过二极管 VD3 加载到 VIN，提供 LED 驱动器的主电源。当刹车灯/转向灯输入电压达到尾灯电压的 2V 以内时，VT4 断开，U_{IN} 通过二极管 VD4 供电。R_{17} 提供 2.1kΩ 对地电阻，确保此节点的最大阻抗。R_{17} 在双电池条件下（24V）功率达到 270mW，所以必须选取 0.5W 功率的电阻。这个电路的主要限制是：当刹车灯/转向灯和尾灯同时工作时，刹车灯/转向灯输入电压与尾灯输入电压的差值在 2V 以内。

10% 占空比发生器产生占空比为 10% 的方波信号，该信号送入 MAX16823LED 驱动器，用于调节 LED 亮度。只要尾灯输入端提供有效电压，调光电路将有效工作。R_{10} 和 VD2 提供 5.1V 稳压源，用于 U3（ICM7555ISA）供电。双电池条件下，由于功耗可能达到 44mW，所以 R_{10} 必须选取 0.25W 功率的电阻。定时器 U3 配置为非稳态振荡器，导通时间由通过 VD1 和 R_{11} 对 C_6 充电的时间决定，$t_{ON}=0.693\times R_{11}\times C_6=0.418$ms（典型值）；关断时间由通过 R_{12} 对 C_6 放电的时间决定 $t_{OFF}=0.693\times R_{12}\times C_6=3.8$ms（典型值）。导通时间和关断时间之和构成周期大约为 237Hz 的方波信号，占空比为 9.9%。

电阻 R_{13} 提供限流保护，降低该开关节点可能产生的 EMI 辐射。R_{13} 的物理位置应尽量靠近 U3，以降低 EMI。占空比为 10% 的方波信号通过 VD7 和 R_{14} 耦合至 U1。只要刹车灯/转向灯没有有效电源，VD7 提供的逻辑"或"电路将允许 10% 占空比脉冲通过。这种配置在尾灯输入有电源电压时，提供较低的 LED 亮度。而当刹车灯/转向灯输入有效电压时，VD7 将电压提供至 DIM1、DIM2 和 DIM3 输入，使 LED 亮度达到 100%（高 LED 亮度）。因为 LEDGOOD 信号不能超出 6V，电阻 R_{14} 将电流限制在 2mA 以内，VD9 和 VD2 提供电压钳位，避免过高的节点电压。当 VD7 阳极没有电压时，电阻 R_{15} 为下拉电阻。使用 400kΩ 电阻时，R_{15} 将保持 DIM 节点电压低于 0.6V，此时的吸电流为 1.5μA。

抛负载和双电池检测电路决定"或"逻辑输入电压是否超过 21V。输入电压超过 21V 意味着发生抛负载（400ms）或双电池条件（无时间限制），这将在三个 LED 驱动晶体管上产生过大的功耗。因此，检测电路将 DIMx 输入拉低，关闭输出驱动器。另外，检测电路还将 LGC 电容（C_2）拉低，以避免可能发生的错误检测。由于 DIMx 和 LGC 引脚电压被控制在 10V 以内，VT5 和 VD6 的额定电压并不严格。检测电压是 VD8 击穿电压与 R_{18} 对地电压的总和，大约为 22V。当电阻为 20kΩ 时，R_9 将在 VT5 导通之前产生 20μA 的旁路漏电流。

本设计的核心 IC 是 MAX16823 驱动器，IN 引脚输入电压最高为 45V。IC 从 OUTx 引脚提供电流驱动 LED。使用检流电阻对电流进行检测，MAX16823 调节 OUTx 引脚的输出电流，根据需要将 CS 引脚的电压保持在 203mV。因为 IC 本身的每个输出通道只能提供 70mA 输出，在每串 LED 增加了外部驱动，为每串 LED 提供 200mA 的驱动电流，并有助于解决散热问题。晶体管 VT1、VT2 和 VT3（ZXT690BKTC）提供所需的电流增益。这些晶体管采用 TO-262 封装，为管芯提供良好的散热。

VT1、VT2 和 VT3 为 45V、2A 晶体管，当 I_C/I_B 增益为 200 倍时具有低于 200mV 的饱和压降 $U_{CE(sat)}$。因为最小输入电压（9V）和 LED 串最大导通电压（3×2.65V = 7.95V）之间的压差只有 1.05V，所以 $U_{CE(sat)}$ 的额定值非常重要，必须留有足够的设计裕量，以满足 VT4 和 VD3 的压降，以及 VT1、VT2 和 VT3 的 $U_{CE(sat)}$ 要求。

电阻分压网络 R_1/R_2、R_3/R_4 和 R_5/R_6 保证每个 OUTx 的输出电流不小于 5mA，从而确保 IC 稳定工作。在设计中分析晶体管基极电流的最小值和最大值，这些电流流经电阻 R_1、R_3 和 R_5。电阻压降、晶体管的 U_{BE} 以及检流电阻压降之和为 R_2、R_4 和 R_6 两端的电压。合理选择这些电阻，以保证流过电阻的电流与晶体管基极电流之和不小于 5mA。另一方面，OUTx 的输出电流必须小于 70mA（额定电流）。

本设计中调整管需要耗散的功率达到 6W，为了降低晶体管的温升，将晶体管焊盘通过多个过孔连接到 PCB 的底层，并通过电绝缘（但导热）的粘胶垫将热量传递到铝散热器上。散热器耗散 6W 功率时自身温度上升 31℃。虽然 Zetex 的晶体管没有给出结到管壳的热阻，但可以参考其他晶体管供应商提供的 TO-262 封装的热阻，约为 3.4℃/W。该热阻表示每个晶体管内部的温度会比管壳高出 5.4℃。总之，在最差工作条件下，结温比环境温度高出 35~40℃。本参考设计实际测量的温度大约高出 30℃。

实例27　基于 MAX16834 的 LED 驱动器（全陶瓷电容）

MAX16834 为电流模式、HB-LED 驱动器，可用于升压、升/降压、SEPIC 及高边降压结构。该器件可降低固态照明（SSL）设计的尺寸、复杂度和成本。MAX16834 集成了高边电流检测放大器、PWM 亮度控制 MOSFET 驱动器以及可靠的保护电路。MAX16834 能够为 LED 系统设计提供至关重要的效率管理和热管理，是理想的 LED 汽车外部照明驱动器。

MAX16834 的多种特性使其仅需很少的外部组件即可构建升压或升/降压 DC/DC 变换器。除采用开关控制器驱动 n 沟道功率 MOSFET 外，MAX16834 还通过驱动 n 沟道 PWM 亮度调节开关，实现 3000∶1 的宽范围亮度控制。为进一步提高设计灵活性，器件还提供模拟亮度控制功能，允许通过外部直流电压控制 LED 电流。片内高压电流检测放大器和高达 1MHz 的开关频率允许设计中对效率和尺寸进行优化。

MAX16834 内置保护电路，能在嘈杂的环境下保证可靠工作。驱动器提供的模拟折返式热保护功能，当 LED 串的温度超过设定温度时，允许采用外部负温度系数（NTC）热敏电阻降低 LED 电流。此外，器件还包括过压、过流及过热故障指示输出，可编程、真差分过压保护功能可满足汽车系统中对 LED 照明和显示器背光的严格要求。MAX16834 可工作在-40~+125℃汽车级温度范围，提供带裸焊盘的增强散热型 4mm×4mm、20 引脚 TQFN 封装。

采用 MAX16834 大大简化了 LCD 背光电路的设计，MAX16834 的输入电压范围为 4.75~28V，在冷启动和抛负载状况下确保稳定工作。

基于 MAX16834 的 LEDboost 驱动器（全陶瓷电容）如图 3-52 所示，本设计采用 MAX16834 构建 112.5W 的 boostLED 驱动器，输入电压为 24VDC±5%（1.49A），两串并联，每串由 19 只 LED 组成，每串电流为 750mA，在 75V 驱动下提供 1.5A 的电流。调光导通脉冲为 50μs（最小值），200∶1 最高调光比，100Hz 调光频率。

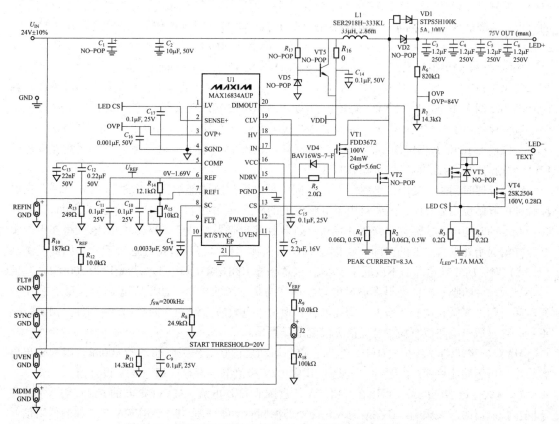

图 3-52 基于 MAX16834 的 LEDboost 驱动器（全陶瓷电容）

本设计可用于为长串 LED 提供高压 boost 电流源，长串 LED 允许采用高性价比的 LED 驱动方案，另外，由于各个 LED 具有相同电流，可以很好地控制亮度变化。本设计采用 24V 输入，可提供高达 75V 的 LED 驱动输出，可驱动 1.5A 的 LED 串（或多串并联）。测量到的输入功率为115.49W，输出功率为 111.6W，具有 96.6% 的效率。

基于 MAX16834 的 boost 设计的印制电路板采用通用的两层板，有些 PCB 功能要求为可选项，测试时并没有组装这些电路，在图 3-52 中将其标注为"no-pop"。电路板在 IC 下方布设接地岛，通过单点连接至功率地，以确保低噪声特性。

设计采用工作在 200kHz 连续模式的 boost 调节器，连续模式设计能够保持较小的 MOSFET 电流和电感电流。然而，由于 MOSFET（VT1）导通期间电流流过输出二极管（VD2），输出二极管的反向恢复损耗较大，并可能导致更大的关断噪声。占空比为 69% 时，MOSFET 的导通时间大约为 3.4μs，关断时间大约为 1.5μs。一旦 MOSFET 关断，漏极电压将上升到输出电压与肖特基二极管压降之和。

由于采用连续模式设计，MOSFET 和电感峰值电流低于工作在非连续模式下的数值。但是，由于在导通和关断期间都有电流流过 MOSFET，MOSFET 在两次转换期间存在较大的开关损耗。MAX16834 以足够强的驱动能力使 MOSFET 在 5ns 内完全导通，在 10ns 内完全关断，保持较低的温升。如果设计中存在 EMI 问题，则改变 MOSFET 栅极的串联电阻 R_5，以调整开关时间。如果这一变化引起功耗过大，可以增加另一个 MOSFET（VT2），与 VT1 并联，以降低温升。

驱动器的输入和输出电容可以采用陶瓷电容，陶瓷电容具有更小尺寸，工作更可靠，但容值有限，尤其是在设计中要求 200V 的额定电压。驱动器需要一个 5.4μF 电容以满足输出纹波电压的要求；为降低成本和空间，本电路采用 4 个 1.2μF 电容（共 4.8μF）。输出电压开关纹波为2.88V，纹波电流为 182mA，是输出电流的 12%，略大于 10% 目标参数，但仍然能够满足要求。

MAX16834 提供很好的调光功能，当 PWMDIM（第 12 引脚）为低电平时，将发生三个动作：①开关 MOSFET（VT1）的栅极驱动（NDRV，第 15 引脚）变为低电平，避免额外的能量传送到LED 串；②调光 MOSFET（VT4）的栅极驱动（DIMOUT，第 20 引脚）变为低电平，降低 LED串电流并保持输出电容电压固定；③为保持补偿电容处于稳态电压，COMP（第 5 引脚）变为高阻态，以确保 IC 在 PWMDIM 返回高电平时立即以正确的占空比启动。每个动作都允许极短的PWM 导通时间，因此可提供较高的调光比。

缩短导通时间主要受限于电感的充电时间，可以看到电流能够很好地跟随 DIM 脉冲。在电流脉冲的起始位置有衰减，主要是由于电感电流的爬升（大约 12μs 或 2～3 个开关周期），可在40～50μs 的时间电压才能完全恢复并建立。如果 DIM 导通脉冲小于 50μs，输出电压将在下个关断脉冲的起始处没有足够的时间。在提高 DIM 占空比之前，将一直持续这种现象。因此，满载（1.5A）时，DIM 导通脉冲不应低于 50μs。这意味着 100HzDIM 频率下，调光比为 200:1。降低最小导通脉冲的唯一途径是提高输出电容，这将提高系统的成本。如果降低 LED 电流，最小导通时间可随之降低，调光比增大。陶瓷电容表现为压电效应，调光期间会出现一定的音频噪声。不过，通过适当电路板布局，可以最大限度地降低噪声。

MAX16834 的过压保护（OVP）电路在重新启动之前将首先关断驱动器 400ms，因为输出电容较小，电感储能可能产生过冲，因此采用了 107V 峰值电压设置（高于 83V 设计值）。

R_{15} 是线性数字电位器，可以在 0～1.7A 任意调节 LED 电流。MAX16834 的 SYNC 输入端，用于同步控制器的开关频率。UVEN 输入允许外部控制驱动器（通/断）。REFIN 输入端的低阻信号源可以优先于电位器设置，控制驱动器电流。例如，微控制器经过缓冲的 DAC 可以通过 REFIN

直接控制 LED 电流。出现故障（例如 OVP）时，FLT#输出低电平。一旦解除故障，信号变为高电平，该信号并不闭锁。

图 3-52 所示电路的测量效率为 96.63%（$U_{IN}=24.01V$、$I_{IN}=1.49A$、$P_{IN}=115.49W$、$U_{LED}=74.9V$、$I_{LED}=1.49A$、$P_{OUT}=111.60W$）。由于电路的频率较高，驱动器元件并不发热。温度最高的元件为调光 MOSFET（VT4），温升大约 41℃。这一温升是由于小尺寸 PCB 布局造成的，可以通过增大漏极附近的覆铜面积改善。电感尺寸较大，具有 23℃ 的温升，高于预期的 7℃。电感似乎吸收了部分 MOSFET 热量，因为它们共用大面积覆铜焊盘。

实例 28　基于 MAX16834 的 LED 驱动电路（铝电解电容）

基于 MAX16834 的 LEDboost 驱动电路（铝电解电容）如图 3-53 所示，该设计利用 MAX16834 构建一个 boost 拓扑的 LED 驱动电路，用于驱动长串 LED。适用于显示器的 LED 背光。U_{IN} 为 24VDC±5%（1.22A），LED 配置为 23 个串联 LED（75V），350mA。调光的脉冲导通时间可低至 3.33μs（调光时钟频率=100Hz 时，调光比为 3000：1）。

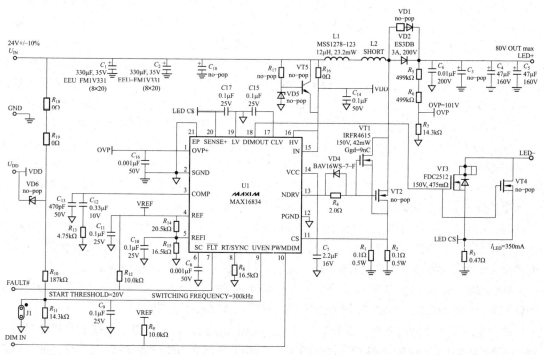

图 3-53　基于 MAX16834 的 LED boost 驱动电路（铝电解电容）

该设计为驱动长串 LED 提供高压 boost 电流源，长串 LED 驱动是一种高性价比 LED 驱动方案。另外，由于 LED 具有完全相同的电流，可以很好地控制亮度变化。设计采用 24V 输入，提供高达 80V 的 LED 输出，能够为 LED 串提供高达 350mA 的电流。测得的输入功率为 29.3W，输出功率为 26.4W，效率大约为 90%。

本设计采用 300kHz 非连续 boost 调节器，计算得出的 MOSFET 和电感的 RMS 电流、峰值电流，这是非连续工作模式具有一些缺点，MOSFET 和电感电流较大。然而，由于 MOSFET（VT1）导通时输出电流基本为零，输出二极管（VD2）的反向恢复损耗极小。这一优势弥补了设计中的不足，因为反向恢复电流产生的过热和噪声很难控制。MOSFET 的导通时间大约为 1.6μs。一旦断开 MOSFET，电感连接到输出电容，漏极电压将跳至 75V 并保持大约 1μs 的时间。此后，电感能量基本耗尽，在随后的 1μs 内，电感和 MOSFET 的输出电容开始自激，直到下一个导通周期。

由于采用非连续设计，MOSFET 峰值电流高于连续工作模式下电流的两倍。然而，由于 MOSFET 导通期间没有电流通过，只有断开期间才会出现开关损耗。MAX16834 为 MOSFET 提供足够的驱动，可以在大约 20ns 内断开开关，因此温度上升的幅度较小。如果系统存在 EMI 问题，可以更改 MOSFET 栅极的串联电阻和二极管，以调整开关时间。必要时，将第二个 MOSFET（VT2）与 VT1 并联，以减少温升。

驱动电路使用寿命较长的电解电容作为输入和输出电容。电解电容器的耐用性不及陶瓷电容，且尺寸较大，但能够以较低成本提供充足的电容量。为了控制电路高度（10mm），电解电容以水平方向安装在电路板上。输入、输出电容在+105℃条件下的额定使用寿命分别为 4000h 和 8000h。通常，环境温度每降低 10℃，电解电容的使用寿命延长一倍。这意味着在+65℃环境温度下，输入/输出电容的预期寿命分别为 64000h/128000h。只需大约 6μF 的输出电容即可达到所要求的输出电压纹波。由于电解电容器的纹波电流容量有限，本设计使用了两个 47μF 电容。使用多个电容能够消除大部分开关频率的纹波电压。但由于电容选择了具有较高等效串联电感（ESL）的电解电容，无法完全滤除 MOSFET 开关断开时所产生的电路噪声。在输出端添加陶瓷电容或低 Q 值 LC 滤波器可以在一定程度上解决这一问题。

MAX16834 非常适合要求调光功能的应用，当 PWMDIM（IC 的第 10 引脚）为低电平时，会产生以下三个工作：首先，开关 MOSFET（VT1）的栅极驱动（第 13 引脚）变为低电平，避免额外能量传送给 LED 串；其次，调光 MOSFET（VT3）的栅极驱动（第 18 引脚）变为低电平，可以立即降低 LED 串的电流，而且调光 MOSFET 可以在断开期间保持输出电容的电压恒定；最后，为了保持补偿电容的稳定电压，COMP（第 3 引脚）变为高阻。COMP 引脚的高阻可确保 IC 在 PWMDIM 返回高电平后立即以正确的占空比开始工作。上述工作以及非连续工作模式中在每个周期开始时电感电流为零，使得 PWM 具有极短的导通时间，因此可以获得较高的调光高。调光比仅受限于主开关驱动器的频率。由于本设计的工作频率为 300kHz，PWM 最短导通时间约为 3.33μs，意味着调光比可以达到 1500：1（200Hz 调光频率）。导通时间低于 4μs 时，LED 串的电流符合要求，可以提供最高 350mA 的电流。如果 LED 串开路，MAX16834 的过压保护（OVP）电路会在下次导通前将驱动器断开大约 400ms，本设计的 OVP 阈值设为 101V。

MAX16834 提供一路 FAULT#输出信号。一旦检测到内部故障（过流或过压），该输出将变为低电平。故障解除后，FAULT#即可恢复到高电平。FAULT#不会锁定。

由于电路高效（大约 90%）工作，驱动元件的温度不会升高。但电感温度上升幅度可以达到+49℃，高于 Coilcraft 给出的+27℃预测温度。当峰值电流在 RMS 电流两倍以上时（非连续设计会出现这种情况），预测温度偏差较大。高温环境下，需要使用汽车级电感（+125℃）或使用两个串联的 6μH 电感。常温或较低温度环境下，一个 12μH 电感即可满足要求。

实例 29　基于 LM3421/LM3423 的 LED 驱动电路

美国国家半导体研发的 LM3421、LM3423、LM3424 和 LM3429 系列器件，可用作升压、降压、降压/升压或 SEPIC 拓扑结构中低侧外部 MOSFET 的控制器。LM3421、LM3423 和 LM3429 器件都使用峰值电流模式控制器和预测性关闭时间设计来调节 LED 电流。峰值电流模式控制器与

预测性关闭时间设计的组合简化了回路补偿设计，同时提供内在的输入电压前馈补偿。LM3429
是系列中的基本器件，是优化了成本和尺寸的 LED 解决方案。LM3421 增设了用于控制外部调光
FET 和系统"零电流"关闭功能。LM3423 进一步增加了 LED 状态输出标记、故障标记、可编程
故障计时器和逻辑引脚，用于控制调光驱动器的极性。LM3424 与 LM3421 类似，但仅使用标准
峰值电流模式控制器。LM3424 还具有对开关频率编程的功能，或通过可编程斜率补偿、软启动
和 LED 电流热返送功能使开关频率与外部控制信号同步。

LM342x 系列集成电路实现所需功能和总体系统设计的最大灵活性。图 3-54 所示为基于
LM3421 的升压稳压器驱动 LED 电路。LM342x 拓扑结构的一个主要特点是在 LED 高侧进行电流
检测，允许 LED 组中的最后 LED 的阴极局部在底盘接地，并使检测电压可以差分地馈送回集成
电路。这是一个重要的优点，因为使 LED 灯组和驱动器集成电路可以彼此分离。

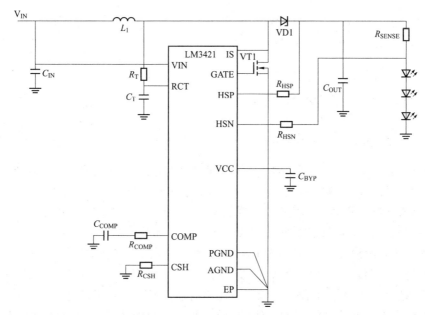

图 3-54　基于 LM3421 的升压稳压器驱动 LED 电路

LED 制造商通常在数据表中包含 LED 最大允许正向电流和温度的曲线，以确保器件的可
靠性，这也称为安全工作区（SOA）。LED 的最大电流额定值在较低温度测得，但在超出特定
温度后，最大允许电流值降低。由于 LED 系统的首要设计要素是适当的散热和通风，因此很
多应用需要考虑不可预测的状况，即使最佳的热设计也可能无法预防这些状况。例如前照灯
被污泥或其他碎屑堵塞的情况。由于对车辆的安全工作至关重要，因此在此类情况下，需要
保持 LED 在较低工作点正常照明，同时使电流保持在安全工作区，以预防照明系统的灾难性
故障。

为了实现根据温度调节 LED 电流的目标，可以使用多种不同的方法。一种方法是构建温度
检测电路，用于调节 LED 电流。更简单的解决方法是使用 LM3424 等具有内置热返送（TFB）功
能的 LED 驱动器。图 3-55 所示为 LM3424 的热返送电路。

使用 LM3424 驱动 LED 和执行热电流控制具有多项优点。首先，不需要在外部配备大部分复
杂的器件（例如多个运算放大器），因为这些在集成电路中已集成在 LM3424 内部。在最简单的
配置中，实现热返送只需要少量标准电阻器和负温度系数（NTC）热敏电阻。如果需要更高的精

度，设计中可以使用 LM94022 等精确温度传感器替换 R_{BIAS} 和 R_{NTC}。此外，LM3424 使用户可以设置 LED 电流开始热返送的温度（T_{BK}，通过 $R_{REF1,2}$、R_{BIAS} 和 R_{NTC} 设置）和电流返送的斜率（通过 R_{GAIN} 设置）。这使设计中可以使用少量外部器件精确重现制造商数据表中提供的电流额定值下降曲线，同时提高随温度变化表现出的性能。图 3-56 所示为 I_{LED} 随温度变化的额定值下降曲线。

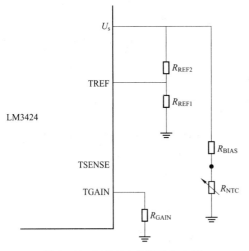

图 3-55　LM3424 的热返送电路

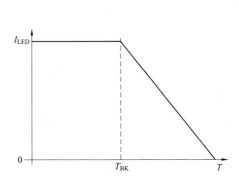

图 3-56　I_{LED} 随温度变化的额定值下降曲线

在图 3-54 所示电路中，集成电路将在到达某温度时返送 LED 电流，此时，LED 电流为零。这与 LED 作为系统中主要热发生器的情况不同。对于前照灯等应用，设计中可能想要设置一项安全功能，即使 LED 可能在超出安全工作区的条件下工作，也始终能够提供光输出。图 3-57 所示为 I_{LED} 随温度变化的额定值下降曲线（最低值非零）。虽然 LM3424 没有这项内置功能，但这可以使用外部钳位电路实现，并且防止 TSENSE 引脚上的电压低于预规定值。

虽然汽车电气系统通常在 12~14V DC 条件下工作，但在特殊情况下，向系统器件的供电电压可能超出或低于正常工作值范围。例如，在冷启动情况下，系统供电可能为 4.5V 或更低，在负载突降状况下，电压可能在 40~60V。如果在这些特殊情况下仍需要 LED 工作或保护，设计中可能希望选择可提供恒定 LED 电流的功率级，而不管电源电压与 LED 组电压的关系如何。一种采用 SEPIC 的开关稳压器可以执行升压和降压工作，图 3-58 所示为开关稳压器电路拓扑。

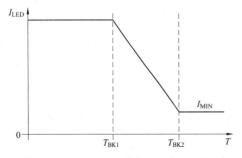

图 3-57　I_{LED} 随温度变化的额定值下降
曲线（最低非零值）

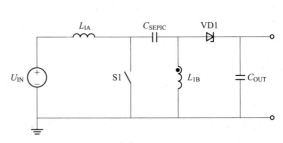

图 3-58　SEPIC 开关稳压器电路拓扑

SEPIC 变换器的效率可能不如降压或升压变换器，但拓扑结构具有多项优点。除了具有升压和降压功能外，另一项尤其适用于汽车电子系统应用的优点是 C_{SEPIC} 电容提供了输入和输出之间的隔离。SEPIC 变换器的不足是需要两个电感器，但两个电感器可以轻松地缠绕在同一芯上，而不是作为两个分立的器件。图 3-59 所示为基于 LM3421 的 SEPIC 变换器应用电路。

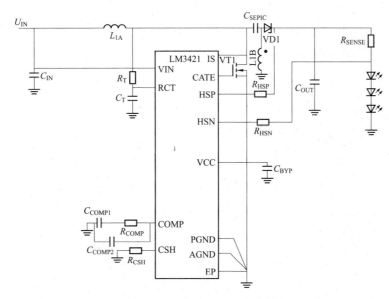

图 3-59 基于 LM3421 的 SEPIC 变换器应用电路

在汽车前照灯与日间行车灯的典型应用中，通常需要把 10 个白光 LED 连成一串。对于典型 U_F 为 4V 的 LED 而言，若设计中不愿意采用串并联的混合拓扑，便可能需采用某种形式的升压直流/直流级去驱动 LED，而若需降低功率级的复杂度，可采用升压开关稳压器。

图 3-60 所示电路为基于 LM3421 的驱动 LED 应用电路，当中的多功能低边 MOSFET 控制器可视为升压功率级的一部分。这种拓扑的一个特色是电流检测会在 LED 的高边完成，使得 LED 串尾端 LED 的阴极接地至车身底盘并使检测电压以差动信号形式反馈回电路。这可说是一个非常重要的优点，尤其当 LED 串和电路之间的距离很远。

LM3423 输入电压范围为 4.5~75V，可调开关频率高达 2MHz，关断电流小于 1μA。还具有快速 PWM 调光、每周期限流、过压保护以及输入欠压保护等功能。使用传统的升压模式的驱动器时会面临的问题是：不管控制器驱动工作与否，其输入和输出之间都一个通路，在这种情况下，输入端的蓄电池会对负载有个直流的通路，会造成漏电。当用于车载照明时，汽车在长时间不用的时候，有这个通路就会对蓄电池进行放电。另外一个问题是，输出端出现短路的时候，也会对蓄电池进行放电。针对这种情况，利用 LM3423 可以解决这个问题，有效延长蓄电池的使用寿命。若 LED 串与地连接，形成短路，由 FLT 引脚负责驱动的输入端 P-FET 会随即被关闭，从而令输入路径成为开路，避免了漏电问题。

LM3423 可支持快速调光控制以及 "0" 停机电流功能，适用于汽车导航系统显示器以及仪表板的 LED 背光系统。它可以确保流过每只 LED 的电流是一致的，在 LED 下方串接了一个 MOS

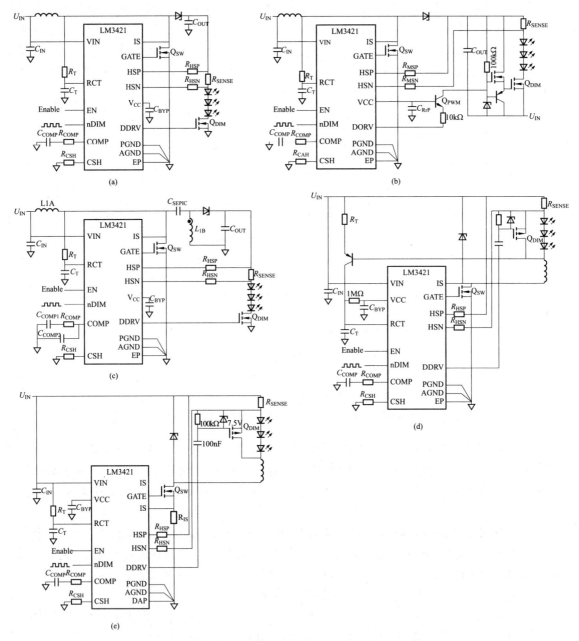

图 3-60　基于 LM3421 的 LED 驱动电路

（a）LM3421 构成的升压稳压器驱动 LED 电路；（b）带高速调光的 LM3421 降-升压电路；

（c）带高速调光的 LM3421SEPIC 电路；（d）带高速 PWM 调光和对 V_{LED} 恒定的波纹电流的 LM3421 降压电路；

（e）带高速 PWM 调光和对 V_{IN} 恒定的波纹电流的 LM3421 降压电路

管作为调光控制的开关。其中，nDIM 引脚负责执行输入欠压锁定以及 PWM 调光功能。每当输入 PWM 信号时，DDRV 引脚便会驱动 DIMN-FET，命令串联在一起的 LED 进行快速开关，以便控制亮度，调光控制频率可以高达 50kHz。基于 LM3423 的升压/降压、升压 LED 驱动电路如图 3-61所示。

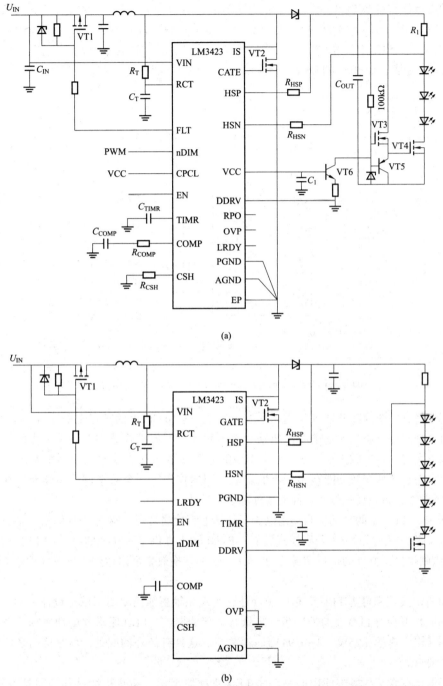

(a)

(b)

图 3-61 基于 LM3423 的升压/降压、升压 LED 驱动电路
（a）升压/降压 LED 驱动电路；（b）升压 LED 驱动电路

实例30 基于 LT3956 的 LED 驱动电路

如今，一个25W白光 LED 汽车前照灯可以采用由 18 个串联 LED 组成的阵列来配置，使

163

350mA 的电流流过这些 LED 以产生所需的光输出。要高效和简单地驱动这样一种配置，在设计中凌力尔特公司推出的 LT3956 单片式 LED 驱动器是一种可行的解决方案。LT3956 是一款 DC/DC 变换器，专为恒定电流和恒定电压调节器而设计。它非常适合于驱动大电流、高亮度 LED。图 3-62 所示为基于 LT3956 的 25W 白光 LED 车前灯驱动电路。

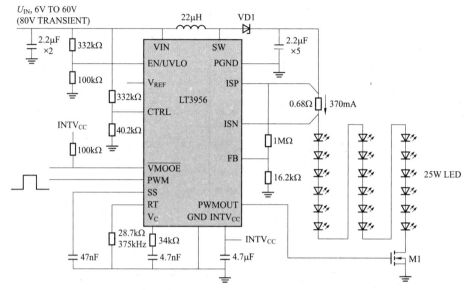

图 3-62 基于 LT3956 的 25W 白光 LED 车前灯驱动电路

该器件具有一个内部低端 N 沟道功率 MOSFET，此 MOSFET 的额定规格针对 84V/3.3A 而设计，并由一个内部已调 7.15V 电源来驱动。固定频率、电流模式结构在一个很宽的电源和输出电压范围内实现了稳定的工作。一个参考于地的电压反馈（FB）引脚用作多个 LED 保护功能电路的输入，而且还使变换器能够起一个恒定电压源的作用。一个频率调节引脚允许在 100kHz ~ 1MHz 设置频率，旨在优化效率、性能或外部组件尺寸。

LT3956 在 LED 串的高端检测输出电流。高端电流检测是用于驱动 LED 的最灵活方案，允许采用升压、降压模式或降压-升压模式配置。PWM 输入提供了高达 3000∶1 的 LED 调光比，而 CTRL 输入则提供了额外的模拟调光能力。LT3956 的转换效率可以达到约 94%（取决于输入电压和工作频率）。

这种高转换效率可为 LED 汽车前照灯外壳实现一种更加简单明了的热设计方案，因为这款 LED 驱动器并不会对 LED 本身所产生的热量有显著的影响。LED 驱动器的功率损失若为 1.5W，这些功率被作为热量 [25W×(1-0.94)] 而耗散掉。这具有额外的好处，就是同时还降低对空间和重量的要求。

对于即将在汽车环境中使用的高功率 LED 驱动器来说，某些特性是其必须具备的。显然，它必须要能够运用一种同时满足输入电压范围以及所需的输出电压和电流要求的转换拓扑结构，给不同类型的 LED 配置提供足够的电流和电压。不过，它们还应该拥有以下特点：宽输入电压范围、宽输出电压范围、高效转换、严格调节的 LED 电流匹配、低噪声、恒定频率工作、独立的电流和调光控制、宽调光比范围、小巧紧凑的占板面积和极少的外部组件。

即使在具备以上性能特征的情况下，由 LED 驱动器驱动的 LED 还必须能够从尽可能低的功率等级来提供所需的光输出量（流明），且不会导致热设计遭受重大的限制。

实 例 31　基于 LT3755/LT3755-1 的 LED 驱动电路

Linear 公司的 LT3755/LT3755-1 是大电流 DC/DC 控制器,可作为恒流源用来驱动大电流 LED。LT3755/LT3755-1 通过内部的 7V 稳压源来驱动低边 N 沟功率 MOSFET,LT3755/LT3755-1 具有 3000∶1 的真彩色 PWM 调光,输入电压可从 4.5~40V,而输出电压可高达 60V。LT3755/ LT3755-1 的主要技术特性如下。

(1) 100mV 高端电流检测。

(2) 可以采用升压、降压、降压-升压、SEPIC 或反激式拓扑结构来驱动 LED。

(3) 可调频率范围:100kHz~1MHz。

(4) 恒定电流和恒定电压调节,可编程软起动。

(5) 开路 LED 状态引脚(LT3755)。

(6) CTRL 引脚提供了模拟调光功能。

(7) PWM 断接开关驱动器,低停机电流:1μA。

(8) 具有开路 LED 保护、迟滞的可编程欠压闭锁保护功能。

(9) 频率同步(LT3755-1)。

(10) 耐热增强型 16 引脚 QFN(3mm×3mm)和 MSOP 封装。

大多数前照灯应用需要约 50W 的 LED 电流。凌力尔特公司的 LT3755 设计成服务于这种类型的应用,它可以将汽车总线电压(标称值为 12V)提高到 60V,以驱动多达 14 个串联连接的 1ALED。图 3 63 所示为基于 LT3755 的 50W 汽车前照灯电路。

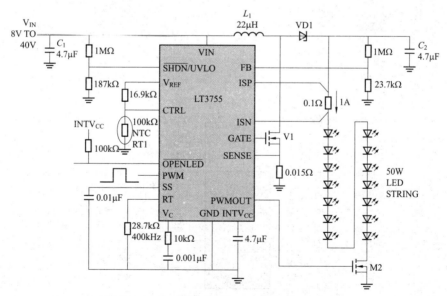

图 3-63　基于 LT3755 的 50W 汽车前照灯电路

LT3755 的效率可高达 93%(如图 3-64 所示),这一点是非常重要,因为这消除了所有电源组件的散热需求,从而可组成一个占板面积非常紧凑的解决方案。尽管图 3-63 所示电路是一种升压型拓扑,但是 LT3755 独特的高压侧电流检测设计,使其能够根据应用的具体要求可配置为降压模式、SEPIC 模式、降压—升压模式电路,如图 3-65 所示。

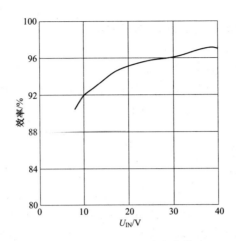

图 3-64　LT3755 的效率曲线

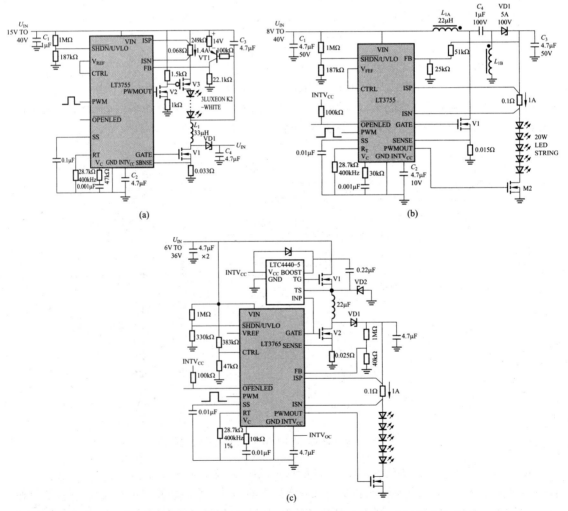

图 3-65　LT3755 配置为降压模式、SEPIC 模式、降压—升压模式电路
（a）降压模式；（b）SEPIC 模式；（c）降压—升压模式

LT3755 用稳定的内部 7V 电源驱动外部低端 N 沟道 MOSFET。固定频率、电流模式结构允许在宽电源和输出电压范围内稳定和准确地工作。LT3755 提供一个恒定电流源，这对 LED 驱动器集成电路在输入电压不稳定时实现恒定 LED 亮度非常重要，而且在汽车应用中尤其重要，因为在冷车发动和负载突降等情况下遭遇瞬态后，输入电压可能有极大的摆动。LT3755 的最高输入电压为 40V，使其能够在汽车电源总线遭遇 40V 瞬态时稳定 LED 电流和电压。

以地为基准的电压反馈引脚用作很多 LED 保护电路的输入，如 LED 开路保护，而且还使变换器有可能用作恒定电压源。频率调节引脚允许在 100kHz~1MHz 对频率编程，以优化效率和性能，同时最大限度减小外部组件尺寸。如果需要外部同步，LT3755-1 版本在 100kHz~1MHz 的整个频率范围内还可以同步至外部时钟。

LT3755 的真彩 PWM 调光实现了高达 3000∶1 的调光比，调光时所发光的颜色没有改变，从而能够持续调节 LED 前照灯，以适应多种环境条件。因为凌力尔特公司的大电流 LED 驱动器是电流模式稳压器，因此它们不直接调制电源开关的占空比，而是由反馈环路控制每个周期的开关峰值电流。与电压模式控制相比，电流模式控制改进了环路动态特性，并实现了逐周期限流。

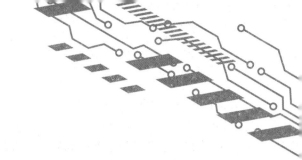

第4章

LED背光照明驱动电路设计实例

实例1　基于 LTC3206 的 LED 背光照明驱动电路

凌特公司的 LTC3206 采用了一种改进的电荷泵解决方案，其具有高效率、低噪声、升压和直接连接两种工作模式。LTC3206 是一种高度集成的多显示屏 LED 控制器，可同时为主、副白光 LED 显示屏以及 RGB 彩色 LED 显示屏供电。LTC3206 仅需要 4 个小的陶瓷电容器和两个电阻就可以构成一个完整的 3 显示屏 LED 驱动器。配置成驱动多个显示屏的 LTC3206 应用电路如图 4-1 所示。

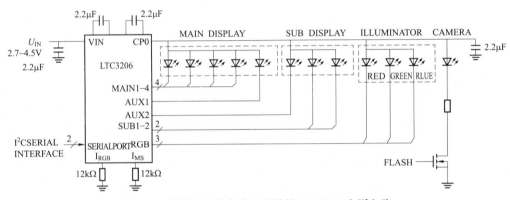

图 4-1　配置成驱动多个显示屏的 LTC3206 应用电路

主、副显示屏和 RGB 显示屏的最大电流独立设定，而每个 LED 的电流由一个内部电流源控制。所有显示屏的调光和导通、关断控制都通过一个 I²C 串行接口实现。两个辅助 LED 引脚可以独立地分配给主显示屏或副显示屏，增加了设计的灵活性。主、副显示屏的调光范围都是128∶1，而每个红、绿和蓝光 LED 都具有 16 种调光状态，从而产生 4096 种颜色组合。另外，为了满足大电流照相机闪光灯的需求，LTC3206 还能通过 CPO 引脚提供高达 400mA 的持续电流，并能提供高达 800mA 的峰值电流。

LTC3206 通过标准 I²C 两线接口与微控器通信，该 I²C 端口以高达 400kHz 的频率工作，并具有内置定时延时，以确保从一个符合 I²C 标准的微控器进行寻址时能够正确工作，LTC3206 是一个只接收型（从属）器件。

为了使噪声最小，LTC3206 采用了恒定频率电流调节技术，以确保泵电容的放电电流刚好满足提供负载电流。该电荷泵工作在两个相位，在每个时钟相位上电流几乎保持恒定，从而确保无音频成分。为了获得最佳的效率，LTC3206 的电源管理部分提供两种向 CPO 引脚供电的方法是：直接连接模式下的 1 倍压或 1.5 倍压升压模式。当用 LTC3206 启动任何显示屏时，电源管理系统用一个低阻抗开关把 CPO 引脚直接连接到 VIN 端。如果在 VIN 提供的电压足够高，则以恰当的编程电流为所有 LED 供电，那么该系统将在这种"直接连接"模式下提供最高效率。在"直接连接"模式下 LTC3206 内部电路实时对电池电压进行监视，当电池电压下降至设定的压降门限值时，LTC3206 就会自动的切换到升压模式，软启动 1.5 倍压模式升压电荷泵为 LED 供电。

实例 2　基于 LTC3208 的 LED 背光照明驱动电路

凌特公司开发的 LTC3208 为改进的电荷泵解决方案，LTC3208 是一个电流为 1A 高效率和低噪声的可变模式升压电荷泵。LTC3208 只需 4 个小的陶瓷电容器和一个电流设置电阻就能形成一个完整的电源和电流控制器。图 4-2 所示为采用 LTC3208 驱动多显示屏的电路。

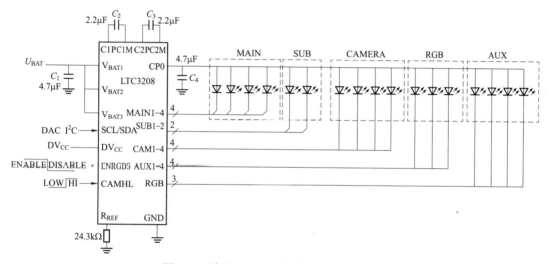

图 4-2　采用 LTC3208 驱动多显示屏的电路

单个外部电阻设置最大显示屏电流，每个 LED 的电流可由一个精确内部电流源控制，所有显示屏的调光和导通、关断通过一个 I^2C 两线串行接口实现。就主和副显示屏而言，有 256 个亮度等级，而 RGB 和相机显示屏则有 16 个调光状态。4 个辅助电流源可以通过 I^2C 端口独立分配给主、副、相机闪光灯或辅助 DAC 控制的显示器。

LTC3208 采用标准 I^2C 两线接口与主器件通信，该 I^2C 端口以高达 400kHz 的频率工作，并具有内置时延电路以确保从 I^2C 兼容的主器件寻址时正确工作，LTC3208 是一个只接收型（从属）器件。LTC3208 还具有内置过热保护功能，当内部芯片温度达到约 150℃ 时，将发生热关机。

LTC3208 在 1 倍压模式启动，在这种模式下，U_{BAT1} 和 U_{BAT2} 直接连接到 CPO。这一模式具有最高效率和最低噪声。LTC3208 将保持这一模式直到 LED 电流源电压变得太低，以至无法提供编程电流而产生的电压降，一旦检测到这个压降，LTC3208 就切换到 1.5 倍压模式。然后，CPO 电压将开始升高，并试图达到 U_{BAT} 的 1.5 倍压，最高达 4.6V。在 1.5 倍压模式下检测到出现 LED 电流源电压变得太低以至无法提供编程电流时而产生的压降后，将使该器件进入 2 倍压模式。这时，CPO 电压将试图达到 U_{BAT} 的 2 倍压，最高达 5.1V。无论何时，只要 DAC 数据位通过 I^2C 端口更新或处于 CAMHL 信号的下降沿时，该器件就将复位到 1 倍压模式。

LTC3208 上电后，两相非重迭时钟启动电荷泵开关，在 2 倍压模式中，泵电容器用 U_{BAT} 在交替的时钟相位上充电，以最大限度地减小输入纹波和 CPO 电压纹波。在 1.5 倍压模式中，泵电容器在第一个时钟相位期间串联充电，在第二个相位期间与U_{BAT}并联，这个对泵电容器充电的过程一直以恒定的900kHz频率进行。

LED电流源提供的电流由DAC控制，每个DAC都通过I^2C端口编程。全标度DAC电流由R_{REF}设置，R_{REF}的阻值限制在20~30kΩ。当切换到升压模式时，LTC3208还用电荷泵的软启动功能防止过大浪涌电流引起电源电压下降。CPO引脚提供的电流在典型值为150ms的周期内线性地增大。

LTC3208电路中有4个主电流源和两个副电流源，每组电流源都有一个用于电流控制的8位线性DAC。LTC3208输出电流范围为0~26.5mA，分为256个步进。LTC3208还有4个CAM电流源，这组电流源具有用于电流控制的4位线性DAC。输出电流范围为0~1000mA，分为16个步进。RED、GREEN和BLUELED可以通过3个4位指数DAC、按照16个步进从0~26.5mA单独设置。此电路中有4个AUX电流源。这组电流源用于电流控制的4位线性DAC。输出电流范围为0~26mA，分为16个步进。此外，每个AUX电流源还可以连接到MAIN、SUB或CAMDAC。

在电子设备设计中，为降低LED的功耗，应对LED的电流进行控制，控制LED电流的一个常见方式是采用PWM脉冲来驱动芯片的使能端，通过启动与关闭LED驱动芯片，使驱动电路的输出电流为PWM信号占空比的平均值。对于LED驱动芯片，由于采用单线（S-Wire）或两线的I^2C接口，故只需用一或两个I/O口，因而设计非常简单。

实例3 基于LTC3219的LED背光照明驱动电路

LTC3219是一款9路输出无电感器、低噪声、高效率LED驱动器，可通过设置来对9路独立的LED进行亮度等级调节、闪烁或接通工作（采用内部逻辑器件和电路来驱动9路由6位DAC控制的LED电流源）。由于亮度等级调节和闪烁功能是在内部控制，因此可在不增设IC的情况下实现所需的照明效果，增设IC会大量占用I^2C总线或者需要用复杂的程序。LTC3219可对任何0~28mA输出上的任何功能进行配置，以通过外部使能（ENU）引脚或I^2C接口来激活。可通过简单的两线I^2C串行接口编程。LTC3219包括一个高效率、低噪声充电泵，用于为9路通用LED电流源供电。LTC3219只需5个小陶瓷电容器即可构成一个完整的LED电源和电流控制器。

LTC3219的2.9~5.5V输入电压范围已经为单节锂离子、聚合物电池应用而优化，充电泵提供了高达250mA的输出电流，LTC3219的多模式充电泵以低噪声恒定频率工作，自动基于LED电流源上的电压优化效率。该器件以1倍压模式加电，并在任何启动工作的LED电流源快出现压差时自动切换到1.5倍压模式，随后的压降将器件切换到2倍压模式，也可以强制执行这些模式中的任何一种，当某个数据寄存器通过I^2C端口更新时，该器件将复位至1倍压模式。内部电路有效地防止在启动和模式切换时出现浪涌电流和过大的输入噪声。此外，该器件还具有短路和过热保护功能。

LTC3219可用于移动电话显示和照明，为主、副和RGB显示屏提供9路独立的可配置电流源。显示屏电流通过精确的内部电流基准设置。这些通用电流源能以数字方式控制，具有独立的调光、亮度、闪烁和亮度控制，用锂离子电池（3.6V标称值）驱动时，效率达到91%，静态电流仅为400μA，最大限度地延长了电池的工作时间，转换速率受限的开关降低了传导和辐射噪声（EMI）。

最大显示屏电流由一个内部精准电流基准来设定，所有电流源独立调光、接通、关断、闪烁和亮度等级控制均通过I^2C串行接口来实现。可使用6位线性DAC来调节每个通用LED电流源的亮度电平。

　　每个输出都可以被设定为以一个 156ms 或 625ms 的接通时间和一个 1.25s 或 2.5s 周期进行闪烁，闪烁模式可以通过 I²C 接口或采用 ENU 引脚来激活和终止。激活了闪烁模式，LED 将连续闪烁，而不会受到来自 I²C 接口或 ENU 引脚的任何影响。这使得能够把控制接口器件关断并节省电池功率，直到需要时为止。LTC3219 能够逐渐接通或逐渐关断任何数量的通道。亮度等级调节电路以 240、480ms 或 960ms 的斜坡时间使 LED 亮度从 0mA 斜坡上升至编程值（关断过程与此相同）。与闪烁模式一样，亮度等级调节模式可以借助极少的 I²C 作用或利用 ENU 引脚来实现。

　　LTC3219 可在 960ms 的时间里对一只 LED 进行从 0~28mA 的亮度等级调节，在亮度等级调节斜坡之前，亮度等级调节定时器、上升位和 ULED 寄存器被设定，最终 I²C 写脉冲上的一个停止位将启动亮度调节斜坡。在亮度调节斜坡上升完成之后，亮度调节功能被停用，且 LED 被设定在满亮度水平上。

　　LTC3219 采用扁平（0.75mm）20 引脚 QFN（3mm×3mm）封装，该 IC 仅需要 5 个小的电容器，就能构成纤巧、完整的 LED 电源和电流控制器解决方案。LTC3219 具有以下技术特性。

　　（1）多模式充电泵提供了高达 91% 的效率，高达 250mA 的总输出电流。

　　（2）转换速率受限的开关工作降低了传导噪声和辐射噪声（EMI）。

　　（3）具有 64 级线性亮度控制能力的 9 路 28mA 通用电流源。

　　（4）采用两线式 I²C 接口来实现每个电流源的独立接通、关断、亮度电平、闪烁和亮度等级控制。

　　（5）具有内部电流基准。

　　（6）用于异步 LED 接通/关断控制的可配置 ENU 引脚。

　　（7）低噪声电荷泵可工作于 1 倍压、1.5 倍压或 2 倍压模式以实现最佳效率。

　　（8）自动或强制模式切换。

　　（9）具有内部软启动功能可限制浪涌电流，并具有短路/热保护功能。

　　LTC3219 驱动 LED 应用电路如图 4-3 所示，该电路为一款移动电话照明电路，该电路具有 4 只白光 LED 用于给小键盘提供背光照明、一个多色指示灯和一个由 RGBLED 提供照明的功能选择按钮。多色指示灯由一只红光 LED 和一只绿光 LED 组成。RGBLED 提供了完整的色域，包括通过改变其各只 LED 的亮度而形成的白光。当该移动电话接通时，小键盘和功能选择按钮将在 LED 的照射之下逐渐达到一个亮度，而这亮度是由基带控制器和 CPU 采用 LTC3219 的亮度调节功能所设定。功能选择按钮也可以使用亮度等级调节功能来逐步改变色彩。在一个空闲周期之后或在断电期间，将利用亮度等级调节功能把 LED 逐步关断。当有一个未接电话时，基带控制器和 CPU 将把多色指示灯设定为"红光闪烁"状态，以表示有一个未接电话或"绿光闪烁"状态以表示有留言信息。当多色指示灯闪烁时，基带控制器将把控制切换至外部使能引脚，多色指示灯将被关断以节省电池功率。小键盘和按钮接口把 ENU 引脚保持于高电平，直到移动电话用户将闪烁指示灯关闭为止。

　　移动电话采用振动、声和光的不同组合来提示用户有电话呼入或接收到短信，图 4-4 所示电路是一款采用 LTC3219 驱动 4 个背光照明 LED、一个振动器电动机和一个逻辑控制发声装置的应用电路。一个逻辑引脚 ENU 可把背光、振动、发声装置全部同时接通，如果振动器电动机需要 100mA 以上的电流，则可简单地把 ULED 输出连接起来，以提供足够的电流。需在电动机终端的两端以及 ULED 输出引脚和地之间连接一个小陶瓷电容器，以减小感应尖峰，并防止产生错

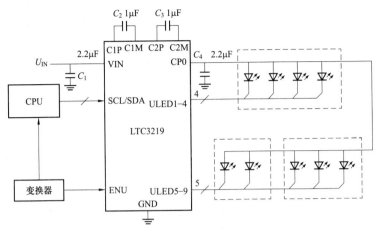

图 4-3　LCT3219 驱动 LED 应用电路

误的压差。

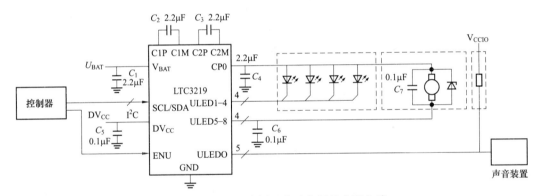

图 4-4　LTC3219 应用于移动电话的典型电路

　　电动机中的速度和电流与电动机两端的电压成比例，因此必须对电动机两端的电压加以控制，以控制电动机速度和电流，一种电压控制方法是在电动机两端跨接一个并联齐纳二极管。应采用一个能够以极小的齐纳电流在电动机的两端提供期望电压的齐纳二极管，以实现效率的最大化。

实例 4　基于 MAX1916 的 LED 背光照明驱动电路

　　LED 为电流驱动器件，光输出强度由流过 LED 的电流决定。图 4-5 是由电压源和限流电阻构成的一种简单 LED 偏置电路，流过白光 LED 的电流由式（4-1）确定，即

$$I_{LED} = (U_{CC} - U_F) / [R_{LIM} + R_{DS(ON)}] \qquad (4-1)$$

式中：R_{LIM} 为限流电阻，在图 4-5 中，R_{LIM} 分别为 R_1、R_2、R_3 的阻值。

　　这种连接方式成本较低，但要求 LED 参数要一致。如果系统中需要多只 LED，如移动电话显示器背光需要采用 8 个白光 LED，按照图 4-5 的设计方案将需要多个限流电阻，占用较大的 PCB 面积。

　　如果将 U_{CC} 增大到 U_F 的 10 倍以上可以减少 U_F 变化的影响，但耗电较大，不符合电池供电电

子设备的需求。对于采用单节锂离子电池供电的电子设备，锂离子电池电压的变化范围为 3 ~ 4.2V。如果白光 LED 的偏置电路只是简单的由锂离子电池和限流电阻提供，输出亮度将会产生明显的变化，合理的方案应该是采用电流偏置电路。

电流偏置电路实际上是用 1 个电流源为 LED 提供偏置，如果电流源具有足够的动态范围，这种偏置方式将不受 U_F 变化的影响。图 4-6 为电流偏置方案的原理框图，该电路将图 4-5 中的限流电阻用电流源替代。LED 的光输出强度与电源和正向电压无关，只要有足够的电源电压为电流源和 LED 提供偏置即可。在图 4-6 中，VT1 为使能控制开关。

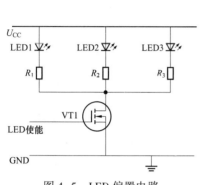

图 4-5　LED 偏置电路

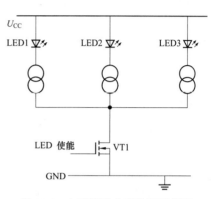

图 4-6　电流偏置方案的原理框图

MAX1916 为专用 LED 驱动 IC，MAX1916 提供了一种先进的 LED 电流偏置电路。MAX1916 在微型 SOT23 封装内集成了 3 组电流源，流过 R_{SET} 的电流镜像到 3 个输出端，如图 4-7 所示。电路中几个相同的 MOSFET 具有相同的栅源电源，因此，它们的沟道电流相同，电流的大小由镜电流 I_{SET} 决定。MAX1916 的电流最大失配度为 ±5%，"镜像系数"为 200：1（200A/A）。也就是说，当 I_{SET} 为 50μA 时，每个输出端的电流为 10（1±0.05）mA（最大）。SET 端由内部偏置在 1.25V。I_{SET} 由式（4-2）决定，即

$$I_{SET} = (U_{cc} - 1.25) / R_{SET} \tag{4-2}$$

$$I_{OUT} = 200 I_{SET} \tag{4-3}$$

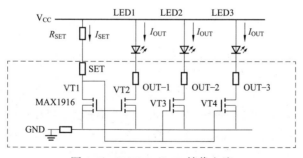

图 4-7　MAX1916LED 镜像电流

每路电流之间偏差为 ±5%。输出端饱和电压为

$$U_{OUT(SAT)} = R_{DS(ON)} \times I_{OUT} \tag{4-4}$$

MAX1916 的漏源电阻在整个温度范围内保证不高于 50Ω，一个工作电流为 2mA 的 GaAsP-LED 在正常工作时所需要的最低电压是：$U_F + 100mV$，2.71V 的输入电压能够将 GaAsP-LED 的工作电压维持到 2.7V。为了获得更低的压差和更高的输出电流，可以将 MAX1916 的三路输出并联

构成"镜像系数"为600A／A的电流源，MAX1916输出并联电路如图4-8所示，并联后的漏源电阻为50/3＝16.67Ω（最大值）。这种连接方式允许单个LED在3V供电时电流达到20mA以上，满足目前便携式移动电话等产品对背光源的要求。用于设置端电流的电压源可以由带载能力较强的主电源单独提供，例如，在移动电话中，U_{SET}可以由射频（RF）电路的低噪声＋2.8V电源提供。如果直接由单节锂离子电池供电，MAX1916适用于驱动正向电压较低的GaAsP-LED，而对于正向电压较高的InGaN-LED则需采用其他驱动方案。因为由锂离子电池供电时，随着电池的放电，输入电压可能无法满足LED所要求的偏置电压。

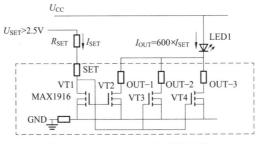

图4-8　MAX1916输出并联电路

如果系统提供高于LED正向导通电压的电平，LED可以很容易地被驱动。例如，数码照相机通常包括一个＋5V供电电源，就不需要升压功能，因为供电电压足以驱动LED。MAX1916可以同时驱动3个并联的LED，如图4-9所示。

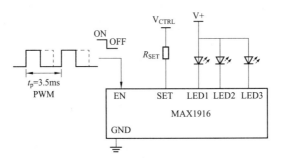

图4-9　MAX1916驱动3个并联的LED电路

MAX1916是一款低压差、LED偏置电源，可代替传统LED设计中的限流电阻。MAX1916用一个电阻设置3只LED的偏置电流，匹配度可达0.3%。MAX1916工作时电源电流仅为40μA，禁止状态下为0.05μA。与限流电阻方案相比，MAX1916具有出色的LED偏置匹配度、电源电压变化时偏置变化极小、压差更低，而且，在一些应用中能够明显提高转换效率。负载为9mA时，MAX1916仅需200mV的压差、并保持每个LED的亮度一致。MAX1916还具有以下技术特性。

（1）最大60mA偏置电流。

（2）简单的LED亮度控制。

（3）2.5～5.5V输入电压范围。

（4）具有热关断保护。

（5）小巧的6引脚、薄型SOT23封装（高1mm）。

在图4-9所示的MAX1916应用电路中，单个外部电阻（R_{SET}）可设定流经每个LED的电流数值，在 IC 的使能引脚（EN）上加载脉宽调制信号可以实现简单的亮度控制（调光功能）。

采用电阻 R_{SET} 设定 LED 电流的方法占用很少的 PCB 空间，除 MAX1916（小巧的 6 引脚 SOT23 封装）和几个旁路电容之外，仅需要一个外部电阻。由于 MAX1916 具有极好的电流匹配（不同 LED 之间差别 0.3%）。这种结构提供了相同的色彩区域，因此每个 LED 具有一致的亮度。

某些便携式电子设备根据环境光线条件来调节其光输出亮度，有些设备在一段较短的空闲时间之后通过软件降低其光强。这都要求 LED 具有可调光强，并且这样的调节应该以同样的方式去影响每路 LED 正向电流，以避免可能的色彩坐标偏移。利用小型数模变换器控制流经 R_{SET} 电阻的电流可以得到均匀的亮度。

例如带有 I²C 接口的 MAX5362 或带有 SPI 接口的 MAX5365 能够提供 32 级亮度调节，由于 LED 的正向电流会影响色彩坐标，因此 LED 发出的白光会随着光强的变化而改变。相同的正向电流会使这个 LED 组里的每个 LED 都发出同样的光，改变 LED 的正向电流来控制 LED 的电路如图 4-10 所示。

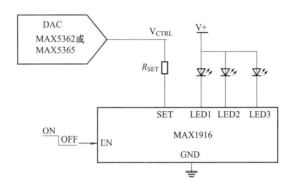

图 4-10　改变 LED 的正向电流来控制 LED 的调光电路

而使色彩坐标不发生移动的调光方案称为脉宽调制，它能够由绝大多数可以提供使能或关断控制的控制器件实现。例如，通过拉低 EN 电平禁止器件工作时，MAX1916 可以将流经 LED 的电流限定为泄漏电流，使发射光为零。拉高 EN 电平可以可控制 LED 的正向电流。如果给 EN 引脚加脉宽调制信号，那么亮度就与该信号的占空比成正比。由于流经每个 LED 的正向电流持续保持一致，因而色彩坐标不会偏移。人眼无法分辨超过 25Hz 的频率，因此 200～300Hz 的开关频率是 PWM 调光的很好选择。高的开关频率会在切换 LED 开关的短暂时间间隔内，导致 LED 的色彩坐标发生变化。PWM 信号可以由微处理器的 I/O 引脚或其外设提供。

实例5　基于 MAX1582 的 LED 背光照明驱动电路

对于带有彩色显示屏的无线手持终端，白光 LED 是主要的背光源，采用白光 LED 背光源具有驱动电路简单、效率高、可靠性高等优势。新一代移动电话一般采用 3～4 只白光 LED 作为主显示屏的背光源，2 只白光 LED 用于子显示屏（折叠式设计）的背光源，6 只或更多的白光/彩色 LED 用于键盘的背光源。如果移动电话集成有相机，还至少需要 4 只白光 LED 用于闪光灯、MPEG 影片的光源。这样，在一个移动电话内总共用到了 16 只白光 LED，所有白光 LED 都需要恒流驱动。

第一代产于日本的彩显移动电话利用效率较低的 1.5 倍压电荷泵和限流电阻实现白光 LED

的驱动，这种方案消耗 40mA 的电流。目前，大多数设计中采用基于电感的升压变换器，可获得极高的转换效率。新推出的 1 倍压、1.5 倍压电荷泵可以获得同样高的效率，而且省去了外部电感，只是与白光 LED 连结时需要许多引线。针对这一应用在设计中需要考虑的因素有：高效、小尺寸的外部元件、低输入纹波（防止噪声耦合到其他电路）、简单的调光接口、低成本、高可靠性（输出过压保护等）。一些 PMIC（Power Management Integrated Circuit 电源管理集成电路）包括了白光 LED 的供电电路，但通常不能提供多个显示器的供电，而且可能存在效率低、切换速度慢、需要较大电感或电容、输入纹波较大等问题。针对上述要求在设计中采用 MAX1582 可构成较佳的解决方案，MAX1582 典型应用电路如图 4-11 所示。

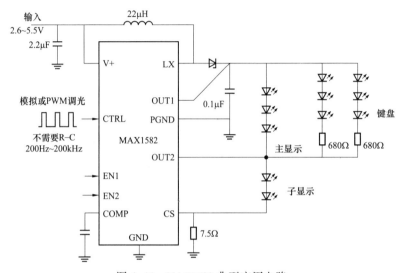

图 4-11　MAX1582 典型应用电路

　　MAX1582 为高效率、升压型、双输出白光 LED 驱动器，可用于驱动移动电话的主、次屏显示器白光 LED 背光源，功耗降低 25%。MAX1582 能够以恒定电流驱动多达 6 个串联的白光 LED，为移动电话和其他电子设备提供双显示屏（主和次）的背光驱动，并无需配置限流电阻。专有的双输出、升压型脉宽调制（PWM）变换器内置 30V、低 R_{DSON}、N 沟道 MOSFET 开关，可以提高效率和延长电池寿命。

　　MAX1582 采用 1MHz 电流模式脉宽调制（PWM）控制结构，允许选用小尺寸的输入和输出电容及电感，并可降低输入电源的纹波，以避免干扰设备中的敏感电路。集成的过压保护（MAX1582 为 27V）电路无需外接齐纳二极管，可通过外部模拟信号或直接数字 PWM 方式灵活控制白光 LED 亮度，无需外接 RC 滤波器。可在低亮度时提高了亮度调节精度，PWM 亮度控制信号的频率范围为 200Hz~200kHz。软启动功能消除了启动过程中的浪涌电流，MAX1582 采用小巧的 4×4 芯片级（UCSP）封装和 12 引脚、薄型 QFN 封装。

1. 技术特性

MAX1582 主要技术特性如下。

（1）灵活的亮度控制，可实现精确的电流调节使白光 LED 获得均匀亮度。

（2）可驱动主、次两组白光 LED，工作效率高达 84%。

（3）低输入纹波（15mU_{p-p}），恒定 1MHz 工作频率，可选用小尺寸电感和电容。

（4）DAC 模拟输出控制。

（5）2.6~5.5V 输入电压，过压保护无需齐纳二极管。

（6）软启动消除浪涌电流，0.01μA（典型值）关断电流。

2. 电路外部元件选择及 PCB 布局布线设计

（1）检测电阻的选择。电流检测电阻值是由 MAX1582 的参考电压除以所要求的 LED 最大电流来决定，图 4-11 电路中选择的电流检测电阻值为 7.5Ω。

（2）电感的选择。选择适当的电感不仅对确保设计符合效率要求，而且也能满足有限的电路板面积要求。电感的选择必需考虑电感值、饱和电流和线圈阻抗（DCR）3 项参数。如同所有的开关式变换器一样，选择电感就是在效率和电路板面积间做出折中，较大的电感值可提供更小的阻抗、更高的效率和更大的饱和电流额定值。较小的电感则使用较少的电路板面积，饱和电流额定值也较小，但线圈阻抗却比较大，因此整体效率较低。

在传统的升压变换器中，输出电感和电容会决定变换器的反馈回路是否稳定，因此被选中的电感、电容和补偿网络的器件都必须经过测试，确保电路能够稳定工作。MAX1582 采用先进的控制电路，无论采用多大的电感值，电路都能确保工作稳定，因此不必考虑反馈补偿的问题。在控制电路中，开关频率 F_S 是由电感值、输入电压、输出电压和负载电流所决定，其计算公式为

$$F_S = \frac{2I_{OUT}(U_{OUT} - U_{IN} + U_F)}{\left(I_{LIM} + \dfrac{U_{IN}}{2}100\right)^2 L_{OUT}} \tag{4-5}$$

式中：I_{OUT} 是 LED 的电流；U_{OUT} 是输出电压；U_{IN} 是输入电压（最小值 2.7V）；U_F 是逆向电压保护二极管的正向电压，取 0.4V；I_{LIM} 是峰值开关电流（由控制拓扑决定）；L_{OUT} 是电感值；100 的单位为纳秒，ns。

既然电感体积是重要的设计参数，开关电路应使用高的开关频率，但由于电感式变换器的开关损耗会受到开关频率影响，因此频率越高通常就代表效率越低，而较低的开关频率可以提供较高效率。要如何选择最适当的开关频率，才能将变换器开关损耗减至最少，这个问题目前仍没有任何最终方程式可供求解。典型的设计步骤是选择一个接近最大可能的工作频率来设计变换器，然后重新调整开关频率和测量工作效率，直到其参数达到满意为止。

（3）输入和输出电容选择。输入电容能稳定电源的输入阻抗，这在电池供电型电子设备中极为重要，因为在开关式电源的开关频率下，所有电池都会有很高的阻抗。若没有输入电容，开关式电源以脉冲形式自输入端汲取电流时，就会在输入电源线路上产生很大的电压纹波，进而影响系统的其他部分电路正常工作。就 MAX1582 而言，应使用 4.7μF 的陶瓷输入电容，但也可以使用更大的电容值。较小的电容值可以节省电路板面积和成本，但会增加输入的纹波电压，在不增加输入电容的前提下，减少输入纹波电压的方法之一是提高驱动器的开关频率，这可通过减少电感值来完成；在较高的开关频率下，电容阻抗变得较小，这能降低输入的纹波电压。

开关式升压变换器的输出电容的容量会直接影响输出纹波电压，由于电压对于 LED 驱动电路并不重要，因此可以使用低至 0.1μF 的输出电容。这么小的输出电容确实会造成很大的纹波电压，它会让 LED 出现很大的纹波电流。但因纹波电流并不会对 LED 造成什么影响，LED 的亮度是由 LED 平均电流决定，任何频率在 100Hz 以上的纹波电流都不会被眼睛察觉。假设 LED 电流波形的波峰为 30mA，波谷为 10mA（平均 20mA），那么它所产生的 LED 亮度会和 20mA 直流电流完全相同。

输出电容应使用陶瓷电容，其电压额定值应该高于变换器的输出电压，若输出电压为 16V，

应选用额定电压为 16V 的电容，即使在故障情形下，输出电压也只会上升至 19V，因陶瓷电容在两倍的额定电压下才会损坏，所以 16V 的输出电容仍在可接受范围内。对于要求使用寿命长或可靠性很高的产品设计，应选用电压额定值较高的输出电容。

（4）PCB 布局布线。正确选择 LED 驱动器，并为其设计外部器件，都只是电路设计过程的一部分。LED 驱动电路的 PCB 必须正确布局和布线，才能保证 LED 驱动器正常工作，而且不会产生过多的系统噪声。在 PCB 布局和布线设计中，最重要的 PCB 布局布线约束条件就是从二极管经过输出电容到地的，再进入 MAX1582 的地线管脚，然后从 MAX1582 的 LX 引脚离开，最后再回到二极管的回路布线，这个回路应该越短越好。输入电容的位置必须靠近电感，该节点的脉冲电流从输入电容出发，经过电感到地线，然后再回到输入电容，这个物理回路面积应尽量缩小。输出电容节点的电压会高速的在地电位和输出电压之间切换，因此这个电路网络应越短越好，以减少任何可能的电磁辐射。二极管两端的两个路径上的电流都非常不连续，此路径的长度必须尽量缩短，以减少电磁辐射和 PCB 上的电压波动。输出电容的位置应靠近电源端，而不是靠近 LED，这样所有开关电流将局限在电源端。由于电流是从电源流向 LED，如果输出电容的位置靠近 LED，电流就会在两块 PCB 之间流动，使得系统噪声增加。

实例6 基于 LM2733/LM27313 的 LED 背光照明驱动电路

在设计 LED 背光驱动电路时，最重要的问题是在 LED 正向偏置时保持恒流。由于 LED 是电流驱动型器件，光强度取决于驱动电流的大小。为保证光强度并提高 LED 的使用寿命，就必须保持恒定的电流。

在图 4-12 所示电路中，LED 模块由 24 个 LED 组成，这些 LED 每 3 个一组串联在一起，分为 8 列并行连接。市场上有多种类型的 LED 模块。7inLCD 采用 3×7 阵列或 7×3 阵列。8inLCD 分别采用 3×8 或 8×3 阵列。由于所需电压和电流取决于这些阵列，因此在设计初期选择合适的 LED 驱动器是非常重要的。

在设计中可以通过 LED 的阵列结构及 LED 的正向压降和正向电流来选择 LED 驱动器，如图 4-12 所示，用于 8in LCDBLU 的白光 LED 的规格为：U_F（最大值）= 4V、I_F（最大值）= 25mA，阵列结构为 3×8。两个 LED 节点之间的总电压、电流为

$$U_{FZ} = U_{FB} \times 串联\ LED\ 数 = 12V$$

$$I_{FZ} = I_F \times 并联线路数 = 25mA \times 8 = 200mA$$

因此所选 LED 驱动器的驱动能力必须超过 12V、200mA，需采用升压 DC/DC 变换器解决方案来提供 12V 的电压，该电路利用 DC/DC 变换器从 12V 适配器获得 5V 恒定电压。如果采用的是升压变换器，则内部 FET 容量需考虑可用容量，即最大输入电流和最大输出电压。在图 4-12 的电路中，所需 FET 容量可通过以下方法计算。输出功率为

$$P_{OUT} = U_{OUT} \times I_{OUT} = 12 \times 200mA = 2.4W$$

因此所需的输入功率为

$$P_{IN} = 1.2 \times P_{OUT} = 1.2 \times 2.4W = 2.88W$$

假设转换效率为 80%，由于 U_{IN} 为 5V，则所需输入电流为 $I_{IN} = P_{IN}/U_{IN} = 2.88W/5V = 576mA$。因此，内部开关（FET）必须支持 12V 以上电压及超过 576mA 的电流。对于 8×3 的 LED 阵列，

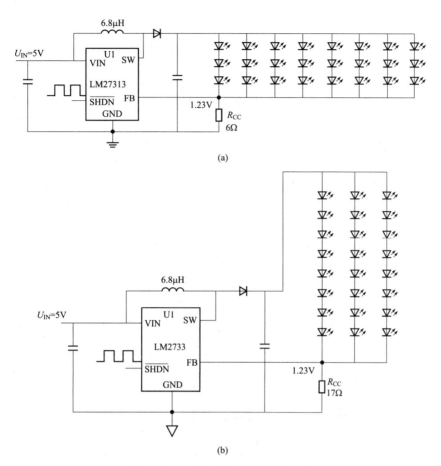

图 4-12　8inLCD LED 模块驱动电路

（a）3×8 阵列；（b）8×3 阵列

结果为

$$U_{FZ} = U_{FB} \times 串联\,LED\,数 = 32V$$

$$I_{FZ} = I_F \times 并联线路数 = 25mA \times 8 = 75mA$$

　　FET 的容量必须超过 32V、75mA。如果考虑 LM2733 和 LM27313 的关键性能，就可以得出 LM27313 不适合 8×3 的阵列，因为开关的最大可用电压为 30V。LM2733 的输入电压范围为 2.7～14V，开关（DMOSFET）电流为 1A，开关电压为 40V，适用于 8×3 阵列，如图 4-12（b）所示，LM27313 的输入电压范围为 2.7～14V，开关（DMOSFET）电流为 800mA，开关电压为 30V，适用于 3×8 阵列，如图 4-12（a）所示。

　　驱动 LED 电路保持 LED 的电流恒定非常重要，在 3×8 阵列中，所需电流约为 210mA。图 4-12（a）中的恒流电阻的阻值可通过下式算出，即

$$R_{CC} = U_{FB}/I_{FZ} = 1.23V/200mA = 6.15\Omega$$

　　因此采用 6Ω 的电阻器。在 8×3 阵列中，所需电流约为 90mA，图 4-12（b）中恒流电阻的电阻值可通过下式算出，即

$$R_{CC} = U_{FB}/I_{FZ} = 1.23V/75mA = 16.4\Omega$$

在这种情况下使用17Ω的电阻。从图4-12可以看出，通过误差放大器1.23V的反馈参考电压保持FB电压恒定，因此通过R_{CC}的电流能够始终保持恒定。

调光控制是根据需要控制显示器光照强度，目前有两种调光控制方法。一种是直接控制流经LED的电流，另一种是通过控制电源的开/关来导通或关断LED，从而控制LED的导通时间。目前第二种方法应用广泛，因为第一种方法的电路较复杂，且始终处于通电状态会缩短LED的工作寿命。而对LM2733和LM273133的开关控制可通过在SHDN引脚上应用脉冲宽度调制（PWM）得以实现，LED的照明强度可以通过调整脉冲占空比实现精确控制。在设计中脉冲频率必须超过20kHz，因低于20kHz的频率会使电路输出端的多层陶瓷电容器产生波形振荡，从而产生可听噪声。

大多数LED模块是通过一个连接器与主板相连的，如果图4-12中LM2733和LM27313的输出线断路或LED模块受损而开路，那么由于误差放大器的负输入端没有信号，输出电压将会无限制地上升。这将损坏LM2733和LM27313或输出二极管。为解决这一问题，可加入一个过电压保护电路，如图4-13所示。

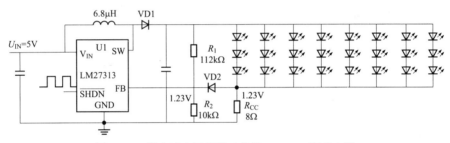

图4-13 设有过电压保护功能的8×3LED驱动电路

在图4-13中，电阻器R_1和R_2通过向误差放大器引脚（FB）馈送输出电压，确保恒定输出电压不会无限上升。所增加的电路能够保护器件不被过高的输出电压所损坏。VD2的作用是避免R_2和R_{CC}在未连接LED模块时形成并联，并防止输出过压，因为R_1的阻值相对R_2和R_{CC}并联值要大得多。

因此，在未接入LED模块时，该电路以恒压模式运行；当接入LED模块时，则以恒流模式运行。在采用了R_1和R_2的恒压模式下，输出电压必须设置得比LED模块的总U_F值高。即，在3×8阵列下，总U_F值约为12V，那么R_1和R_2的输出电压可通过式（4-6）计算出，即

$$U_{OUT} = 1.23 (R_1/R_2+1) \tag{4-6}$$

在这个等式中，需将R_2设为10kΩ。如果将U_{OUT}设为15V，可得到如下结果：$R_1 = 112$kΩ。考虑到VD2的U_F、R_{CC}两个节点上的电压变为1.23+U_F。因此，R_{CC}将有所增大，具体为

$$R_{CC} = (1.23V+U_F)/I_{CC} = (1.23V+0.4V)/200mA = 8.15\Omega$$

R_{CC}的功耗可按下式计算，即

$$P = I^2 \times R = 0.182 \times 8 = 0.32W$$

由于R_{CC}的功耗高于0.32W，应采用1W电阻器或并联标准电阻器以提高电路安全性。

实例7　基于 MAX1576 的 LED 背光照明驱动电路

TFT-LCD 有两种常用背光方式，早期采用高压驱动 CCFL 作为 TFT-LCD 的背光光源，因为 CCFL 的背光驱动线路复杂，要求驱动电压高，背光不均匀，已逐步淘汰。因此，采用高亮度 LED 取代 CCFL 成为 TFT-LCD 背光驱动的主流。LED 具有体积小、电压低、寿命长、回应快、无频闪、耗能少、发热少等优点，正逐渐成为新一代绿色、节能、环保、长寿命的 LED 背光光源。

LED 背光电流驱动电路如图 4-14 所示，在图 4-14 中，U_D 为 TFT-LCD 背光工作直流电源，大小依 LCD 厂商提供的规格设计。三极管 VT1，VT2 组成一个恒流源电路，VT1、VT2 工作在放大状态，当 VT2 工作时，调节 b 极电阻 R_{22} 使 VT2 的 c 极电流达到额定电流值。因为 LED 导通后内阻会变小，电流会逐渐增大，增加 VT1 的目的是分流 VT2 的 b 极电流，调节反馈电阻 R_{20} 就可以控制流过 LED 的电流，并通过 VT1 使电流达到稳定。

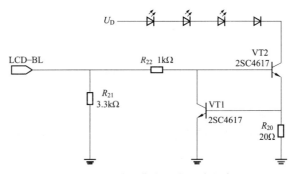

图 4-14　LED 背光电流驱动电路

LCD-BL 是 CPU 控制信号，此信号为方波，信号频率是固定的，例如 7.5kHz。叮通过软件调节改变信号的占空比，控制 VT2 导通时间，可控制单位时间内流过 LED 的电流，而改变 TFT-LCD 的亮度。TFT-LCD 亮度设定一个默认值 0，将亮度分为 1~11 个等级，即-5、-4、-3、-2、-1、0、1、2、3、4、5，如厂商提供的 LED 电流标称值为 20mA，则意味调整背光电流最好不要超过此值太多，否则对背光 LED 寿命有影响。由于 LED 的特性差异，当工作电流小于标称值时，LED 的发光亮度差异比较大。通过背光亮度软件设定默认值，使输出占空比为 60%~70%，在此默认值情况下调节电路，使背光电流恒定在厂商要求的规格（如 20mA）可以确保 TFT-LCD 亮度值比较稳定。

以上电路虽然线路简单，软件调整方便，但实际效果不理想，因为 LED 特性差异，很难确保 TFT-LCD 亮度控制的一致性。

MAX1567 内部集成有 6 个通道，可提供 6 路电源，软启动电路也集成在 IC 内部，确保在开机时不会出现大电流。其中 MAIN、SET-UP、SET-DOWN 3 个通道的 MOSFET 都集成在 IC 内部，为 PCB 设计小型化提供了方便，DL1~DL3 3 个通道根据设计要求可作为升压型或降压型电路使用，其中 DL3 通道又可作为一个背光恒流源通道使用。

MAX1576 电荷泵可驱动多达 8 个白光 LED，具有恒定电流调节以使 LED 实现一致的发光亮度。能够以 30mA 的电流驱动每组（LED1~LED4）白光 LED 用于 LCD 背光。闪光灯组白光 LED（LED5~LED8）是单独控制的，并能够以 100mA 驱动每个白光 LED（或总共 400mA）。通过使用自适应 1 倍压模式、1.5 倍压模式、2 倍压模式电荷泵和超低压差的电流调节器，MAX1576 能够在1节锂离子电池的整个工作电压范围内实现高效率。1MHz的固定开关频率仅需使用非常小的外部组件，并具有低EMI和低输入纹波。

MAX1576使用两个外部电阻设置主白光LED和闪光灯白光LED的最大（100%）电流，采用四个控制引脚通过串行控制或每组2位逻辑控制用于白光LED亮度控制，ENM1和ENM2可将主白光LED的电流设置为最大电流的10%、30%或100%。ENF1和ENF2可将闪光灯白光LED的电流设置为最大电流的20%、40%或100%。另外，将每一对控制引脚连接到一起可实现单线、串行脉冲亮度控制。

1. MAX1576的技术特性

MAX1576的主要技术特性如下。

（1）驱动多达8个白光LED；30mA驱动用于背光；400mA驱动用于闪光灯。

（2）灵活的亮度控制，0.7%的白光LED电流匹配精度。

（3）具有单线，串行脉冲接口（5%~100%）。

（4）自适应的1倍压模式、1.5倍压模式、2倍压模式切换，在整个锂离子电池放电过程可实现85%的平均效率（P_{LED}/P_{BAT}）。

（5）2位（3电平）对数逻辑。

（6）2.7~5.5V的输入电压范围，低输入纹波和EMI。

（7）0.1μA低关断电流。

（8）具有软启动限制浪涌电流、输出过压保护，热关断保护功能。

（9）MAX1576采用24引脚薄型QFN4mm×4mm封装（最大高度为0.8mm）。

2. 典型应用电路

基于MAX1576驱动白光LED电路如图4-15所示，与传统光源相比，大功率白光LED具有多种优点，因此应用越来越广泛。白光LED的优点包括高效率、长寿命和高可靠性。但是，大功率白光LED产生的热量也比传统白光LED多。如果工作在极限工作温度范围以外，任何IC的寿命都会缩短。当芯片的结温超过特定值后，就会彻底损坏。大功率白光LED模组由于是在热增强型基底上制造的，因而发热会少一些。这种基底材料改善了热性能，允许持续工作在大电流下，从而满足高亮度照明的要求。可是对于像照相机闪光灯这样的应用，为避免持续工作时的功耗损坏器件，则需要提供额外的热保护功能。

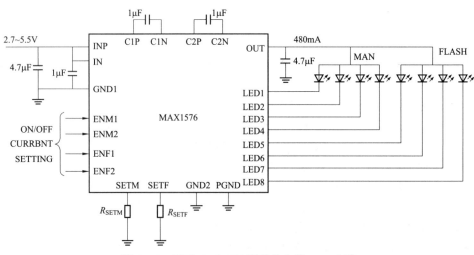

图4-15　基于MAX1576驱动的白光LED电路

MAX1576 驱动大功率白光 LED 电路如图 4-16 所示，该电路包括一款适合于照相机闪光灯应用的电荷泵调节器 MAX1576，该器件可以为最多 8 只白光 LED 提供电流调节。将 LED1~LED8 端并联可以为单个 1W、LUXEONStar 大功率白光 LED 模组提供高达 480mA 电流。当开漏输入 EN 被拉到地时，MAX1576 进入关断模式。

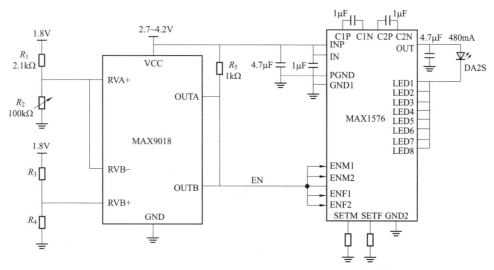

图 4-16　MAX1576 驱动大功率白光 LED 电路

可以利用一只热敏电阻和一个带内部基准的双路开漏极比较器 MAX9018，来构成空间紧凑和低成本的热关断电路。U_{THERM} 跌落全 1.2V 内部基准电压以下时，内部比较器 A 将 EN 拉低到地。当热敏电阻 （R2） 温度很高时，就会执行该操作。内部比较器 B 用于提供开路失效保护功能，即当热敏电阻的接点断开时，EN 将被拉低。热敏电阻发生开路故障时，U_{THERM} 被 R_1 拉高，从而使比较器 B 拉低 EN。电阻分压器 R_3、R_4 设定开路故障的门限电压，电阻 R_1 和热敏电阻 R_2 设置热关断门限。当温度过高以及热敏电阻发生开路或短路故障时，将关闭白光 LED。

普通驱动白光 LED 电荷泵 IC 的 PCB 布局非常简单，但对于大电流电荷泵或引脚数较多的电荷泵 （如 MAX1576），在设计 PCB 时需要遵循以下规则。

（1） 所有的 GND 和 PGND 引脚直接连接到 IC 下方的裸露焊盘 （EP） 上。

（2） 输入、输出和泵电容最好使用电解质为 X5R 或性能更好的陶瓷电容。低 ESR 对于大电流输出、低输入、输出纹波和稳定性非常关键。

（3） 为避免 IC 偏置电路的开关噪声，要在尽可能靠近输入和地引脚的位置放置输入电容（C_{IN} 和 C_{INP}），电容和 IC 之间最好没有过孔。

（4） 如果有独立的 GND 与 PGND 或 IN 与 PIN 引脚，则 IC 包含有独立的电源和偏置输入。如果这些引脚不是紧靠在一起，则需要两个输入电容：从 PIN 到 PGND 的电容 C_{INP} 和 IN 到 GND 的电容 C_{IN}，每个电容都要尽可能靠近 IC 放置。在这种情况下，PIN 和 PGND 应该分别接到系统电源和地层，而 IN 和 GND 则就近连接。PCB 电源线首先进入 C_{INP} 和 INP，然后通过一些过孔连接到 C_{IN} 和 IN，在 IN 端提供一定的输入噪声滤波，PGND 和 GND 应该通过裸露焊盘连接在一起。

（5） 为了确保电荷泵稳定工作，需尽可能靠近 OUT 引脚放置输出电容 C_{OUT}。C_{OUT} 的地端接到最近的 PGND 或 GND 引脚，或者是裸露焊盘 （EP）。

（6） 为保证电荷泵的低输出阻抗特性，泵电容 （C_1 和 C_2） 要尽可能靠近 IC 安装。如果无法避免使用过孔，最好使其与 C_1 或 C_2 串联，而不要与 C_{IN} 或 C_{INP} 串联，因为泵电容对器件的稳定性没有影响。

（7）任何基准旁路电容的接地端（MAX1576 没有该引脚）或设置电阻的接地端（MAX1576 的 RM 和 RF）应接 GND 引脚（与 PGND 相对）。这有助于降低 IC 模拟电路的耦合噪声。

（8）裸露焊盘（EP）可以选择使用大过孔，有利于检查焊接点，也便于用烙铁从 PCB 上拆除 IC。

（9）与白光 LED 连接引线上的过孔不会引起任何问题，因为输出端的电流是稳定的。但应注意，如果这些引线靠近敏感的射频电路，引线上的纹波可能会对 RF 电路产生影响。

实例 8　基于 AP3605 的 LED 背光照明驱动电路

BCD 推出的 AP3605 是一款性能优良的 LED 驱动 IC，非常适合于单节锂电池供电，适用于多数小尺寸 LCD 背光设计，性价比高。AP3605 是电荷泵升压模式带恒流源的白光 LED 驱动芯片，通过两个 1μF 的陶瓷电容，AP3605 实现了 1.5 倍升压，在单节锂电工作范围内完全能驱动 4 只白色 LED，比 2 倍升压模式的 IC 效率高。

电荷泵的混合驱动模式解决了在电池电压比较低的情况下，输出电流下降明显的问题。根据输入电压，芯片工作在线性、1.5 倍压或 2 倍压模式。这种方式具有输入电压范围广、无需电感、体积小等优点，广泛用于手机等小型 LCD 屏幕。

AP3605 具有 4 路恒流源，保证并联的 4 只 LED 电流相等，亮度一致，通过一个外接电阻来设置恒流源的电流。AP3605 支持 PWM 调光，调光频率可以高达 50kHz。高达 1MHz 的工作频率使得 AP3605 仅需要 1μF 的输入输出及升压电容，并大大减小了输出电压纹波。

AP3605 的供电电压为 2.7~5.5V，专为单节锂电供电设计，其内置的软启动功能大大降低了启动时的浪涌电流，可保护锂电池，延长电池寿命。AP3605 采用 QFN-3×3-16 封装。

基于 AP3605 的典型白光 LED 驱动电路如图 4-17 所示，电路由单节锂电池供电，除 AP3605 外，仅有低成本的 5 个外围器件组成。

图 4-17 所示电路中的输入电容 C_{IN}、输出电容 C_{OUT} 和升压电容 C_1 和 C_2 应选择 X7R 或 X5R 型陶瓷电容。由于 AP3605 的工作频率高达 1MHz，1μF 的电容就可以保证 AP3605 输出 80mA 电流来驱动 4 个 LED。如果所需输出电流更小，可以使用 0.68μF 或 0.47μF 的升压电容（C_1 和 C_2）。

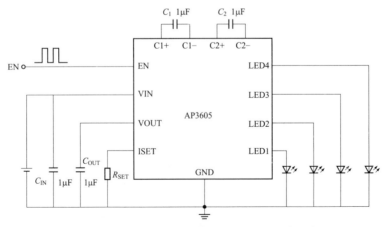

图 4-17　基于 AP3605 的典型白光 LED 驱动电路

为减小输出纹波，应在设计 PCB 时，优先保证 C_{OUT} 紧靠 AP3605 对应的引脚，其次是保证 C_1、C_2 和 C_{IN} 紧靠对应的引脚。

电阻 R_{SET} 用来设定 LED 的电流，通过公式 $I_{LED} = 36.9/R_{SET}$ 可设定每路 LED 的电流。为了精确设定电流，应使用1%或更高精度的电阻。AP3605 最多可驱动 4 只白光 LED，采用共负极连接方式，应用中可根据屏幕大小选择 1~4 个 LED 作为背光。当某几路 LED 不需要时，只需要将其对应的引脚悬空即可。AP3605 具有以下技术特性。

（1）电流匹配。电流匹配是并联式 LED 驱动 IC 的重要性能，LED 属于电流驱动型器件，LED 的亮度同其正向电流成正比，而同样电流下其正向压降差异较大，因此为了保证亮度均匀，最好采用恒流驱动。

AP3605 内部带有四路恒流源，用以驱动四路 LED，当 LED 的正向压降在 3~4V 之间变化时，AP3605 能保证不超过±3%的电流偏差，其电流匹配特性不受 LED 正向压降的影响，适用于多种型号的白光 LED，很好地实现了 LED 亮度的一致。

（2）高达 50kHz 的 PWM 调光频率。PWM 调光是应用最为广泛的调光方式，通过调节 LED 亮灭的时间比例来调节亮度，由于调光频率一般都在 200Hz 或以上，因此人眼感觉不到 LED 的亮灭，只能感觉到亮度在发生变化。在手持式数码产品中经常采用的 PWM 调光频率为1kHz~10kHz。

采用 PWM 调光，不容易造成偏色，有着较好的显示效果。但常用的调光频率正好处在人耳能听到的音频范围，容易产生噪音。另外，低频率的 PWM 调光信号有时会导致 CSTN 屏的"水波纹"现象，因此最好能提高 PWM 的调光频率。

AP3605 通过内部的 Standby 模块实现了高达 50kHz 的调光频率，而且不会引起浪涌电流。当 EN 脚变低时，电荷泵的输出 U_{out} 延迟约 1.7ms 再关断，但恒流源会跟随 EN 信号马上关断，LED 电流变为 0，而当 EN 信号为高时，恒流源会跟随 EN 信号马上打开，由于 U_{out} 仍正常工作，LED 电流立即变为 20mA。因此当 PWM 的调光频率高于 1kHz 时，AP3605 能通过 EN 信号直接快速的调节 LED 电流，从而实现高频率 PWM 调光。AP3605 的待机调光模式有如下三个优点：①高达 50kHz 的 PWM 调光频率，避免了音频噪音；②仅开关恒流源，LED 电流平稳；③LED 电流能快速跟随 PWM 信号，LED 电流大小同 PWM 占空比成正比，便于亮度的线性调节。

（3）电源干扰减小。AP3605 内部电荷泵和 U_{in} 之间有一个 LDO 模块，该模块调节电荷泵的输入电压，使得电荷泵始终工作在 1.5 倍模式，减小了输出电压纹波和 LED 的电流纹波。

另外，LDO 模块还起到低通滤波的作用，有效地避免了电荷泵和输入电源之间的相互干扰。多数手持式设备的背光驱动电路是由锂电池直接供电的，而锂电池同时也为射频电路直接供电，在设计不好的系统中，背光驱动电路的开关噪声会通过电源间接影响射频电路。AP3605 内置的 LDO 模块能有效地隔离开关噪声，最大限度地避免背光驱动电路对射频电路的影响。

（4）过温度保护。AP3605 内置过温保护模块，如果某些原因引起 AP3605 内部结温升高到约 160℃时，AP3605 会过温关断，以保护 AP3605 免受损坏。在过温关断状态，AP3605 仅消耗不到 1μA 的电流。当工作正常使得 AP3605 内部结温下降到140℃左右时，AP3605 会自动重新启动，进入正常工作模式。

实例 9 基于 LM3431 的 LED 背光照明驱动电路

LCD 背光的质量影响着图像的稳定性、光度和颜色，因此可说是高档显示器中最重要的组件之一。在现今的背光照明设计中，LED 正迅速取代 CCFL 技术。原因是 LED 对电压的要求较低，而且简单易用，调光能力强，不含水银而且效率更高。随着 LED 在光度和成本方面的不断改进，并将逐渐应用于较大型的 LCD 显示器中。15 英寸的显示器需要的不单是 3 只或 4 只的 LED，而是 20 只以上的 LED 阵列。然而，驱动这样大型 LED 背光系统需要面对一系列的新挑战。这些挑战包括：为了维持均匀的亮度、色温和较高的对比度，需要更精确的电流匹配；此外，还要减少功耗，以免影响效率、尺寸和整体的热性能。当 LED 的电流被提升到数百毫安，并且要用较大的恒流源驱动时，上述挑战就显得格外重要。大型 LED 背光系统要求的不单是一个恒流 LED 驱动器，而且需要一个集成背光控制系统才能发挥出 LED 技术的潜能，以满足 LED 显示器的品质要求。

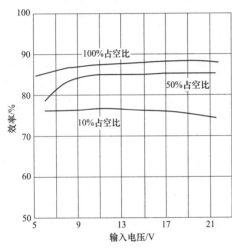

图 4-18 LM3431 的效率曲线

LM3431 作为 LED 背光照明系统的专用驱动器，内部集成有升压和恒流调节功能，因此不会出现因电流调节而产生的效率下降问题。LM3431 是一款 3 通道线性电流控制器，它与一个升压开关控制器配合在一起，是最适合用来驱动有空间限制的 LED 背光系统。LM3431 驱动 3 个外部 NPN 晶体管或 MOSFET 为 3 个 LED 串提供高精度的恒定电流，输出电流可调节超过 200mA。LM3431 可扩展至驱动 6 个 LED 串。

LM3431 输入电压为 3～36V，调光输入引脚可由模拟信号和数字信号来控制 LED 的亮度。调光频率高达 25kHz，对比度为 100∶1。如果亮暗频率较低，对比度更可超过 1000∶1。

升压控制器会驱动一个外部 NFET 开关，以便将输入电压升压至 5～36V。LM3431 具有 LED 负极反馈特性，可将调节器压差降至最低，从而优化效率。LM3431 的效率曲线如图 4-18 所示，LM3431 的典型应用电路如图 4-19 所示。

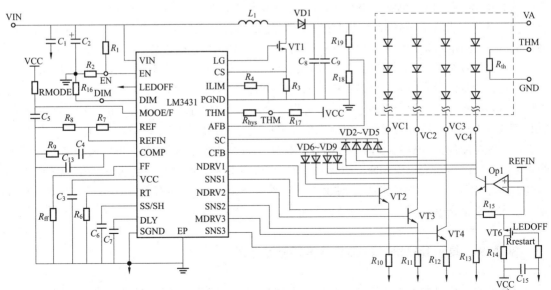

图 4-19 LM3431 的典型应用电路

通过在 LED 亮暗期间维持恒定的输出电压，LM3431 可消除可听噪声。LM3431 具有 LED 短路和开路保护、故障延迟/故障标记、逐周期式电流限制和可同时作用在电路和 LED 阵列的热停机保护功能。

升压变换器调节的电压为电流调节器的电压 U_C，而不是调节 LED 串的电压。在这个方案中，升压变换器只需输出 LED 串所需的电压，就可减低在电流调节器内的功率耗散。与此同时，LED 的正极电压（U_A）会随着 LED 串的 U_F 而变化，所以必须进行调节才能为每一串 LED 提供足够的正向电压。

背光系统可能拥有数个 LED 串，但却只有一个电压反馈节点。LM3431 被设计成每一个 LED 串都经二极管连接到负极反馈引脚。因此，可在最低的节点处监视负极电压。这样，不管 U_F 如何变化都可确保所有 LED 串均有足够的压差电压，在设计中，在 PCB 上必须为电流调节器提供足够的散热面积。由于 LM3431 需驱动外部晶体管来调节 LED 的电流，故封装的尺寸完全可根据应用所要求的功率水平来调节。在典型的应用条件下每通道功率损耗为 0.15W，如果假设最高的环境温度为 80℃，而 NPN 管的最高工作温度为 150℃，便可计算出 NPN 的最高热阻为 137℃/W。一个典型的 SOT-89NPN 器件的热阻为 104℃/W。LM3431 在典型的应用条件下，每通道功率损耗为 0.18W，所需的最大热阻为 389℃/W，因此可选用 SOT-23 封装。比较两种封装的面积，前者为 4.5mm×4mm，而后者仅为 2.9mm×2.3mm。

采用 PWM 调光方式是控制 LED 亮度的最优方法，不仅可提供一个稳定的色温，而且还可在整个 LED 亮度范围内提供可预知的 U_F。然而，100Hz 是最低的可用调光频率，否则便会出现肉眼可见的闪烁。LM3431 可接受 25kHz～100MHz 频率范围内的调光信号，LM3431 的最低启动时间为 400ns。

LM3431 内置有一个 PWM 调制器，它可以接受一个电压电平输入并能将它转换成一个 PWM 信号，并通过外部电容器编程来调节 PWM 调光频率。在这种模式下，PWM 工作周期便可在 250mV～2.5V 随着电压线性地增加。

在 PWM 调光期间，电路会出现高摆率的负载瞬态，并且随后在 U_A 和 U_C 的节点处出现一个瞬态电压响应。在设计中要确保一定的压差，但增加了功率损耗。由于 PWM 调光频率一般介乎 100～500Hz，有时可能高达 1kHz（人耳朵可听到的频率范围内）。在这个频率下的负载瞬态变化，会使陶瓷电容器发出可听噪声。为了消除这个可听见的噪声，需要在升压变换器的输出端设置输出电容。虽然可获得一个非常稳定的输出电压，但却降低了功率和增大了电路板面积。

LM3431 将 PWM 调光功能与升压变换器结合，在每一个 PWM 调光信号的边缘，都会在升压控制环路中加插一个电压降。这种做法会使 COMP 引脚的电压改变（误差放大器输出），并使升压变换器将 U_A 电压推高至负载瞬态预期的电平。故可视为前馈控制，由于负载信息在瞬态发生前已被送到升压控制环路，因此控制环路便可对 LED 的电流变化做出及时的反应。所施加的前馈大小可由用户调节，电压步级可以根据系统的环路响应和每个应用的负载要求而进行微调。经过上述的处理后，LM3431 的集成调光系统的瞬态响应便得到改善，在一般情况下只需一个陶瓷输出电容器。

由于相同的前馈信号以相反的方向施加给控制环路，因此升压变换器便可预知负载瞬态变化，并且在 LED 熄灭时维持一个固定的 U_A 电压。在 LED 熄灭期间，U_C 节点（一般是提供电压反馈给升压变换器）没有被调节，仅是一个开路。这个节点实际上不会一路上升到 U_A，然而它并不是反馈的有效节点。为了让 U_C 反馈系统产生作用，要加上第二个反馈环路。但第二反馈环路只是在 LED 熄灭时才会运行。在 LED 点亮期间，LM3431 通过 U_A 反馈节点为输出电压取样，而这个反馈回来的电压会被保留在外部的取样电容器，并作为 LED 熄灭期间的参考电压。当有 PWM 信号令 LED 熄灭时，升压变换器会将输出电压维持在 LED 点亮期间取样电容器的电平。随着 LED 正向电压 U_F 的改变，取样点亦会改变，同时 U_A 电压会按每一个 PWM 周期的要求而变化。这种取样保持系统可稳定输出电压，并且在减少可听噪声的同时为输出电压提供良好的调节。

在应用电路中包含有两条电压反馈路径：一个参考电压和取样电容器，以及一个前馈控制和 LED 电流控制器，前馈控制的显著优点是可提高对比度。由于在 U_A 节点的瞬态下冲已减到最小，即使调光的周期很短也可准确地为电压取样。就是在较低的调光频率下，系统可轻易地达到 1000：1 的对比度。在对比度 1000：1 下的 LED 启动时间没有出现性能下降，而且还可获得快速的上升时间、最小的电流下冲和的完全受控的 U_A 电压。

LM3431 内的 LED 电流控制器包含有 3 个带有外部参考电压设定的 2MHz 带宽运算放大器，这 3 个内部电流控制器每一个都连接到同一个参考电压，3 个运算放大器会按照 PWM 调光信号启动和关闭。为了增加灵活性，驱动器还能够以一个高至 6V 的栅极驱动电压来驱动 N 沟道的 FET。

LM3431 能够驱动 LED 串的电流范围为 20~500mA，运算放大器的参考电压（非反向输入）可用电阻分压电路来调节，在工作温度范围内达到 ±2% 的精确度。运算放大器的参考以一个输入引脚的形式提供，若要求更高的精度，可使用外部的精密参考。该方法的灵活性高，可根据不同的应用进行优化，从而获得最优的效率、精度和 LED 电流。此外，三条通道之间的偏置需严格地控制，以保证每个 LED 串之间的电流能配合得准确无误。

对于 PWM 调光性能的衡量标准是调光的线性度，亦是升压变换器加电流调节器方案的瞬态性能。两者都同样使用了一个陶瓷输出电容器。设计中需在选择 U_A 电压后，在给 U_A 加上 1V 电压，以避免在瞬态期间使 NPN 饱和。

实例 10　基于 LT3595 的 LED 背光照明驱动电路

随着消费者需要更大的 HDTV 和更高的分辨率，对 TV 的需求已迅速从高画质等离子（PDP）转移到高画质液晶电视（LCDTV）。目前采用 TFT-LCD 显示屏的 HDTV 的背光一般可考虑采用 CCFL、白光 LED 和 RGBLED 来解决，不过，高画质液晶电视仍有诸多缺点，包括从快速运动图像模糊到彩色再现不准确等问题。就目前的 HDTV 而言，无法达到真正的黑色，而且所有颜色的动态范围都有改进余地，如高画质液晶电视只能提供 $450~650cd/m^2$ 的对比度，这些 HDTV 的主要问题是它们不能彻底关断 CCFL 背光照明或对其进行局部调光。

LCD-HDTV 的背光照明有诸多的极苛刻应用要求，传统上一直由 CCFL（冷负极荧光灯）来为 LCD-HDTV 提供背光照明，而目前 LCD-HDTV 的背光照明正在逐渐地被规模较大、能够以单独的 LED 串来调光的高亮度 LED 阵列所取代，从而实现了非常精准的局部调光。与采用 CCFL 背光源的传统 LCD-HDTV 相比，使得对比度提高了一个数量级。由于具有局部调光能力和超快的响应时间，可以实现 LED 亮度的即时调节，从而消除了 LCD-HDTV 采用 CCFL 背光照明固有的运动图像模糊这一长期存在的棘手问题。

在一年四季不同气候条件下，LCD-HDTV 周围环境中的光线变化强度有很大的落差，为了使观看 LCD-HDTV 的用户在任何时候都感觉不到电视画面的亮度变化，LCD-HDTV 要求 LED 背光解决方案具有很宽的调光比。

传统上，LED 调光是用 DC 信号调节流经 LED 的正向电流来实现的，由于 LED 正向电流的变化会导致 LED 发光颜色的变化，因为 LED 的色度随电流而变，LCD-HDTV 背光照明等很多应用不容许 LED 的发光颜色有任何偏差。由于周围环境中的光线变化是不同的，并且人眼对微小的光强变化都很敏感，因此在这些应用中需要宽调光比。用 PWM 信号控制 LED 的光强，可以不改变发光颜色而实现 LED 调光。

PWM 调光是通过 PWM 信号调节 LED 亮度，它实质上是以 PWM 频率接通和断开 LED。人眼的感觉为每秒 60 帧，通过提高 PWM 频率（例如提高到 80Hz～100Hz），人眼就感觉脉冲光源是连续接通的。另外，通过调制占空比（"接通时间"的长度），可以控制 LED 的光强。采用这种方法时，LED 的发光颜色保持不变，因为 LED 的电流值或者为零，或为恒定值。很多 LCD-HDTV 设计都要求高达 3000∶1 的调光比，以适应环境光线的宽范围变化。

LED 背光照明已成为 LCD-HDTV 的主流选择，不过，在系统设计中，需要设计满足其特定性能要求的 LED 驱动器。因此，LED 驱动器必须满足输入电压和输出电压及电流的要求，所以，LED 驱动器的设计需要满足以下需求。

（1）宽的输入电压范围。

（2）宽的输出电压范围。

（3）高的转换效率。

（4）严格调节 LED 电流的匹配度。

（5）以低噪声、恒定频率工作。

（6）独立的电流和调光控制，宽的调光比。

（7）用极少的外部组件组成占板面积小的解决方案。

为强化 LCD-HDTV 背光在区域调光的优势，创新的 LED 驱动器将通过具有多个通道及宽调光比实现独立调光，以控制光强、颜色和对比度，以达到简化 LCD-HDTV 背光源设计的目标。

采用高亮度 LED 背光照明的 LED 阵列（就 46 英寸显示屏而言，可含有多达 1600 个 LED）可以在背光"串"上进行调光或局部关断，从而实现比 CCFL 设计几乎高出一个数量级的对比度（>4000cd/m²）。另外，通过调整背光 LED 串的亮度，可以再现更多的中间色调，从而使画面更生动。

冷负极荧光灯（CCFL）常用来为大型平板显示器提供背光照明，但是它们的色谱有限，而且色彩不够鲜明。在美国国家电视系统委员会（NTSC）定义的颜色中，CCFL 只能显示出约 80%；而 R. G. BLED 可以显示出的 NTSC 色谱多达 110%，从而能够在显示屏上更准确地显示出图像的原本风貌。采用 3 个单色光源，如红色、绿色和蓝色，可以获得可能实现的最广色谱。

与单色光源相比，R. G. BLED 以较低的成本提供接近窄带的色谱。R. G. BLED 不仅改善了色谱，而且还提高了效率，因为 R. G. BLED 只发射红光、绿光和蓝光。相对而言，宽带光源（如白光 LED 和 CCFL）会发射出许多并不需要颜色的光，降低了色谱的纯度，因此损失了效率。既然不同颜色的 R. G. BLED 可以单独驱动，那么 R. G. BLED 的白光点或色温就可以校正，而 CCFL 和白光 LED 的白光点都是固定的。

采用高亮度 LED 为 LCD-HDTV 提供背光照明，一个 LED 数组（就 55 吋显示器而言，有多达 2400 个 LED）可以分成 240 个单独的调光组。每组通常由 8～10 个 30～50mA 的 LED 组成，各组可以独立调光，通过以宽调光比调节 LED 组背光照明，可以再现更多中间色调颜色，从而提供更生动的画面。

能够局部关闭 LED 的另一个优点是能减轻快速运动模糊现象，在解决 LCD-HDTV 快速运动模糊问题时，LED能否快速响应是关键。为了让局部调光设计可行，须要具有多个通道、能以非常宽的调光比独立调光的LED驱动器。

LT3595的输入电压范围为：4.5～45V，具有16个恒定电流输出通道，每个通道可以驱动多达10只串联的LED/50mA，从而总共能驱动多达160只LED/50mA，并实现高达92%的效率。LT3595的多通道使其非常适用于大型TFT-LCD背光照明应用。16个通道的每一个通道都是独立工作的，并能以高达5000：1的调光比调光。2MHz固定频率、电流模式结构，可在宽输入和输出电压范围内提供稳定工作，同时最大限度地减小了外部组件尺寸。

每通道仅需要一个纤巧的片状电感、一个纤巧的陶瓷输出电容器、单个输入电容和电流设置电阻。所有16个通道的钳位二极管、电源开关和具补偿功能的控制逻辑电路被集成在具有56个引脚、耐热增强型5mm×9mm四方扁平无引脚（QFN）封装之中，确保解决方案占板面积非常紧凑。

LT3595采用56引脚QFN封装的裸露散热衬垫，可处理16个通道的功耗和发热量（在50mA电流条件下）。一个外部电阻为所有16个通道设置LED电流，而每个通道的调光用单独的PWM引脚控制。16个驱动器之间的相对电流匹配为8%，从而确保一致的LED亮度。LT3595还使LED在停机时能够断接，并实现了LED开路和热保护，一台46英寸LCDTV将需要大约10个LT3595（依据HDTV标准）。

LT3595驱动白光LED电路如图4-20所示，LT3595的PWM调光能力高达5000：1。即使在接通时间仅为2μs的情况下，一个20mA的LED电流仍然与100Hz的PWM信号同步地接通和关断。降低PWM频率可以实现较高的PWM调光比，100Hz频率能够确保不出现可见闪烁。

所有16个通道的满LED亮度均利用单个外部电阻器来设定，每个通道具有相同的编程将LED电流设定在10～50mA。PWM调光采用了一个减小的占空比，旨在提供准确的调光，而不使LED发光的色彩发生任何偏移。

实例11 基于LT3543的LED背光照明驱动电路

LTC3543可提供高达600mA的连续输出电流，采用2mm×3mmDFN封装。LTC3543能以2.25MHz恒定频率、扩频或同步锁相环（PLL）模式工作，从而为实现非常低噪声运行提供了多种选择。其电流模式结构允许用2.5～5.5V的输入电压工作，因此该器件非常适用于单节锂离子电池或多节碱性、镍镉、镍氢电池。LTC3543的开关频率高达2.25MHz，允许使用高度低于1mm的纤巧、低成本陶瓷电容器和电感器，可为手持式应用组成占板面积非常紧凑的解决方案。

LTC3543采用$R_{DS(ON)}$仅为0.35Ω（N沟道）和0.45Ω（P沟道）的内部开关，具有高达95%的效率。它还以低压差100%占空比方式工作，允许输出电压等于U_{IN}，这进一步延长了电池工作时间。为了在轻负载时实现最高效率，LTC3543能以自动低纹波（<20mV）突发模式（Burst-Mode）工作，无负载静态电流仅为45μA。如果应用是噪声敏感的，还可以用较低噪声的脉冲跳跃、扩频或PLL（与1MHz～3MHz的外部时钟同步）模式取代突发模式工作。在所有模式中，该器件都保持停机电流低于1μA，从而最大限度地延长了电池工作时间。LTC3543具有±2%的输出电压准确度，电流模式工作可实现卓越的电压和负载瞬态响应并具有软启动和过热保护功能。

由LT3543构成的驱动白光LED（$I_{LED}=500mA$）的电路如图4-21所示。在图4-21中，在I_{SET1}端设了6.19kΩ电阻，由EN1端控制白光LED的亮、灭，I_{SET2}悬空，EN2接地。电路中白光LED选用LUMILED公司的产品，型号为LXCLLW3C；电感器L_1是TOKO公司的A997AS-4R7M。

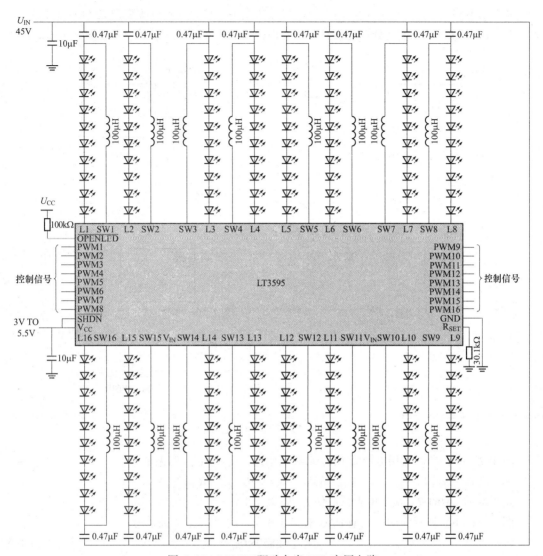

图 4-20　LT3595 驱动白光 LED 应用电路

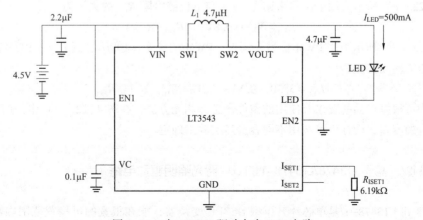

图 4-21　由 LT3543 驱动白光 LED 电路

若要求不同的 I_{LED}，改变 R_{ISET1} 的阻值即可，改变 I_{SET1} 端的电阻可改变白光 LED 的电流 I_{LED}，则可改变白光 LED 的亮度达到调光的目的。实现白光 LED 调光的方法有 4 种，如图 4-22 所示。

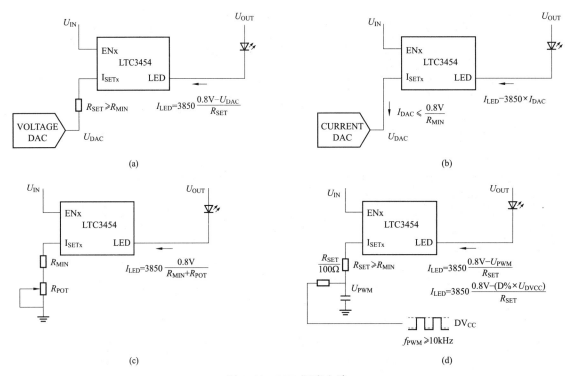

图 4-22 LED 调光电路

图 4-22（a）所示为用电压型 DAC 来实现调光，I_{LED} 与 U_{DAC} 的关系为

$$I_{LED} = 3850 \ (0.8V - U_{DAC}) \ /R_{SET} \tag{4-7}$$

式（4-7）中的 R_{SET} 最小电阻值应使 I_{LED} 不大于 1A。

图 4-22（b）所示为用电流型 DAC 来实现调光，I_{LED} 与 I_{DAC} 的关系为

$$I_{LED} = 3850 \times I_{DAC} \tag{4-8}$$

$$I_{DAC} \leqslant 0.8V/R_{MIN} \tag{4-9}$$

图 4-22（c）所示为用电位器来调光，I_{LED} 与电位器电阻 R_{POT} 的关系为

$$I_{LED} = 3850 \times 0.8V/ \ (R_{MIN} + R_{POT}) \tag{4-10}$$

图 4-22（d）所示为用 PWM 信号来调光，PWM 的频率 ≥ 10kHz，其 I_{LED} 与 PWM 的占空比 D 及幅值电压 U_{DVCC} 的关系为

$$I_{LED} = 3850 \ [0.8V - \ (D\% \times U_{DVCC}) \ ] \ /R_{SET} \tag{4-11}$$

应用中可根据产品的要求及使用的条件来选择调光方法，在图 4-22（d）中，LT354 原资料未给出电容的容量，设计中可选用不同容量经实验来确定。

实例 12 基于 LT3478/LT3478-1 的 LED 背光照明驱动电路

LT3478 和 LT3478-1 是单芯片升压型 DC/DC 变换器，能在很宽的可设置范围内利用恒定电流来驱动大功率 LED。除了可选的 10∶1 模拟调光范围之外，LT3478 和 LT3478-1 还具有

3000：1的 PWM 调光范围,可以保持 LED 的色彩。

LT3478 和 LT3478-1 的易用性很好,并具有优化性能、可靠性、外形尺寸和总成本的可编程功能。该器件可工作在升压、降压和降升压型拓扑结构中,LT3478 和 LT3478-1 所能提供的 LED 电流大小取决于拓扑结构,最高可达 4A。LT3478 和 LT3478-1 是大功率 LED 应用的理想选择,采用 16 引脚耐热增强型 TSSOP 封装,具有 E 级或 I 级温度额定值。

LT3478 和 LT3478-1 的工作原理与传统的电流式升压型变换器相似,但它们采用 LED 电流(而不是输出电压)作为控制环路的主反馈源。这两款器件均采用高压侧 LED 电流检测,以便可以工作在降压和降升压模式。LT3478-1 通过集成电流检测电阻器来节省空间和成本,并将最大 LED 电流限制为 1.05A。LT3478 采用外部检测电阻器,允许最大可编程 LED 电流为 4A。

LED 调光的电流控制是一个重要的特性,但避免 LED 过驱动(超过其最大额定电流)也同样很重要,LT3478 和 LT3478-1 具有设置最大电流及根据温度降低最大电流模式。LT3478 和 LT3478-1 利用 CTRL1 引脚电压来控制最大 LED 电流,除非器件被设置为根据温度降低最大 LED 电流(利用 CTRL2 引脚来完成)模式。可以利用从 V_{REF} 或外部电压电源引出的简单电阻分压器来设置 CTRL1 引脚电压,也可以直接将 CTRL1 连接至 V_{REF} 引脚,以提供最大电流。图 4-23 所示为用来设置最大 LED 电流的电路。图 4-24 给出了 LED 电流与 CTRL1 引脚电压的关系曲线。

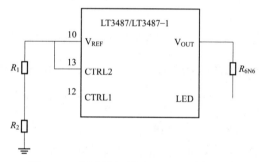

图 4-23 用来设置最大 LED 电流的电路

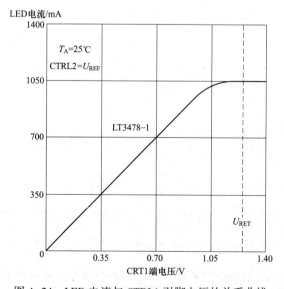

图 4-24 LED 电流与 CTRL1 引脚电压的关系曲线

为确保最佳的可靠性，LED 制造商规定了最大容许 LED 电流与温度的关系曲线，LED 电流下降曲线与环境温度的关系如图4-25 所示。如果不根据温度调节最大 LED 电流，可能对 LED 造成永久损坏。

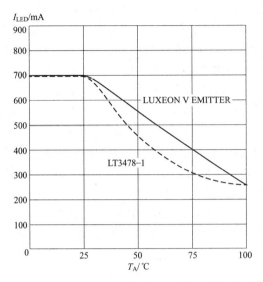

图 4-25　LED 电流下降曲线与环境温度的关系

LT3478 和 LT3478-1 通过 CTRL2 引脚设置 LED 电流降额曲线与温度的关系电路如图4-26 所示，在图 4-26 所示电路中，只需通过一个与温度有关的电阻分压器把 CTRL2 引脚连接至 V_{REF} 即可。LED 电流开始下降时的温度以及电流下降的快慢由所采用的电阻网络的电阻值来选择。在图 4-26 给出的 LT3478-1 编程 LED 电流下降与温度关系曲线的实例中，采用图 4-26 所示的可选方案 C，其中：$R_4 = 19.3\text{k}\Omega$、$R_Y = 3.01\text{k}\Omega$、$R_{NTC} = 22\text{k}\Omega$。

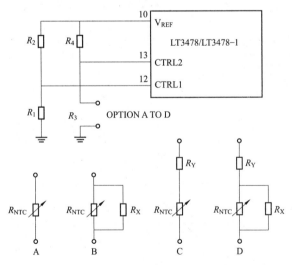

图 4-26　设置 LED 电流降额曲线与温度的关系电路

当温度上升时，CTRL2 引脚电压下降，当 CTRL2 引脚电压降至低于 CTRL1 引脚电压时，则由 CTRL2 引脚电压设置最大 LED 电流，CTRL1 和 CTRL2 引脚电压与温度的关系曲线如图 4-27

所示。

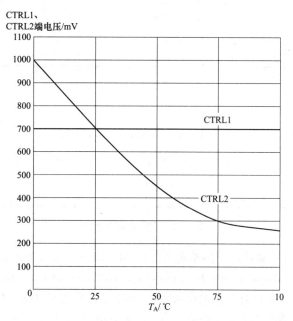

图 4-27 CTRL1 和 CTRL2 引脚电压与温度的关系曲线

许多 LED 应用都需要进行准确的亮度控制,可以简单地通过减小 LED 电流来降低 LED 亮度,这种方法被称为"模拟调光",但减小 LED 的工作电流会改变 LED 的色彩。LT3478 和 LT3478-1 可以通过把 CTRL1 引脚电压从 1V 降至 0.1V 来实现 10:1 调光。如果色彩保持特性很重要,PWM 调光是一种更好的可选方案。

通过 PWM 引脚实现 LED 调光电路如图 4-28 所示,PWM 调光波形如图 4-29 所示,图 4-28 所示电路可产生很高的调光比,且不会导致与电流有关的 LED 色彩变化。当 PWM 引脚为有效高电平 [$T_{PWM(ON)}$] 或低电平时,LED 电流分别为最大值或 0,LED 的导通时间(或者平均电流)受控于 PWM 引脚的占空比。由于 LED 始终工作于相同的电流条件下(最大电流由 CTRL1 引脚设置),而只有平均电流发生变化,所以调光不会导致 LED 的色彩改变。

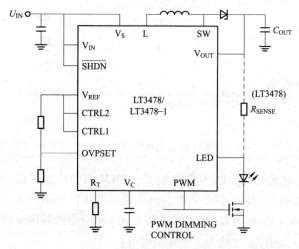

图 4-28 通过 PWM 引脚实现 LED 调光电路

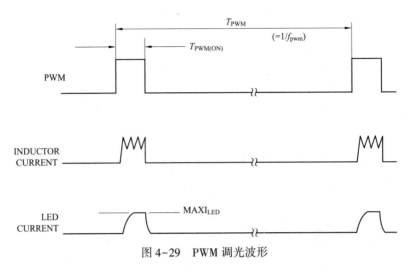

图 4-29　PWM 调光波形

　　PWM 调光并不是一个新技术，但要实现高 PWM 调光比（需要极低的 PWM 占空比）却颇具挑战性。LT3478 和 LT3478-1 采用一种专利结构来实现超过 3000∶1 的 PWM 调光比，专为高 PWM 调光比而优化的升压 LED 驱动电路如图 4-30 所示，要实现 3000∶1 的 PWM 调光比的前提是 PWM 导通时间被缩减至 3 个开关周期［当 f_{PWM} = 100Hz 时，$T_{PWM(ON)}$ < 3.3μs］。图 4-30 所示电路中的 LED 电流与 PWM 调光比的关系曲线如图 4-31 所示。

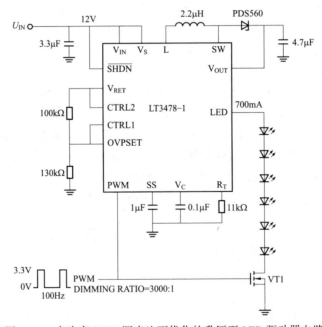

图 4-30　专为高 PWM 调光比而优化的升压型 LED 驱动器电路

　　对于固定的 PWM 导通时间，PWM 频率越低，PWM 调光比就越高。但对最低可以把 PWM 频率控制到什么水平是有限制的，因为人眼会感觉到频率低于 80Hz 的闪烁。

　　提高编程开关频率（f_{OSC}）可以提高 PWM 调光比，但会导致效率下降和内部发热量的增加，一般来说，$T_{PWM(ON)MIN}$ = 3×1/f_{OSC}（约为 3 个开关周期）。

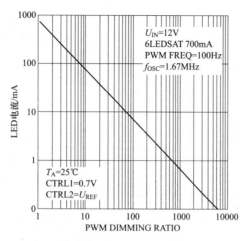

图 4-31　图 4-30 电路中的 LED 电流与 PWM 调光比的关系曲线

应最大限度地减小输出电容器的漏电流，当 PWM 引脚为低电平时，LT3478 和 LT3478-1 将关断所有从 V_{OUT} 获得工作电流的电路。如欲获得更宽的调光范围，可以组合应用 PWM 调光和模拟调光功能，此时 TDR＝PDR×ADR，其中 TDR＝总调光比，PDR＝PWM 调光比，ADR＝模拟调光比。3000∶1 的 PDR 和 10∶1（CTRL 引脚电压为 0.1V）的 ADR 将产生 30 000∶1 的 TDR。

输出电压具有一个可设置的最大值，以避免因 LED 开路引起的高电压。在 LED 开路时，变换器可把输出电压驱动至极高，从而致使内部电源开关遭到损坏。大多数 LED 驱动器都具有一个用于保护开关的最大输出电压，但对于重新连接的 LED 串来说，该串压可能过高。LT3478 和 LT3478-1 提供了一个可编程过压保护（OVP）电压，根据串联的 LED 的数目来限制输出电压。可编程过压保护限制了最大输出电压，利用其自身的电阻分压器，或通过给用于确定 CTRL1 电压的分压器增添一个电阻器，从 V_{REF} 获得。OVPSET 编程电平不应超过 1V，以确保开关电压不超过 42V。

为在热插拔、启动或正常工作期间实现高可靠性能，LT3478 和 LT3478-1 可监视以下任何故障的系统参数：U_{IN}＜2.8V，$\overline{SHDN}$＜1.4V，电感器涌入电流大于 6A 和输出电压高于编程 OVP 电压。一旦检测到任何上述故障，LT3478 和 LT3478-1 立即停止开关工作，并对软启动引脚进行放电，LT3478/LT3478-1 故障检测和 SS 引脚电压时序图如图 4-32 所示。当所有故障都被消除且 SS 电压被放电到低于 0.25V 时，内部 12μA 电源将以外部电容器 C_{SS} 所设置的速率对 SS 引脚进行充电。SS 电压的平缓上升等效于开关电流限值的斜坡上升，直到 SS 电压超过 U_C 电压。

LT3478 和 LT3478-1 能优化效率和开关占空比范围，电感器涌入电流的检测采用 V_S 和 L 引脚，而与 U_{IN} 电源无关，这使得能利用系统的最低可用电源（至少 2.8V）为 U_{IN} 供电，以尽量减少电源开关驱动器中的效率损失。这样，电感器能通过一个更加适合 LED 的占空比和功率要求的电源（2.8～36V）来供电，并可对电源开关的开关频率进行调节，以实现系统所需的最佳电感器尺寸和效率性能。尽可能地降低开关损耗，对于高占空比工作，60mΩ 导通电阻的 MOSFET 可进一步地提高了效率。LT3478 和 LT3478-1 非常适合构成高电流和高 PWM 调光比的 LED 驱动电路。

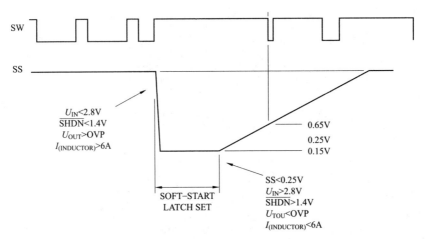

图 4-32　LT3478/LT3478-1 故障检测和 SS 引脚电压时序图

实例 13　基于 LT3755 的 LED 背光照明驱动电路

LT3755 是专为用于驱动高电流 LED 而设计，它由内部集成的 7V 电源可驱动一个低压侧外部 N 沟道功率 MOSFET。固定频率的电流工作模式在一个很宽的电源和输出电压范围内实现了稳定的工作。一个参考于地的 FB 引脚用作多个 LED 保护功能电路的输入，而且能够起一个恒定电压源的作用。一个频率调节引脚允在 100kHz~1MHz 的范围内设置频率，旨在优化效率、性能或外部元件尺寸。

LT3755 在 LED 串的高端侧检测输出电流，高压侧电流检测是用于驱动 LED 最灵活的方案，允许采用升压、降压或降压—升压模式配置。PWM 输入提供了高达 3000∶1 的 LED 调光比，而 CTRL 输入则提供了额外的模拟调光能力。LT3755 采用 16 引脚（3mm×3mm）QFN 和 MSOP 封装。LT3755 具有以下技术特性。

（1）宽输入电压范围：4.5~40V；高达 75V 的输出电压。

（2）恒定电流和恒定电压调节。

（3）100mV 高端电流检测。

（4）可以采用升压、降压、降压—升压、SEPIC 或反激式拓扑结构来驱动 LED。

（5）具有可编程软启动功能。

（6）具有迟滞可编程欠压闭锁；LED 开路保护功能。

（7）基于 PWM 信号可控制 LED 驱动器开关。

（8）CTRL 引脚提供了模拟调光功能。

（9）低停机电流：<1μA。

LT3755 驱动 LED 应用电路如图 4-33 所示，参考于地电位的电压反馈引脚为 LED 保护功能电路（例如开路 LED 保护）的输入端，并可使变换器起一个恒定电压源的作用。如果需要进行外部同步，则可选用 LT3755-1，其在整个 100kHz~1MHz 的频率范围内可同步至一个外部时钟。

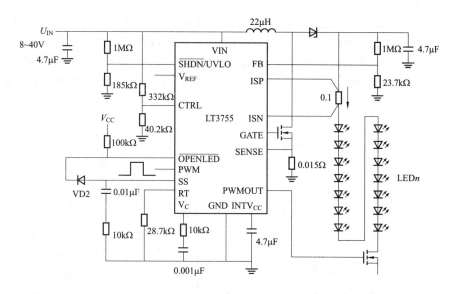

图 4-33　LT3755 驱动 LED 应用电路

　　LT3755 的 PWM 调光功能实现了高达 3000∶1 的调光比，而使 LED 发光的色彩无变化，从而能够利用 PWM 的占空比来调节 LED 发光亮度，以适应各种环境条件。基于 LT3755 的高电流 LED 驱动器是电流模式稳压器，其并非直接调节电源开关的占空比，而是由反馈环路负责在每个周期中控制开关中的峰值电流。与电压模式控制相比，电流模式控制改善了环路动态特性，并提供了逐周期电流限制。LT3755 的效率可高达 93%，可免除了对任何功率元件进行散热的需要，从而实现了非常紧凑的占板面积。

实例14　基于 LT3599 的 LED 背光照明驱动电路

　　LT3599 可作为一个恒定电流 LED 驱动器，可用于驱动多达 40 个白光 LED。LT3599 可从一个 12V 输入驱动多达 4 个 LED 串，且每串具有多达 10 个串联的 120mA 白光 LED，同时提供高达 90% 的效率。其多通道能力使该器件非常适用于中等规模的 TFT-LCD 背光照明应用。LT3599 的 3.1~30V 输入电压范围非常适合于汽车、医疗和工业应用。该器件提供 1.5% 的 LED 电流匹配，以保证一致的显示亮度。高达 3000∶1 的调光比，使用 PWM 调光的频率范围为 200kHz ~ 2.1MHz，LT3755 采用固定工作频率和电流模式结构，可在宽电源和输出电压范围内提供稳定工作，同时最大限度地减小了外部组件尺寸。此外，开关频率可同步至外部时钟，以改善抗噪声性能。

　　LT3599 是一款固定频率、2A 升压型 DC/DC 变换器，专为以一个高达 44V 的输出电压来驱动 4 串 120mA 的 LED 而设计。该升压型变换器用一个自适应反馈环路调节输出电压，使其略高于所需要的 LED 电压，以确保最高效率。如果任一 LED 串出现了开路，那么它将继续调节未故障的 LED 串，并向 OPENLED 报警引脚发出信号。如果需要更高电流 LED，可以组合多个 LED 串（能驱动多达两个由 10 个 240mALED 组成的 LED 串）。其他特点包括基于结温和 LED 温度的 LED 电流降额，以及当所有 LED 串都断接时的可编程过压保护。

LT3599 的开关频率可以利用一个外部电阻器来设置，可调范围为 200kHz～2.1MHz。LED 调光功能可利用 CTRL 引脚上的模拟调光电路以及 PWM 引脚上的脉宽调制调光电路来实现。LT3599 能够准确地调节 LED 电流，即使在输入电压高于 LED 输出电压的情况下，也能够准确地调节 LED 电流。LT3599 采用耐热增强型 32 引脚（5mm×5mm）QFN 和 28 引脚 TSSOP 封装，为 LED 背光照明应用提供一个占板面积高度紧凑的解决方案。LT3599 驱动 LED 应用电路如图 4-34 所示。LT3599 具有以下技术特性。

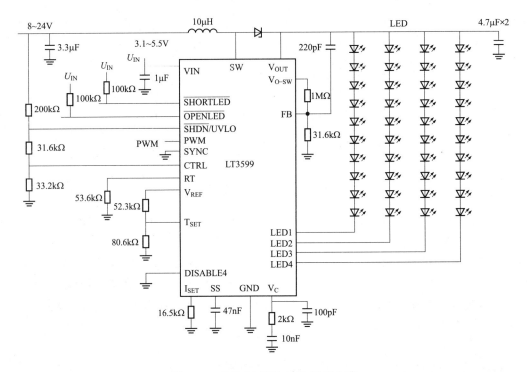

图 4-34　LT3599 驱动 LED 应用电路

（1）模拟调光比高达 20：1。

（2）具有准确度达 ±1.5% 的 LED 电流调节性能。

（3）宽输入电压范围：3.1～30V；输出电压高达 44V。

（4）在停机模式时断接 LED。

（5）可编程最大 U_{OUT}（已调）。

（6）具有开路、短路 LED 保护、故障标志和迟滞可编程输入 UVLO 电压保护功能。

实例 15　基于 NCP101x 的 LED 背光照明驱动电路

安森美半导体推出的 NCP101x 系列 IC 内部集成了一个固定频率电流模式控制器和一个 700V 的功率 MOSFET。该 IC 不仅可用于充电器低功率 AC/DC 适配器的 UBS、TV 等辅助电源，还可以用于驱动 LED。NCP101x 系列 IC 的主要特点如下。

（1）内部 700V 的 MOSFET 具有低导通电阻 $R_{DS(on)}$。

（2）电流模式固定工作频率分别为：65kHz、100kHz、130kHz。

（3）在低峰值电流下跳越周期消除了声频噪声。

（4）动态自供电（DSS），无需偏置绕组。

（5）内部 1ms 的软启动。

（6）具有频率抖动功能，改善了 EMI 性能。

（7）如果使用辅助绕阻，则停止 DDS 工作，待机功率低于 100mW。

（8）内置过电压保护（OVP）电路和自校输出短路保护电路。

（9）具有门限温度为 150℃（带 50℃滞后）的过温度关断保护电路。

（10）反馈回路连接光耦合器。

NCP101x 系列 IC 采用 7 引脚 PDIP 封装、7 引脚 PDIP 鸥翼型封装和 4 引脚 SOT-23 封装，引脚排列如图 4-35 所示，NCPl01x 系列器件的参数见表 4-1。

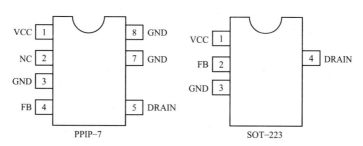

图 4-35　NCP101x 系列器件引脚排列图

表 4-1　　　　　　　　　　　　　　NCP101x 系列器件的参数

	NCP1010	NCP1011	NCP1012	NCP1013	NCP1014
$R_{DS(ON)}/\Omega$	22		11		
I_{PAK}/mA	100	250	250	350	450
f_{SE}/kHz	65　100　130	65　100　130	65　100　130	65　100　130	65　100　130

NCP101x 系列 IC 的引脚功能如下：VCC 为内部电路供电，外部连接 1 只 10μF 电容器，该脚可连接辅助电源以改善待机性能，同时在反馈回路出现故障时，该脚还提供有源关断保护。GND 为地。NC 脚为空脚。FB 脚为反馈信号输入。DRAIN 为内部 MOSFET 的漏极。

NCP101x 系列 IC 有 5 种型号：NCP1010、NCP1011、NCP1012、NCP1013 和 NCP1014。对于给定的 NCP101x，其最大输出功率与 AC 输入电压和 VCC 供电方式有关。表 4-2 所示为 NCPl014 在不同条件下的最大输出功率。

表 4-2　　　　　　　　　　NCP1014 在不同条件下的最大输出功率

	230V（AC）下的输出功率	100~250V（AC）下的输出功率
VCC 动态自供电（DSS）	14W	6W
VCC 由偏置绕组供电	19W	8W

基于 NCP1012 的回扫式变换器驱动 LED 阵列的应用电路如图 4-36 所示，在电路中每个 LED 的正向工作电流为 350mA，正向压降（350mA）为 3.5V。回扫式开关电源的输出 DC 电压为 17.5V，输出功率为 6.125W，效率接近 80%。NCP1012 采用动态自供电（DSS），VCC 无需偏置绕组和外部启动电阻器。开关电源输出稳定的电压和电流，各项性能指标优于线性稳压器电路。

NCP101x 系列 IC 可用于驱动 1W、3W 和 5W 的 LED，具体选择见表 4-3。

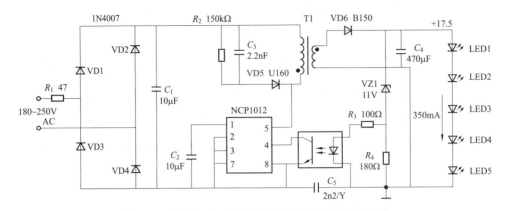

图 4-36　基于 NCP1012 的回扫变换器驱动 LED 电路

表 4-3　　　　　　　　　　　**NCP101x 系列转换开关与 LED 选择**

转换开关	LED	转换开关	LED
NCP1011ST65	1W	NCP1013ST65	5W

在反激变换器方面，根据输出功率的不同，可以采用不同反激变换器。例如，NCP1013 适合于功率高达 5W（电流为 350mA、700mA 或 1A）的紧凑型设计应用，NCP1013 的动态自供电电路在系统加电后，高压启动电流源（8mA）对引脚 VCC 上的电容器充电。当 VCC 脚上的电压达到 3.5V 的门限电平时，内部电流源关断，MOSFET 被唤醒和激活。VCC 电容器上产生幅度为 1V（3.5~7.5V）的纹波。

实例16　基于 NCP5009 的 LED 背光照明驱动电路

NCP5009 是一款由升压式 DC/DC 变换器电路和电流调节电路构成的可自动调节 LED 电流的驱动器，它可用作彩色液晶显示器（LCD）LED 背光源的驱动器。NCP5009 的主要特点有：输入电压范围为 2.7~6.0V；输出电压可升高到 15V；静态电流的典型值为 3μA（是微功耗产品）；内部有开关电流检测电阻器（外部无需接电流检测电阻器）；LED 的电流可由外设电阻器设定；可方便地调节 LED 的亮度（有本地或远地控制的可能）；外设一光电三极管，可根据环境光的亮暗自动地调节 LED 的亮度；有高于 75% 的转换效率；输出噪声低；所有引脚都有耐 2kVESD 保护；10 引脚贴片式封装；工作温度范围为 -25~+85℃。

NCP5009 的典型应用电路如图 4-37 所示，该电路是以升压式 DC/DC 变换器为基础，由外设电阻器 R_1 及微控制器（μC）来设定 LED 的电流，并具有 LED 亮度自动调节电路。控制 LED 亮度相关引脚的功能是：CS（脚3）、CLK（脚5）与 μC 连接，由 μC 控

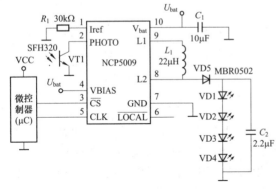

图 4-37　NCP5009 的典型应用电路

制亮度等级信号 B_n（由内部移位寄存器组成。$B_n = 1 \sim 7$，B_n 值越大，亮度越高）。Iref 引脚（脚 1）外接电阻器 R_1，R_1 用来设定白光 LED 的电流。PHOTO 引脚（脚 2）外接光电三极管，用来检测环境光的亮暗及调节 LED 的电流。

1. I_{ref}、I_{photo} 及 I_{peak}

I_{ref} 电流是从 Iref 引脚（脚 1）流经电阻器 R_1 到地的电流。I_{photo} 是从 PHOTO 引脚（脚 2）流经光电三极管 VT1 到地的电流（环境光越亮、光电三极管的内阻越小，I_{photo} 越大）。I_{peak} 是 DC/DC 变换器中流过电感器 L 的峰值电流。

I_{ref} 与 I_{photo} 是由内部电流镜电路来控制的，它们对输出电流的比值是 1∶1 的，并且 I_{ref} 与 I_{photo} 对输出电流的作用是相反的，I_{ref} 增加使输出电流增加；I_{photo} 电流增加使输出电流减小。

I_{ref} 电流与 I_{peak} 电流（从 U_{bat} 经电感 L_1、开关管 VT1 到地的电流）由另一个电流镜电路控制，它们的比例是 1∶746（即 $I_{ref} = 1\mu A$ 时，$I_{peak} = 746\mu A$）。当 μC 给出亮度等级 B_n 值时，I_{peak} 与 I_{ref}、I_{photo} 及 B_n 的关系式为

$$I_{peak} = （I_{ref} - I_{photo}）\times（B_n + 0.5）\times 746 \tag{4-12}$$

2. I_{ref} 与 R_1 电阻的关系

I_{ref} 与 R_1 的关系为

$$I_{ref} = 1.24V / R_1 \tag{4-13}$$

式中　1.24V 是内部的基准电压。

环境光线较亮时，I_{photo} 较大，由公式（4-12）可知，I_{peak} 也相应减小，则 LED 的电流 I_{LED} 也随之减小，即 LED 的亮度将随 I_{photo} 的增大而减小；反之亦然。这样就达到自动调节亮度的目的。这里要注意的是 I_{peak} 并不是直接输入 LED 的 I_{LED}，I_{LED} 是 LED 平均电流，$I_{peak} \propto I_{LED}$。当 I_{peak} 增大时 I_{LED} 也随之增大。

3. $\overline{LOCAL}$ 端的功能

$\overline{LOCAL}$ 是工作模式选择端，有 2 种工作模式可选择：当此端接高电平或悬空时，工作于由 μC 控制 LED 亮度方式，即 CS 端与 CLK 端与 μC 连接，由 μC 来控制 B_n 值；当 $\overline{LOCAL}$ 端接低电平时，LED 的亮度不由 μC 控制，即 CS 端与 CLK 端不与 μC 连接。亮度调节由 PWM 信号来控制。此时，CS 端是片选输入端，低电平有效，接高电平时，器件不工作。PWM 信号从 CS 端输入，利用脉宽的变化，使 LED 以一定的频率（100kHz～1kHz）亮灭，可达到调节亮度的作用。

在图 4-37 所示电路中，由 μC 来调节亮度，所以 $\overline{LOCAL}$ 为悬空；在图 4-38 所示电路中，由 PWM 来调节亮度，所以 $\overline{LOCAL}$ 端接低电平（接地）。在采用 PWM 调节亮度时，I_{peak} 与 I_{ref} 的关系式为

$$I_{peak} = I_{ref} \times 7.5 \times 746 \tag{4-14}$$

式中　7.5 表示内部寄存器的亮度等级 $B_n = 7$，这是一个常数，无需设定。

由于没有接光电三极管，$I_{photo} = 0$，是式（4-11）的另一种形式。

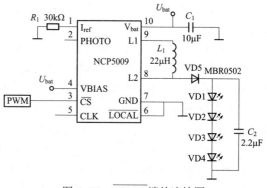

图 4-38　$\overline{LOCAL}$ 端的连接图

4. 连接更多的白光 LED 电路

NCP5009 可连接串联及并联的 LED 负载，如图 4-39 所示。图 4-39 中有 3 种不同的情况，图 4-39（a）为驱动 5 只并联 LED 串，每个 LED 串有 2 只 LED；图 4-39（b）为驱动 3 只并联 LED 串，每个 LED 串有 2 只 LED；图 4-39（c）为驱动 3 只并联 LED 串，每个 LED 串有 3 只 LED。图 4-39 所示电路的参数是 $U_{bat} = 3.6V$，$L = 22\mu H$，采用 $U_F \approx 3.35V$ 的 LED。根据图 4-39 中给出了 I_{LED} 的总电流值可计算出图 4-38 电路中的 R_1 值。

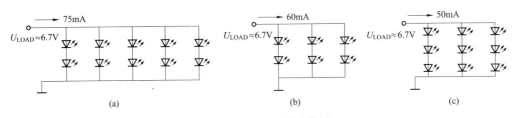

图 4-39　NCP5009 的连接图
(a) 串联 2 只 LED；(b) 驱动 6 只 LED；(c) 驱动 9 只 LED

实例 17　基于 NCP560x 的 LED 背光照明驱动电路

NCP5603 是针对移动电话相机与其他便携式电子设备中照明或闪光灯应用而设计的 LED 驱动器，NCP5603 为电荷泵结构，采用外部两个陶瓷电容来提供电源转换功能，并免除电源转换时需要的电感器，采用 DFN-10 封装尺寸仅 3mm×3mm×0.9mm，其占用 PCB 面积相当有限，非常适用于厚度较薄的便携式电子设备应用。

NCP5603 可在 2.7~5.5V 输入电压范围内提供给负载稳定的输出电压，具备 1 倍压、1.5 倍压和 2 倍压自动工作模式，使器件的工作效率可达到 90%。NCP5603 特别适用于需要较长电池使用时间的低成本、低耗电应用中驱动高电流 LED，由于其能够输出高达 350mA 电流脉冲，因此可用来驱动功率达 1W 的高亮度 LED，可获得更佳的画质，NCP5603 还拥有 PWM/EN 输入引脚，适合用来作为亮度控制。此外，由于 NCP5603 不需外部电感来储存能量，因此还能够作为低成本小型升压式 DC/DC 变换器，可为移动电话或数字相机等便携式电子设备的音频放大器提供 4.5V 或 5V 固定电压输出。NCP5603 驱动 LED 典型应用电路如图 4-40 所示。

NCP5604A/5604B 是另外两款专为移动电话、数码相机和其他便携式电子设备的背光应用而设计的 LED 驱动器，两 IC 采用纤薄形 QFN 封装（WQFN），仅占用 0.8mm² 空间，输入电压范围为 2.7~5.5V，可驱动 3 只或 4 只 LED，每只 LED 的电流分别可达 25mA，静态电流低于 1μA，电流匹配误差仅 0.5%，从而可确保 LED 亮度一致性能良好。二者的工作效率高达 90%，并且具有短路和过压保护功能。非常适用于空间小的超薄形移动电话。

电荷泵电路的一个基本缺点是在给定的输出电压的情况下，随着输入电压的变化，转换效率变化很大，理论上，两倍电荷泵电路所能达到的最高效率为

$$\eta_{ff} = U_{OUT} / (2 \times U_{IN}) \times 100\% \qquad (4-15)$$

例如，当 $U_{IN} = 3.1V$，$U_{OUT} = 5V$ 时，效率可以达到 83.3%，由于内部器件的损耗，一般只能达到 80%。但是，当 $U_{IN} = 4.2V$，$U_{OUT} = 5V$ 时，理论效率最高就只有 59.5%。

在便携式电子设备中，为降低 LED 的功耗，应对 LED 的电流进行控制，控制 LED 电流的一个常见方式是采用 PWM 脉冲来驱动芯片的使能端，通过启动与关闭 LED 驱动芯片，使驱动电路

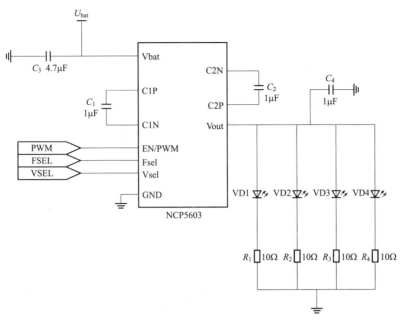

图 4-40　NCP5603 驱动 LED 典型应用电路

的输出电流为 PWM 信号占空比的平均值。对于 LED 驱动芯片，由于采用单线（S-Wire）或两线的 I^2C 接口，故只需用一或两个 I/O 口，因而设计非常简单。

渐进式亮度变化主要应用在便携式电子设备启动或关机时以创造剧场式的照明效果，在启动时，背光电流会以预先设定的时间间隔以步进方式逐步升高到 20mA，同样在关机时采用相反的动作逐步降低，通过微处理器可将具备不同频率的 PWM 信号送到 LED 驱动电路的使能端来实现这样的效果，以特定时间间隔将 LED 电流用多重步进的方式加大或降低，但这个方法的缺点是耗费实时处理器资源，而采用 NCP5602/P5612 实现上述功能，则不耗费实时处理器资源。

采用 NCP5602/5612 驱动两只 LED 应用电路如图 4-41 所示，图 4-41（a）为采用 I^2C 控制接口的 LED 驱动电路；图 4-41（b）为采用单线式 S-Wire 控制接口的 LED 驱动电路。

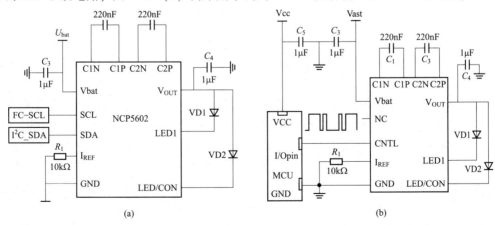

图 4-41　NCP56025 与 NCP5612 应用电路

这些驱动芯片需要两个钳位电容，分别位于输出与输入端以及一个用来控制最高输出电流的电阻（R_1），渐进式亮度变化控制指令由处理器通过 I^2C 或 I/O 口送到驱动芯片，指令本身应该包含起始与最终电流值以及亮度变化的时间间隔。

如果应用在 R、G、BLED 上时，这样的功能就能够用来产生情境式的照明效果，每个 R、G、BLED 都有 32 级亮度，采用 NCP5623 构成的驱动电路可达到 32768 种色彩变化，精细的亮度级差及内嵌的对数算法，可使 LED 色彩的变化呈线性化且相当柔顺，R、G、BLED 驱动电路包含用来调整 3 只 LED 输出电流的独立控制 PWM 电流源，以便产生所需的色彩输出。

由于每个电流输出的时序与电流大小都可以独立控制调整，因此就能够使用白光或带有色彩的 LED，并利用不同的发光模式来实现丰富多彩的装饰或指示，部分具备音频输入的电路还能够让彩色 LED 与内部嵌入的和弦铃声的不同频带相同步。

在黑暗中从移动电话上看时间，这时明亮背光与黑暗环境的强烈对比对眼睛来说相当不舒服，为此需要采用"ICON"模式，即在待机模式下以微小的电流在外部 LCD 面板上显示时间或用户定义的图片。如果这必须通过 PWM 亮度控制来实现，那么处理器就得在整个待机模式下产生一个连续的低频 PWM 信号，在 NCP5602 中，这个功能采用硬件方式实现，并且通过表 4-4 中的数字命令来加以启动，具备 I^2C 控制接口的典型 R、G、BLED 驱动电路如图 4-42 所示。

表 4-4　　　　　　　　　　　　NCP5602 的 I^2C 内部寄存器位安排

B7	B6	B5	B4	B3	B2	B1	B0
RFV	RFV	ICON	IREF×16×16	IREF×16×8	IREF×16×4	IREF×16×2	IREF×16

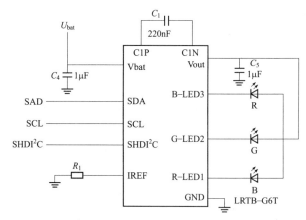

图 4-42　具备 I^2C 控制接口的典型 RGBLED 驱动芯片应用电路

由处理器送到驱动芯片的数据字节中的 B5 代表的是 ICON 模式的状态，当 B5 为 LOW 时，表示使用的是正常的背光模式，每只 LED 的电流可以在 0~30mA 调整，当 B5 为 HIGH 时，那么就会启动 ICON 模式，并且只会将 450μA 的电流送到所连接的两只 LED 中的一只上，在这个器件中 ICON 模式的电流值为固定值，但在类似 NCP5612 的产品上，这个电流则可以通过单线式通信协议来加以控制。

实例 18　**基于 TPS6106x 的 LED 背光照明驱动电路**

TPS6106x 系列 IC 是一个功能十分完善的 LED 驱动器。它采用同步整流拓扑模式，不需要传统 LED 驱动器外部所接的整流二极管，从而可节省 PCB 上的空间。它支持数字调光信号，一旦完成调光工作后调光信号就可以保持恒定高电平，并存储调光信息，利用这种功能可以很好地解决传统 PWM 模式调光所带来的 EMI 问题。另外，仅需一个 GPIO 管脚就可以控制 TPS6106x，实现调光、关断、启动功能，因此能节省 CPU 的 GPIO 资源。要实现数字调光，首先按照表 4-5 中的说明编写数字调光信号的软件代码，由微处理器发出相应亮度调节信号。该信号必须满足"每级亮度增强的时间步长为 1~75μs 和每级亮度减弱的时间步长为 180~300μs 的基本要求。每级 "步长" 之间需要持续时间大于 1.5μs（t_d）的高电平隔开，以区分级数。在图 4-43 所示的数字调光时序图中，在每个周期之间，ILED 管脚都需要上拉到高电平并保持至少 1.5μs。采用 TPS6106x 芯片数字调光应用电路原理如图 4-44 所示。

表 4-5　　　　　　　　　　　　　　数字调光信号的软件代码

反馈电压	时间	LED 逻辑状态
增加	1~75μs	低
减小	180~300μs	低
亮度控制无效	≥550μs	低
每步长之间的延迟	1.5μs	高

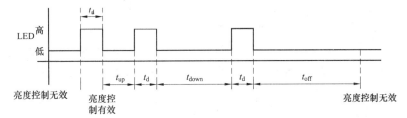

图 4-43　数字调光时序图

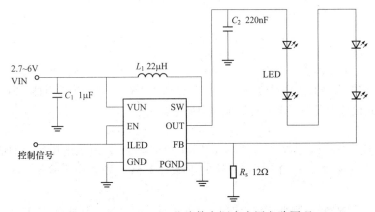

图 4-44　TPS6106X 芯片数字调光应用电路原理

　　TPS6106x 有以下两种工作模式。

　　（1）关断芯片工作模式。在 ILED 与 EN 公共端点施加一个恒定的 "低电平" 即可关断芯片。

　　（2）数字调光工作模式。按照 TPS6106x 技术手册要求，要实现数字调光需要将亮度信号输入至 ILED 管脚，此后亮度信号必须保持高电平。这是因为只有 ILED 管脚保持 "高"，数字调光功能才会被使能，调光信息才会被保存。否则如果撤销该高电平，芯片将关断调光功能并丢失调光信息，从而使芯片自动回到 FB 管脚电压值为 0.5V 的状态，无论 ILED 是何种电平，FB 管脚上的电压都为 0.5V，输出电流为 $0.5/R_S$。亮度设置被保存在芯片中，当需要再次进行调光工作时，只需输入新的数字亮度信号。在每次完成调光工作后，都需要保持亮度信号为高电位，以保证"数字调光"功能处于"使能"状态。

TPS6106x 芯片同样支持 PWM 调光工作，将 ILED 端直接连接 VIN 端，EN 管脚直接连接 PWM 信号，PWM 信号的频率不超过 5kHz，然后进行脉宽调制。$D = T_{on}/T$，其中 T_{on} 为频率周期中"高电平"部分。图 4-45 和图 4-46 分别给出了亮度增强调节信号和亮度减弱调节信号。

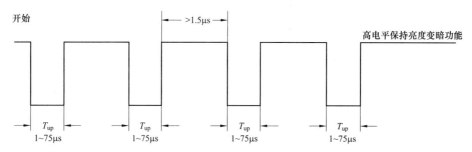

图 4-45　亮度增强调节信号

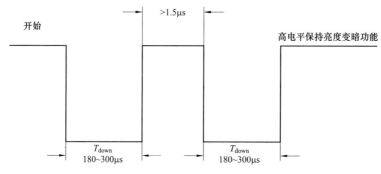

图 4-46　亮度减弱的调节信号

在图 4-44 所示的电路中，电感值通常选用 4.7、6.8、10、22μH，可以根据手册上的推荐值选取。电感类型应选用带有磁屏蔽功能的电感，以减少 EMI。若 LED 驱动器的电流基本维持在 20mA 左右，因此设计中可按照下式计算最小电感电流 I_{Lmin}，即

$$I_{Lmin} = (1.5 \sim 2) \times I_{out}/(1-D) \tag{4-16}$$

式中：D 为占空比，$D = (U_{out} - U_{in})/U_{out}$；$U_{in}$ 等于单节 4.2V 锂电池电压的典型值 3.6V；U_{out} 为最高输出电压，如果串联 4 个 LED，每只管的压降为 3.5V，则总压降等于 14V，因此 U_{out} 至少为 15V。

TPS61042 是一种高频控制直流输出的 LED 驱动器，通过将其脉冲宽度调制（PWM）信号加至控制端（CTRL）可以调节 LED 亮度，LED 电流可以通过外部检测电阻设置。由于 TPS61042 内置 N 沟道 500mA 的 MOSFET，因而可有效地限制尖峰脉冲，其转换频率高达 1MHz。另外，芯片的 CTRL 脚控制信号还可以在停机状态下使 LED 与地端断开，从而可有效避免漏电流损耗。TPS61042 可驱动用于 LCD 背光的白光 LED，适用于 PDA、掌上电脑、移动电话等设备中。TPS61042 主要技术特性如下：

（1）输入电压范围为 1.8~6.0V。

（2）最大静态电流为 38μA。

（3）转换效率可达 85%。

（4）采用 QFN 小型封装。

TPS61042 的极限电气参数如下：

（1）电源电压（U_{IN} 对 GND）：-0.3~7V。

（2）SW、LED、OVP 端对地电压（U_{SW}、U_{LED}、U_{OVP}）小于 30V。

（3）U_{RES}、U_{CTRL}、U_{FB} 为 U_{IN}±0.3V。

（4）小于 25℃ 时的持续耗散功率为：370mW，而在大于 25℃ 时，耗散功率下降速度为 3.7mW/℃。

（5）工作温度范围：-40~85℃。

（6）结温：158℃。

（7）存储温度：-65~150℃。

（8）焊接温度（10s）：260℃。

TPS61042 各引脚名称及功能见表 4-6。

表 4-6　　　　　　　　　　　　　　　TPS61042 引脚名称及功能

管脚	名称	I/O	功能
1	LED	I	连接 LED 电源端，内部晶体开关管 Q2 输入端
2	RES	O	连接外部检测电阻端，内部晶体开关管 Q2 输出端
3	VIN	I	电源输入端
4	FB	I	LED 电流反馈输入端。通过调整 R_s 电压（最高 252mV）来调整 LED 电流
5	CTRL	I	脉宽调制信号控制端。高电平有效时 LED 开关管导通，输入 100Hz~50kHz 的 PWM 信号控制 LED 亮度
6	GND		地端
7	OVP	I	过压保护端。连接输出滤波电容
8	SW	I	晶体开关 VT1 输入端

TPS61042 的主要功能电路有 DC/DC 变换器、LED 亮度控制电路及过压保护和欠压锁定电路等，其电路功能如下。

（1）DC/DC 变换器。TPS61042 的电压变换采用脉冲频率调制（PFM）方式，工作频率高达 1MHz。当检测电阻上的电压低于 252mV 时，主开关管 VT1 接通，电流升高，当电流达到 500mA 或接通时间超过 6μs 后，主开关管 VT1 关断，外部肖特基二极管将电感能量传送到输出端。此后在保持至少 400ns 的关断时间且反馈电压降到参考电压（252mV）以下时，主开关管重新接通。TPS61042 的 PFM 控制方式的开关频率与电感值、输入输出电压、LED 电流等有关。

（2）亮度控制。应用频率范围为 100Hz~50kHz 的 PWM 信号会使 LED 电流随 PWM 信号的有效周期产生脉动。PWM 信号有效周期范围为 1%~100%，当有效周期低于 1% 时，如果 PWM 信号无效时间超过 10ms，变换器就会停机。另外，TPS61042 的控制端还有使能功能，当 CTRL 置于高电平 500μs 后，变换器使能有效，而当 CTRL 置低 32ms 后，变换器禁止，TPS61042PWM 信号的时序如图 4-47 所示。

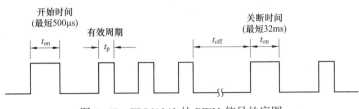

图 4-47　TPS61042 的 PWM 信号的序图

（3）为防止输出电压高于 VT1 的 30V 极限电压值，该芯片内部设计了过压保护电路。当输出电压超过 30V 时，VT1 关断。而当输入电压低于 1.5V 时，变换器关闭，变换器关闭时 VT1 和 VT2 呈高阻态（VT2 为用于控制白光 LED 的开关管）。

由于 TPS61042 内部集成了一个低电阻 MOSFET，有助于实现高的效率。0.25V 参考电压可降低电流检测电阻器中的损耗。通过在高达 50kHz 频率情况下向 CTRL 引脚施加 PWM 信号，可实现 PWM 调光，IC 内部集成的负载断开电路可以与 PWM 调光频率完美同步。并将过压保护功能集成到 IC 中，省略了误差信号放大器和相关补偿电路。误差信号放大器和相关补偿电路功能被误差比较器所取代。该 IC 利用滞后控制反馈拓扑工作，因此不需要补偿并且具有内在的稳定性。

TPS61042 也适用于双节锂电池供电的 LED 驱动器，但 TPS61042 的输入电压仅为 1.8~6V，只要将 TPS61042 的输入电压与功率级分开。采用双节锂离子电池（6~8V）供电的白光 LED 驱动电路如图 4-48 所示。将系统 3.3V 电压接到驱动器的 VIN 引脚上，驱动器的功率级输入直接连接到双节锂离子电池上。通常，功率级可连接到任何电压输出端。由于升压拓扑功率级的输入电压必须低于输出电压，或通过电感器和二极管直接将输入电压传送到输出端。由于 SW 引脚允许的最大电压为 28V，限制了功率级的最大输入电压。图 4-48 所示电路表明，输入电压越高，效率也越高。所以，该驱动电路完全不受输入电压范围的限制，并能有效地节约系统成本和占板空间，并能提高效率。

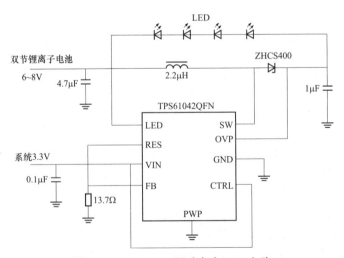

图 4-48　TPS61042 驱动白光 LED 电路

图 4-48 所示为 TPS61042 驱动白光 LED 电路，可驱动 4 只正向电流为 20mA 的白光 LED，输入电压范围为 6~8.0V。整个电路是由控制 IC、2 个小陶瓷电容、1 个电感器、一个二极管和 1 个电流检测电阻器组成。利用 TPS61042 和 6 个小表面贴装无源元件就可以实现主要电源功能和

辅助功能，如：负载断开、过压保护、PWM 调光等。

在图 4-48 所示电路中，当电感上的电流达到 500mA 之前，内部开关管保持接通。实际上，在电流达到 500mA 极限时，在持续的 100ns 内，电流可能会略微超过 500mA。实际极限电流值为

$$I_P = I_{(LIM)} + (U_1/L)100ns \qquad (4-17)$$

即

$$I_P = 500 + (U_1/L)100ns \qquad (4-18)$$

由式（4-18）可知，输入电压越高，电感值越低，极限电流越大。在图 4-48 所示电路中，L_1 的典型电感值为 4.7μH。其电感值越小，变换频率也越高，但转换效率较低，而且峰值电流较大。增大电感值可以限制输出电流，但启动时间较长。电感的直流电阻也影响转换效率。直流电阻越低，转换效率越高。因此，在选电感值时，要充分考虑实际应用的各种条件。

由于 TPS61042 的开关频率很高，因此二极管要选用肖特基二极管，如 MBR0520、MBR0530、ToshibaCRS02、ZetexZHCS400 等。输入电容可选用低 ESR 的电容，典型容量值为 4.7μF。为达到更好的输入滤波，电容量也可适当增加。输出电容一般选用钽电解电容。输出电容影响输出电压的纹波和变换器的线性调节性能。当输出电容大于 1μF 时，线性调节性能可达到 1%/V。

通过对检测电阻 R_S 的设置可调整 LED 电流，如果 R_S 的电压为参考电压 252mV，则 LED 的电流为

$$I_{LED} = U_{FB}/R_S = 0.252/R_S \qquad (4-19)$$

TPS61042 是高工作频率、高极限电流的 DC/DC 控制器，在 PCB 布局中输入电容要尽量靠近变换器的 SW 脚，以降低噪声对其他电路的耦合。而反馈电路由于阻抗较高，应远离电感。变换器采用 QFN 小型封装，要采用散热焊盘和宽走线方式来增强散热效能。对开关式变换器来说，PCB 布局和布线是最终保证变换器正确工作的重要步骤，在布局和布线设计时应遵循以下规则。

（1）所有功率线（指流过电流较大的铜箔，串联连接功率器件电感、电容的铜箔）应尽量加宽。

（2）地线严禁布成地线环，所有功率地必须实行单点接地，或借助大面积地层（例如多层板中具有 1 层或者一层以上的地层），芯片上的功率地管脚和信号地管脚直接连接到地层上，或通过 3 个以上的过孔与中间地层连接。

（3）芯片底部有散热用的管脚，并要与大面积的覆地铜连接，同时用过孔将表层铜箔与中间层大面积铜箔连接起来。这样既有利于芯片快速散热又能够大大降低开关噪声的辐射效应，提高芯片的抗干扰能力。

（4）所有输入滤波电容都要尽可能接近芯片的输入端管脚；输出电容接近芯片的输出端管脚。

实例 19 基于 TPS61150/1 的 LED 背光照明驱动电路

TPS61150/1 是一款具备双稳压电流输出的 LED 驱动器，能够驱动移动电话中用于主显示屏与副显示屏用于背光照明的 LED。同时，该器件的双通道输出也可驱动显示屏与键区的背光照明，并可驱动多达 14 只 LED 为单个较大显示屏提供背光。

需要大显示屏的便携式电子设备，其电源可能有三节锂离子电池组成，输入电压会超过 9V，

甚至高达18V。利用TPS61150/1设计高输入、高输出电压的应用电路如图4-49所示。

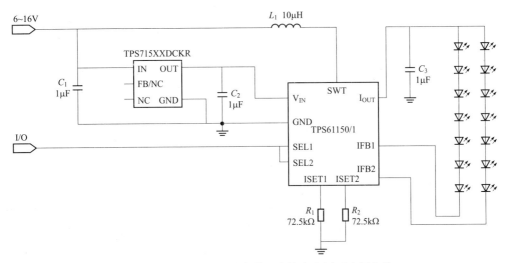

图4-49　TPS61150/1在高输入高输出电压下应用电路

由于TPS61150/1的输入电压范围是2.5~6V，在图4-49所示电路中通过一个低压差线性稳压器LDO（为TI公司的TPS715系列的高性能LDO）把输入电压降到5V，作为TPS61150/1的输入。因为TPS61150/1的静态电流非常小（最大值2mA）。所以，相对于高输出电压24V，在LDO上的电源损耗非常小，图4-50所示为TPS61150/1在高输入高输出电压下应用电路的效率曲线。出于整体解决方案的成本考虑，可以用低成本的三极管和稳压管代替图4-49中的LDO，在图4-51所示电路中，通过稳压管VD1稳定晶体管VT1的基极电压，通过R_1提供VT1的基极电流，从而使TPS61150/1输入端有6V以下的输入电压，R_2起到限流的作用。

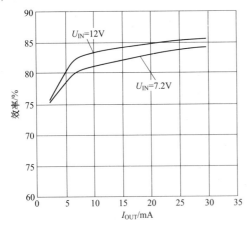

图4-50　TPS61150/1在高输入高输出
电压下应用电路的效率

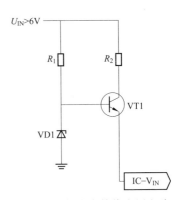

图4-51　低成本替代应用电路

TPS61150/1能够支持PWM调光和模拟调光方式，并采用有源电流镜像电路控制输出电流。当驱动器处于关闭状态时，输出电容只能通过芯片和LED的漏电流进行放电，所以减小了输出电容在PWM调光时的纹波，从而避免由于陶瓷电容压电特性导致的噪音发生。如果采用调光方式，可用一个直流电压或PWM信号改变ISET接口的输出电流。输出的电流计算公式为

$$I_{\text{LED}} = K_{\text{ISET}} \times \left(\frac{1.229}{R_{\text{ISET}}} + \frac{1.229 - U_{\text{DC}}}{R_1} \right)$$

$$I_{\text{LED}} = K_{\text{ISET}} \times \left(\frac{1.229}{R_{\text{ISET}}} + \frac{1.229 - U_{\text{PWM}}}{R_1 + 10} \right) \tag{4-20}$$

式中：I_{LED} 为 LED 电流；K_{ISET} 为有源电流镜像电路比值，典型值为 900；U_{DC} 为用于模拟调光的直流电压；U_{PWM} 为用于 PWM 调光的 PWM 信号的峰峰值；R_{ISET}、R_1 为输出电流设置电阻，一般在千欧级。

实例 20　基于 TPS60230/60231 的 LED 背光照明驱动电路

采用 TPS60230 构成的 LED 驱动方案，可用于手机、PDA、数码摄像机以及便携式摄像机等的 LCD 背光照明，而无需采用电感器。采用效率高达 87% 的 TPS60230 可以驱动多达 5 只 LED，每只 LED 的恒定电流为 25mA，共计 125mA。1MHz 的开关频率允许使用小型电容器（<1μF）。每只 LED 的亮度级别均可通过两个启动输入上的 PWM 调光功能加以调节。TPS60231 可驱动最多 3 只 25mA 的 LED，TPS60230/TPS60231 的主要技术特性如下。

（1）5 个独立的驱动 LED 通道，每通道电流为 25mA；可通过启动引脚上的 PWM 信号控制 LED 亮度。

（2）自适应的 1 倍压和 1.5 倍压切换模式，可获得高效率。

（3）1MHz 转换频率。

（4）2.7~6.5V 的输入电压范围。

（5）内置软启动限制瞬态涌入电流。

（6）低输入纹波及低 EMI（电磁干扰）。

（7）具有电流过载及高温保护功能。

（8）通过滞后效应以达到低压关断。

（9）具有 0.3% 匹配过温调节的输出电流。

（10）采用的 3mm×3mmQFN 封装。

TPS60230 驱动 5 只白光 LED 电路如图 4-52 所示，图 4-53 所示电路是驱动大功率 LED 模块电路，其并联的 LED 模块由 TPS60230 电荷泵供电。通过从 ISET 接脚连接一个外部电阻（10kΩ）到地（GND），经过 D1~D5 引脚提供了约 16mA 的恒定电流，大功率 LED 模块吸收 78mA 的电流。需要一个 1μF 和两个 0.47μF 的外部电容器。此外，由电流控制的电荷泵能确保低 EMI 干扰。

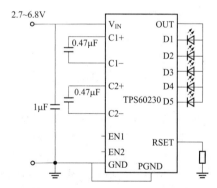

图 4-52　TPS60230 驱动 5 只白光 LED 电路

使能引脚 EN1 和 EN2 用来对组件实现使能控制（提供 78mA 电流的 1/3、2/3 或全部），或将其设置为切断模式，见表 4-7。在切断模式下，电荷泵、电流源、参考电压、振荡器和所有其他功能被关闭，消耗的电流降低到 0.1μA。

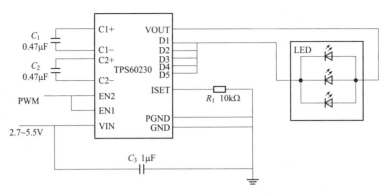

图4-53　TPS60230驱动大功率LED模块电路

表4-7　　　　　　　　　　**使用TPS60230电荷泵IC的使能接脚控制LED电流**

EN1	EN2	模式	LED 电流
0	0	停机	0
0	1	$U_{ISET}=200\text{mV}$	26
1	0	$U_{ISET}=400\text{mV}$	52
0	1	$U_{ISET}=600\text{mV}$	78

EN1和EN2上的逻辑电平将ISET引脚上的电压（U_{ISET}）设置到地（GND），电流根据U_{ISET}可设置为26mA、52mA或78mA，当EN1=0、EN2=1时，I_{LED}为

$$I_{LED} = (U_{ISET}/R_1)\ k \tag{4-21}$$

式中：k为系数。

当EN1=0、EN2=1时，取k=260，LED的电流为

$$I_{LED} = (200/10)\ 260 = 5.2\text{mA}$$

通过将VD1连接到VD5，这个组件提供的电流为

$$I_{TOTAL} = 5.2 \times 5 = 26\text{mA}$$

在EN1和EN2端施加PWM信号可调节LED的亮度，或将两个引脚连接在一起来控制白光LED闪光灯的亮度。采用完全充满的电池时，这个电路可以获得大于85%的电源转换效率。

实例21　基于CAT37的LED背光照明驱动电路

CAT37是一款DC/DC升压变换器，它的输出电流可调。当工作在1.2MHz的固定频率时，CAT37可使用电感值很小的外部电感器和电容值很小的陶瓷电容。

采用CAT37可驱动多只串联的LED，并可提供可调的电流来控制LED亮度和色纯度。并可利用外部电阻R_1控制输出电流的电平。在2.5~7V的宽电源电压输入范围内，可输出高达40mA的LED电流，CAT37可理想地用于电池供电的应用中。高压输出级可驱动多达4只串联的LED。CAT37通过直流电压、逻辑信号或脉宽调制（PWM）信号来控制LED的亮度。关断输入管脚允许器件进入静态电流的掉电模式。CAT37DC/DC升压变换器主要技术特性如下。

（1）低静态电流：0.5mA。

（2）低电阻（0.5Ω）电源开关，电源效率高于80%。

（3）小型 5 脚 SOT23（高度最大为 1mm）和 TDFN（0.8mm）封装，管脚配置兼容 LT1937。

（4）可调输出电流高达 40mA，可驱动多达 4 只串联的 LED。

（5）工作频率为：1.2MHz，可采用外部低值电感、电容。

（6）输入电压低至 2.5V 也能正常工作。

（7）关断电流低于 1μA。

（8）器件内置检测电路，并具有负载开路保护、过流限制功能。

CAT37 的引脚排列如图 4-54 所示，引脚功能描述见表 4-8。

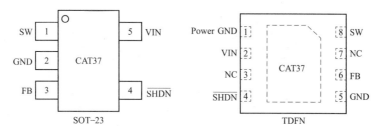

图 4-54　CAT37 引脚排列

表 4-8　　　　　　　　　　　　　　CAT37 引脚功能描述

管脚编号 SOT23	管脚编号 TDFN	名称	功能
1	8	SW	开关管脚。这是内部电源开关的输出。为了实现最低的 EMI，应最大限度地减少连接到该管脚的走线面积
2	5	GND	地管脚。连接管脚 2 到地
3	6	FB	LED（负极）连接管脚
4	4	$\overline{SHDN}$	关断管脚
5	2	VIN	输入电源管脚。该管脚应连接一个到地的旁路电容。建议在该管脚的旁边连接一个 1μF 的电容
	1	电源地	电源地

CAT37 是一个效率高、频率固定、电流可调的 LED 升压驱动器，该器件包括一个开关和一个 LED 电流调整的内部补偿回路。CAT37 的 FB 管脚的电压被调节到 95mV，流过外部电阻的电流将设置为可调的 LED 电流为

$$I_{LED} = 0.095/R_1 \tag{4-22}$$

当 LED 调节电流稳定不变时，CAT37 将自动尽可能地调低 FB 管脚的电压。低 FB 管脚电压确保高的效率。通过内部电源开关的电流被周期性地连续检测。如果超过电流限制值，开关马上断开，在剩余的时间内保护器件。PWM 亮度控制可通过切换 $\overline{SHDN}$ 管脚或将 FB 管脚拉高（高于 95mV）来实现。

在电路设计中，输出电容应选用低 ESR（等效串联电阻）的电容，以最大限度地减少输出干扰。具有低 ESR 和小封装的多层陶瓷电容是最佳的选择。并应选用 X5R 和 X7R 类型的电容，因 X5R 和 X7R 类型电容与 Y5V 或 Z5V 类型电容相比，可在更宽的电压和温度范围内保持电容值不变，在大多数应用中应选用 1.0μF 的输出电容。输出电容 C2 的电压额定值取决于串联 LED 数

目，当驱动 3 或 4 只 LED 时，应选用 16V 的陶瓷电容器，1mm 的最大高度的小陶瓷电容可满足设计的高度要求。输入电容应选用陶瓷电容，输入电容的容量可选用 $1.0\mu F$ 或 $4.7\mu F$。在电路布局设计时，输出、输入电容必须尽可能地靠近 CAT37。

具有正向低压降和高速转换速度的肖特基（Schottky）二极管是高效应用的理想选择，选取二极管时应确保二极管的电压额定值大于输出电压。仅当电源开关断开时，二极管才传输电流（通常少于 1/3 的时间），因此对于大多数设计来说，0.4A 或 0.5A 的二极管将十分适合。为了获得到最佳的电流精度，设计中应选用 1% 精度的 R_1 电阻，典型的 1% 精度的 R_1 电阻值对应的 I_{LRD} 值见表 4-9。

表 4-9　　　　　　　　　　　　典型的 1% 精度的 R_1 电阻值对应的 I_{LRD} 值

I_{LED}/mA	R_1/Ω	I_{LED}/mA	R_1/Ω
40	2.37	15	7.87
30	3.16	10	9.53
25	4.75	5	19.1
20	6.34		

对于其他的 LED 电流值，使用下面的等式来选择 R_1，即

$$R_1 = 0.095/I_{LED} \tag{4-23}$$

大多数 LED 的最大驱动电流为 $15 \sim 20\text{mA}$，一些较高的功率设计将使用两只并联的 LED 组，使得经过 R_1 电阻的电流为 $30 \sim 40\text{mA}$（每组 $15 \sim 20\text{mA}$），因此在选用电阻 R_1 时应考虑电阻的功率。

LED 的亮度可通过一个可变的 DC 电压来控制，随着 U_{DC} 的增加，R_1 两端的电压降低，LED 的电流也随之降低。电阻 R_2 和 R_3 必须足够大，以使流经电阻 R_2 和 R_3 的电流（μA 的十倍数量级）比 LED 的电流小很多，比 FB 的漏电流（I_{FB}）大很多。当 U_{DC} 电压在 $0 \sim 2V$ 之内调节时，电阻将 LED 电流设置成 $0 \sim 15\text{mA}$。

采用 PWM 信号可提供了大范围的亮度控制（大于 20∶1），在控制信号的作用下，LED 被点亮或熄灭，LED 工作在零电流或满电流两种状态下，但它们的平均电流随着 PWM 信号占空比的变化而变化。通常情况下，使用 $5 \sim 40\text{kHz}$ 的 PWM 信号。采用 PWM 亮度控制也可确保白色 LED 在整个亮度范围内发出"最纯"颜色的光。白色 LED 的颜色纯度随着工作电流的变化而变化，在某个特定的正向电流下（通常是 15mA 或 20mA）可显示"最纯"的白色。如果 LED 电流小于或大于这个值，发出的光将变得更蓝。

对于需要随意调节 LED 亮度的应用，可以使用逻辑信号，R_1 将 LED 电流值设置成最小（当 NMOS 关闭时），有

$$R_1 = 0.095/I_{LED(MIN)} \tag{4-24}$$

当外部 NMOS 开关闭合时，R_1 决定 LED 电流增加的量，即

$$R_1 = 0.095/I_{LED(INCREASE)} \tag{4-25}$$

CAT37 是一个高频率的开关模式调节器，合理的 PCB 布线和元件布局可最大限度地降低噪声和辐射、提高效率。为了达到效率最大化，CAT37 具有快速的上升和下降时间。为了防止辐射和高频谐振等问题，应最大限度地减少 SW 管脚所有走线的长度和面积，并在开关调节器下使用一个地平面。开关、肖特基（Schottky）输出二极管和输出电容 C_2 的信号通路应当尽可能地短。

R_1 电阻的接地端应直接连接到 GND 管脚，不能与其他元件共用同一个地。

图 4-55 所示为 CAT37 典型应用电路，利用 DC 电平来控制 2 个 LED 的亮度的应用电路如图 4-55（a）所示，利用 DC 电平来控制 3 个 LED 的亮度的应用电路如图 4-55（b）所示，利用 PWM 来控制 4 个 LED 的亮度的应用电路如图 4-55（c）所示。

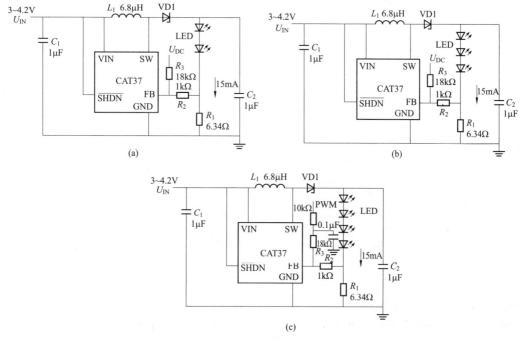

图 4-55　CAT37 典型应用电路

实例 22　基于 LT3496 的 LED 驱动电路

有些多串 LED 模组采用一种共阳极配置，这种共阳极连接方式把 LED 模组与驱动器之间的导线数目从 $2N$ 减少至 $N+1$，N 是模组中 LED 串的数目。基于 LT3496 的降压模式三路输出驱动 LED 电路如图 4-56 所示，LED 串被设置于 PV_{2N} 和 200mΩ 检测电阻器之间，以在 PV_{2N} 上实现共阳极连接。这与用于 3 个自由浮动 LED 串的常见降压模式配置是完全不同的。在标准的稳态工作中，该电路可向每个 LED 串输送 500mA 的电流。

在降压模式 LED 驱动器电路中，编程过压保护（OVP）功能并非始终需要，与升压、降压—升压和单端初级电感变换器（SEPIC）型驱动器不同，当某个 LED 串开路时，降压模式 LED 驱动器的开关电压将下降。在这种场合中，OVP 功能是不需要的。然而，可以把 CAP1 引脚用作一个开路指示器。

如果某个 LED 串变至开路状态并随后被重新连接，如 LED 驱动器和 LED 模组之间的电缆连接不是一种恒定不变的连接（需要不时地断接和重接），就可能出现上述情形。在这种情况下，当 LED 串被重新连接之后，它就会受到一个很大的浪涌电流（持续时间达若干微秒）。这个大浪涌电流是由电容器 C_4 的放电所引起的。该浪涌电流的大小与 PV_{2N} 和 LED 串电压之间的差异有关，电压差越大，则浪涌电流越大。例如：在图 4-56 所示电路中，对于一个 24V 输入和 3 只

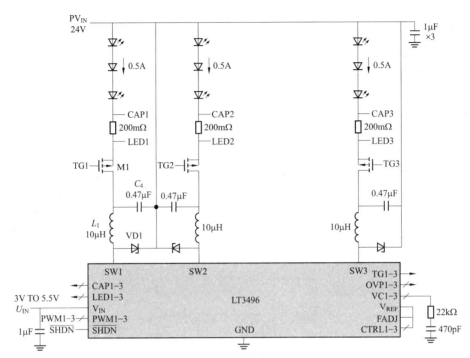

图 4-56 三路降压模式 LED 驱动电路

LED 配置，测得的峰值浪涌电流为 1.2A。

在 LED 串开路时要抑制浪涌电流，可把 LED 串两端的电压钳位于一个仅略高于 LED 串电压的电压。图 4-57 所示电路把 LED 串两端的电压限制在一个由电阻器 R_1 和 R_3 所设定的 OVP 电平上。在图 4-57 所示电路中，该 OVP 电平将是 15V。然而，为了使 OVP 电路生效，在 OVP 逻辑电路将主开关断开之后，必须上拉 CAP1 引脚电压。电阻器 R_4 为 CAP1 引脚提供了数百微安（μA）的上拉电流。当未采用 R_4 时，CAP1 引脚保持于低电平，从而使得 OVP 电路不起作用。

<hr>

实例 23 **基于 CAT3200/3200-5 的 LED 背光照明驱动电路**

CAT3200/3200-5 是开关电容式升压变换器，CAT3200-5 的输出电压固定为 5V。CAT3200 可采用外部电阻，使输出电压可调。宽的输入电源电压范围（2.7~4.5V）可输出高达 100mA 的电流，在器件进入关断模式后电源电流降至 1μA 以下。在短路或过载条件下，器件受到折返电流上限保护和过热保护。另外，软启动、转换速率控制电路限制了上电时的浪涌电流。

1. CAT3200/3200-5 技术特性

CAT3200/3200-5 主要技术特性如下。

（1）固定工作频率为：2MHz。

（2）低静态电流（1.7mA 的典型值）。

（3）输入电压低至 2.7V 仍可正常工作。

（4）具有软启动、斜率控制功能。

（5）低值的外部电容（1μF）。

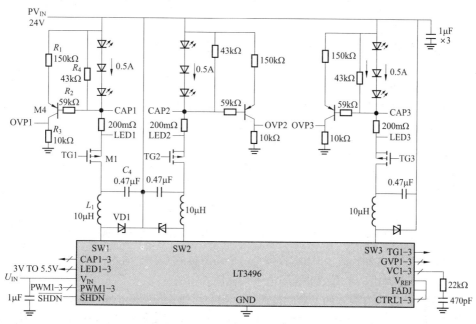

图 4-57　具有 LED 开路保护的三路降压模式驱动电路

（6）CAT3200-5 采用小型（厚 1mm）6 脚 SOT23 封装；CAT3200 采用 MSOP-8 和小型（厚 0.8mm）TDFN 封装。

2. CAT3200 和 CAT3200-5 管脚功能

CAT3200/3200-5 的管脚功能如下。

（1）IN 管脚。电源输入管脚。正常工作模式下器件汲取稳定电流，在开关频率下会出现一个短暂的不导通间隔，不导通间隔的时间长短由内部非重叠"先断开后连接（break-before-make）"时序设置。IN 管脚应通过一个 1~4.7μF 低 ESR（等效串联电阻）的陶瓷电容来旁路。为了滤除干扰，低 ESR 陶瓷旁路电容（1μF）应与 IN 管脚十分靠近，以防止噪声回送入电源端。

（2）$\overline{\text{SHDN}}$ 管脚。逻辑控制输入管脚（低电平有效）。可使器件进入关断模式。内部逻辑为 CMOS，$\overline{\text{SHDN}}$ 管脚不使用内部下拉电阻，$\overline{\text{SHDN}}$ 管脚禁止悬浮。

（3）CPOS、CNEG 管脚。电荷泵泵电容的正极和负极管脚，这两个管脚之间应当连接一个低 ESR 的陶瓷电容（1μF）。在初始化上电过程中，电容可能会出现反向电压，因此要避免使用极化（钽或铝）电容。

（4）OUT 管脚。可调的输出电压管脚，它给负载供电。在正常工作模式下，器件会向该管脚发送一连串 2MHz 的电流脉冲。通过在 OUT 管脚附近连接一个低 ESR 的陶瓷旁路电容（1~4.7μF）可起到良好的滤波效果。输出电容的 ESR 将直接影响输出的纹波电压。进入关断模式后，输出立即与输入电源隔离，但仍保持与内部反馈电阻网络相连（400kΩ）。反馈网络将产生一个 10~20μA 的反向电流，经器件流到地。当器件退出关断模式时，输出电压上升，上升速率受到控制，在 0.5ms 以内可得到完整的工作电压。

（5）GND 管脚。CAT3200-5 所有电压的地参考管脚。

（6）FB（CAT3200）为反馈输入管脚。输出分压器连接到 OUT 和 FB 两端，对输出电压进行调节。

（7）PGND（CAT3200）为功率地管脚。除了内部电路的地参考点连接到 SGND 外，PGND
与 CAT3200-5 的 GND 完全相同。

（8）SGND（CAT3200）为内部电路的地参考地管脚，在正常的电荷泵工作模式下，CNEG
与该管脚相连。

3. CAT3200/3200-5 工作原理

CAT3200/3200-5 使用一个开关电容来升高 IN 管脚的电压，从而调节输出电压。通过内部电
阻分压器检测输出电压（CAT3200-5），根据偏差信号对电荷泵输出电流进行调节以实现对输出
电压的调节。由 2 个相位非重叠时钟信号来激活电荷泵的开关，在时钟信号的第一个相位，IN
端电压对泵电容进行充电；在时钟的第二个相位，泵电容的电压与输入电压串联叠加，连接到
OUT 管脚。在 2MHz 的频率下，泵电容的充电和放电可自由进行。

在关断模式下，所有电路关闭，CAT3200/3200-5 只吸收 U_{IN} 电源的漏电流，OUT 与 IN 端断
开连接。$\overline{SHDN}$管脚是一个阈值电压大约为 0.8V 的 CMOS 输入，当$\overline{SHDN}$管脚为逻辑低电平时，
CAT3200/3200-5 进入关断模式。$\overline{SHDN}$管脚是一个高阻抗的 CMOS 输入，$\overline{SHDN}$无内部下拉电阻，
不能悬浮，它必须总是由一个有效的逻辑电平来驱动。

CAT3200/3200-5 具有内置的短路限流和过热保护功能，短路输出电流被限制到大约 225mA
以内。如果温度较高或输入电压太高使芯片过度自加热，结温超过大约 160℃时，热关断电路将
关闭电荷泵。一旦结温降低至大约 140℃，电荷泵将被使能。CAT3200/3200-5 将无限制地循环
进入或退出热关断模式，直至 OUT 的短路撤除。

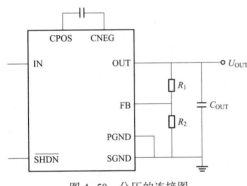

图 4-58　分压的连接图

CAT3200-5 通过内部的电阻分压器来编程输
出电压，CAT3200 通过一个外部电阻分压器将输
出电压设置成任意值。由于 CAT3200 的输出电压
由倍压电荷泵得到，因此，输出电压不可能是输
入电压的 2 倍。分压器的连接如图 4-58 所示，
分压比由式（4-26）得到，即

$$\frac{R_1}{R_2}=\frac{U_{OUT}}{1.27}-1 \qquad (4-26)$$

分压器电阻的范围可从几 kΩ 到 1MΩ。典型
应用电路器件选择如下。

（1）电容选择。不同绝缘材料电容的容量会随着温度的升高和电压的变化而下降，例如，在
-40℃～+85℃的范围内，X5R 和 X7R 材料的电容将保持绝大部分容量不变；而 Z5V 或 Y5V 类型
的电容将损失绝大部分的容量。

Z5V 和 Y5V 材料电容的电压系数使它们在额定电压时损失 60% 或更多的容量，当比较不同
的电容器时，通常考虑的是给定电容器尺寸时可得到的容量，而不是讨论指定的电容容量。例
如，在额定电压和温度范围内，尺寸为 0603 的 1μF、10V、Y5V 材料的陶瓷电容器可使用的容量
比相同尺寸的 0.22μF、10V、X7R 材料的电容器少。对于 CAT3200/3200-5 的应用，给定的电容
器的容量看成是近似值。在选择时应根据电容器制造商的数据手册来决定电容器的容量，确定
所有温度和电压下应当使用的电容器。

（2）热设计。要得到更高的输入电压和最大的输出电流，CAT3200/3200-5 会消耗大量的功
率。如果结温增加到 150℃，热关断电路将自动关闭输出。应通过 PCB 良好的热连接来降低芯片

的温度，通过将 GND 脚（CAT3200 的脚4/5，CAT3200-5 的脚2）连接到地平面，并保持器件与地平面连接可靠以降低整个热阻值。器件的热阻（R_{JA}）主要由两个通路串联而成。第一个通路是芯片到芯片封装的热阻（R_{JC}），由封装类型决定；第二个通路是器件到环境的热阻（R_{CA}），由 PCB 的布线决定。

当采用 SOT23 封装的 CAT3200 器件放置在印刷电路板上时（为了便于散热，电路板上有 $2in^2$ 的覆铜区），所得的 R_{JA} 小于 150℃/W。对于一个输入电源为 3.8V 的典型应用，最大功耗为 260mW（100mA×3V）。

使用含有电源平面的多层板将进一步改善整个器件的热性能，如果电路板上没有特定的覆铜区用来散热，多层板将为 CAT3200 提供 200℃/W 的 R_{JA}，这时允许在器件内部消耗 200mW 的功耗。采用 CAT3200/3200-5 驱动 LED 的典型应用电路如图 4-59 所示。

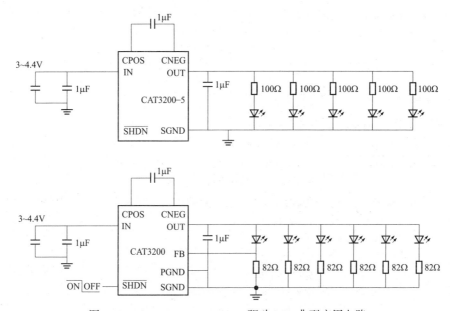

图 4-59　CAT3200/CAT3200-5 驱动 LED 典型应用电路

实 例 24　基于 CAT3604 的 LED 背光照明驱动电路

CAT3604 是一个工作在 1 倍压、1.5 倍压模式下的电荷泵，可调节每只 LED 管脚（共 4 只白光 LED 管脚）的电流使 LED 的亮度均匀。CAT3604 工作在 1MHz 的固定频率下，可使用低值陶瓷电容。使能输入管脚可使 CAT3604 进入输入的静态电流"几乎为零"的掉电工作模式。

CAT3604 通过外部电阻 R_{SET} 控制输出电流的电平，3~5.5V 的宽电源电压输入范围可输出高达 30mA 电流，CAT3604 适用于单节锂离子电池供电的便携式电子设备，CAT3604 还具有短路和过流限制保护功能。CAT3604 实现 LED 的亮度控制的方法如下。

（1）使用一个直流电压来设置 RSET 管脚的电流。

（2）将 PWM 信号用作控制信号或在电阻 R_{SET} 两端并联一个转换电阻。

CAT3604 具有以下主要技术特性。

（1）独立驱动多达 4 只白光 LED；驱动每只 LED 的电流高达 30mA。

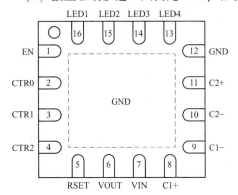

图 4-60　CAT3604 管脚配置图

（2）数字控制每只 LED 的开、关。

（3）兼容 3~5.5V 的电源电压。

（4）效率高达 93%。

（5）2 种工作模式：1 倍压模式、1.5 倍压模式。

（6）关断电流小于 50nA。

（7）工作频率为：1MHz，可选用低值陶瓷电容。

（8）具有软启动和电流限制功能。

（9）采用薄型 QFN16 脚封装，4mm×4mm，最高 0.8mm，管脚配置兼容 SC604。

CAT3604 管脚配置如图 4-60 所示。CAT3604 引脚功能见表 4-10。

表 4-10　　　　　　　　　　　　　　　CAT3604 引脚功能

管脚编号	名称	功能
1	EN	使能输入，高电平有效
2	CTR0	数字控制输入 0
3	CTR1	数字控制输入 1
4	CTR2	数字控制输入 2
5	RSET	LED 输出电流，由 RSET 管脚输出的电流源设置
6	VOUT	电荷泵输出，连接到 LED 正极
7	VIN	电源电压
8	C1+	泵电容 1 正极
9	C1-	泵电容 1 负极
10	C2-	泵电容 2 负极
11	C2+	泵电容 2 正极
12	GND	参考地
13	LED4	LED4 负极
14	LED3	LED3 负极
15	LED2	LED2 负极
16	LED1	LED1 负极
Pad	GNDPad	参考地

注　封装的外露管脚在封装内部都连接到 GND 和管脚 12。

CAT3604 的输出电压取决于 LED 的正向电压（U_F），通常，当输入电压 U_{IN} 高于输出电压 U_{OUT} 时，驱动器工作在 1 倍压模式下。当输入电压 U_{IN} 小于 LED 正向电压和电流源压降之和时，驱动器工作在 1.5 倍压模式下，该模式下器件的输出电压为输入电压的 1.5 倍。上电时，CAT3604 工作在 1 倍压模式下，如果器件输出的电流满足驱动 LED 所需的电流，器件仍保持工作在 1 倍压模式下。如果不能满足 LED 所需电流要求，器件则进入 1.5 倍压模式工作，以使输出电流达到驱动 LED 所需的电流。

LED 电流通过连接在 RSET 管脚和地之间的外部电阻 R_{SET} 来设置，表 4-11 列出了标准 1% 精度的表贴电阻的不同 LED 电流和相应的 R_{SET} 电阻值。数字控制线 CTR0、CTR1 和 CTR2 控制着 4 只 LED 的开/关，LED 选择见表 4-12。

表 4-11 标准 1%精度的表贴电阻的不同 LED 电流和相应的 R_{SET} 电阻值

LED 电流/mA	R_{SET}/kΩ	LED 电流/mA	R_{SET}/kΩ
1	649	15	32.4
2	287	20	23.7
3	102	30	15.4
10	49.9		

表 4-12 LED 选择

控制线			LED 输出			
CTR2	CTR1	CTR0	LED1	LED2	LED3	LED4
0	0	0				ON
0	0	1			ON	
0	1	0		ON		
0	1	1	ON			
1	0	0			ON	ON
1	0	1		ON	ON	ON
1	1	0	ON	ON	ON	ON
1	1	1				

注 1=逻辑高电平（或 U_{IN}）0=逻辑低电平（或 GND） -=LED 输出关闭。

不使用的 LED 通道可通过将各 LED 管脚连接到 VOUT 来关闭。在这种情况下，相应的 LED 驱动器被禁能，LED 的汲入电流只有 20μA。只要任何通道满足下面的等式，驱动器就将其关闭，即

$$U_{OUT} - U_{LED} \leqslant 1V \tag{4-27}$$

CAT3604 可驱动正向电压大于 1V 的 LED，不支持阻性负载。当驱动器工作在 1.5 倍压模式时，1MHz 的工作频率要求最大限度地缩短走线长度和降低所有 4 个电容到地的阻抗。地平面应包含整个 IC 和旁路电容的 PCB 底面。电容 C_{IN} 和 C_{OUT} 应当通过多个过孔尽可能短地连接到地。四方形的覆铜区域与 QFN16 外露芯片相匹配，通过走线连接到 12 脚（GND）。在四方形的焊盘中心有一个大的过孔（金属孔），它提供了与地平面（与 PCB 板相对）的低阻抗连接，便于驱动器散热，以实现良好的热性能。CAT3604 的典型应用电路如图 4-61 所示。

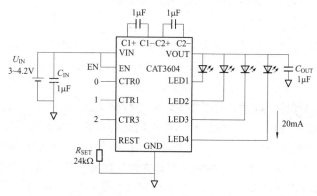

图 4-61 CAT3604 的典型应用电路

实例 25　基于 CAT3606 的 LED 背光照明驱动电路

CAT3606 是一款高效率 LED 驱动器，这款可调电荷泵适用于通用、大面板无闪烁背光和双白光 LED 显示系统。CAT3606 可替代传统高亮度背光所需要的电感升压电路，从而简化系统设计。它具有高输出电流，还可用于驱动主、副移动电话显示屏或主显示屏加一个低功耗相机闪光灯。可独立控制每组白光 LED，CAT3606 可使 4 只白光 LED 主显示屏和 2 只白光 LED 副显示屏变暗或进入待机模式。

CAT3606 具有耗电不足 1μA 的系统彻底关断功能，灵活的数字接口适于不同的亮度控制电路；低噪声、1MHz 固定频率使在设计中允许使用小型外接电容，以降低成本、简化电路板设计。

CAT3606 与锂离子电池配合使用，可获得 90% 的高效率，每个输出通道的电流可调节，可精确匹配多达 6 只白光 LED，确保面板的亮度控制一致。其独特的分数电荷泵技术可在 1 和 1.5 倍模式间自动转换，确保在锂离子电池的整个使用寿命中保持白光 LED 无闪烁。

CAT3606 采用 16 引脚 4mm×4mmQFN 封装，最大高度 0.8mm，CAT3606 采用绿色封装材料，不含卤素和铅，符合 ROHS 要求。CAT3606 驱动白光 LED 应用电路如图 4-62 所示。

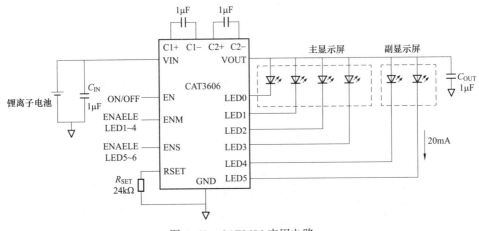

图 4-62　CAT3606 应用电路

实例 26　基于 CAT3636 的 LED 背光照明驱动电路

常见的电荷泵方案使用 2 个外部泵电容来提供 3 种运行模式（1 倍压，1.5 倍压，2 倍压）来进行升压，随着电池容量的消耗，这些器件逐次提高升压参数。在每一种升压模式中，最大输出电压等于输入电池电压乘倍增因子。超过驱动 LED 所必需的那部分电压的能量，将在电荷泵或者电流调节器中被消耗掉，这就降低了整个电路的转换效率。

嵌入更多的运行模式有助于在电池的整个使用周期内限制过高的电压增益，从而提高效率。新型电荷泵可提供第四种工作模式，即按照 1 倍压、1.33 倍压、1.5 倍压和 2 倍压依次提高输出电压。实现 1.33 倍压的常规方法需要增加器件引脚和外部元件的数量，相应地，需要更多引脚的封装和更大面积的印刷电路板空间，这使整个解决方案的成本远高于只有三种运行模式的器件。

按照 1 倍压、1.33 倍压、1.5 倍压和 2 倍压顺序来提升电压的电荷泵，可达到了传统上基于电感的升压变换器的效率，电荷泵 1 倍压、1.33 倍压、1.5 倍压和 2 倍压效率曲线如图 4-63 所示。同时还拥有与电荷泵方案相应的低成本和小尺寸的全部优点。此外，通过使用 1.33 倍压工作模式，过高提升的电压被尽量限制，从而减少电源浪费和由此而产生的热损失，三模式和四模式中电源热损失对比如图 4-64 所示。

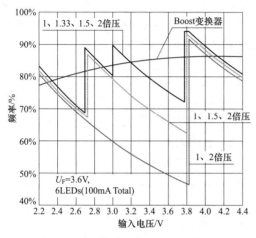

图 4-63 电荷泵 1 倍压、1.33 倍压、
1.5 倍压和 2 倍压效率曲线

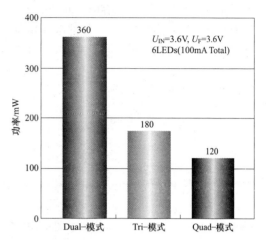

图 4-64 三模式和四模式中电源热损失对比

目前已经有一种创新的自适应分数电荷泵器件，该器件在保持低成本和三模式（1 倍压、1.5 倍压和 2 倍压）器件简单性的同时，可以实现第四种电荷泵运行模式（1.33 倍压）。四模式电荷泵能够提供更高的效率，同时不必增加外部元件及相关的成本和印刷电路板空间。此外，1.33 倍压分数工作模式还可减少电池端的可见电流纹波，这有助于最大限度地减少整个供电电路的噪声，这在移动电话等便携式电子设备中是一个很重要的指标。

为了提高系统效率，采用传统的三模式，设计中通过种种努力提高电源转换效率，但往往局限于 2%~3%；而增加了 1.33 倍压后，可将效率提升 10% 左右。传统的 1.33 倍压驱动电路需要 3 个泵电容。用 3 个泵电容的电荷泵提供的效率足可以和电感式变换器相媲美，但是一般需要封装的管脚数目达 24 个或更多。为此，Catalyst 半导体公司推出了一种基于 QVad-Mode 专有技术的 LED 驱动器 CAT3636。这种创新的电荷泵结构，仅使用 2 个泵电容就实现了 1.33 倍压升压模式，而管脚数目仅为 16 个。

由于没有增加额外的电容，QVad-Mode 结构不会增加成本、元件数和电路板空间，效率高达 92%（平均效率 84%），几乎等同于电感式 LED 驱动器的效率，同时却消除了电感器尺寸过大以及对移动电话显示和无线通信等的性能都有影响的 EMI 问题。

CAT3636 是一款电容升压型 LED 驱动器，与普通的电容升压型结构相似，外围只需要几个小容量的陶瓷电容器，自身亦采用小尺寸的 3mm×3mm 的 TQFN-16 封装。而与普通的电容升压型结构不同的是，它采用了 Catalyst 半导体公司的 QVad-Mode 电荷泵专利技术，能够非常有效地提升 LED 驱动器的转换效率，以降低背光电路的功耗。

为了实现 1.33 倍压的工作模式，CAT3636 仍然采用普通的电荷泵式 LED 驱动器的外围配置，只使用 2 个泵电容来实现电压变换，这就使芯片不必因工作模式的增加而使引脚数相应增加，从而使器件可以采用较小但仍然廉价的 TQFN 封装，有利于实际的生产和应用。

CAT3636 采用的 QVad-Mode 电荷泵升压结构，其原理不同于电感式升压电路，输出电压与输入电压成离散性倍数关系。这种电荷泵具有 1 倍压、1.33 倍压、1.5 倍压和 2 倍压四种工作模式。

QVad-Mode 电荷泵的 2 倍压模式工作原理如图 4-65 所示，第 1 相时（开关 a 接 VIN 端，开关 b 接地），输入电源 U_{IN} 对 2 个外部电容 C1 和 C2 进行充电，此时两个外部电容并联，电容的 a 端接 VIN 端，b 端接地。电容两极间的电压是输入电压，即 $U_{C1} = U_{C2} = U_{IN}$。第 2 相时（开关 a 接 VOUT 端，开关 b 接 VIN 端），外部电容 b 端则接至 VIN 端，a 端接至 VOUT 端，这是 $U_{OUT} = U_{IN} + U_C = 2U_{IN}$。由于反复的转换第 1 相和第 2 相，电荷就被源源不断地"泵"到输出端。

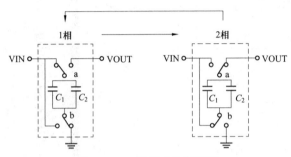

图 4-65　2 倍模式升压原理

与 2 倍压模式类似，1.5 倍压模式的工作原理图 4-66 所示。第一相时，C_1 和 C_2 串联接至 VIN 端与地之间，输入电压 U_{IN} 对电容 C_1 和 C_2 进行充电，$U_{C1} = U_{C2} = 1/2U_{IN}$。第二相时，两个外部电容与地断开，并联接至 VOUT 端，此时 $U_{OUT} = U_{IN} + U_C = U_{IN} + 0.5U_{IN} = 1.5U_{IN}$。同样的，这个过程被反复地转换，就实现了输出电压为 1.5 倍的输入电压。

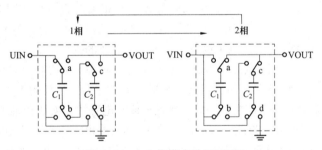

图 4-66　1.5 倍模式升压原理

常规的 1.33 倍压运行模式如图 4-67 所示，常规的 1.33 倍压运行模式需要三个泵电容，通过使用两相转换（充电和升压）来实现 1.33 倍压。与传统的 1.33 倍压模式不同，QVad-Mode 电荷泵仅使用 2 个外部电容即可实现 1.33 倍压模式。Catalyst 创新的 1.33 倍压模式如图 4-68 所示，第一相时，U_{IN} 对外部电容 C_1 和 C_2 进行充电，C_1 与 C_2 串联。第二相时，电容 C_1 和 C_2 与输入电源 U_{IN} 断开，C_1 反向接至 U_{IN} 和 U_{OUT}。此时 C_2 保持浮空状态。第三相时，C_1 和 C_2 串联接至 VIN，C_2 的正极接至 VOUT。稳态的输出电压可以根据基尔霍夫电压定律求解得到。

第 1 相为

$$U_{IN} = U_{C1} + U_{C2} \tag{4-28}$$

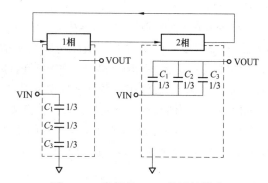

图 4-67 常规的 1.33 倍运行模式

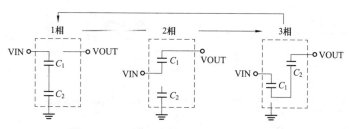

图 4-68 Catalyst 创新的 1.33 倍模式架构

第 2 相为

$$U_{\mathrm{OUT}} = U_{\mathrm{IN}} + U_{\mathrm{C1}} \tag{4-29}$$

第 3 相为

$$U_{\mathrm{OUT}} = U_{\mathrm{IN}} - U_{\mathrm{C1}} + U_{\mathrm{C2}} \tag{4-30}$$

将式 (4-29) 代入式 (4-30)，可得

$$U_{\mathrm{IN}} + U_{\mathrm{C1}} = U_{\mathrm{IN}} - U_{\mathrm{C1}} + U_{\mathrm{C2}} \tag{4-31}$$

$$U_{\mathrm{C2}} = 2U_{\mathrm{C1}} \tag{4-32}$$

将式 (4-32) 代入式 (4-28)，可得

$$U_{\mathrm{C1}} = 1/3 U_{\mathrm{IN}} \tag{4-33}$$

再将式 (4-33) 代入式 (4-29)，可得

$$U_{\mathrm{OUT}} = 4/3 U_{\mathrm{IN}} \tag{4-34}$$

如果输入电压 U_{IN} 比 LED 的正向电压降 U_{F} 大，则驱动 LED 不需要升压，QVad-Mode 电荷泵工作在 1 倍压模式下。在这种新的 1.33 倍压升压结构中，第一相动作是把泵电容 C_1 和 C_2 串联并通过输入电源为它们充电，第二相动作是把与输入电源相连的电容 C_1 与 C_2 断开并转接至输出端实现升压，与此同时，电容 C_2 因与 C_1 断开而保持浮空状态。第三相动作是串接 C_1 和 C_2 并串联于输入和输出间实现第二次升压，电容 C_1 在这过程中是被反向接入的，因此，电容 C_1 的正极被连接到输入电源，而电容 C_2 的正极被连接到输出端。通过这三相操作，C_1 将被充电到输入电压的三分之一，C_2 将被充电到输入电压的 2/3，这就可以把输出电压升高到输入电压的 4/3 倍。

根据能量守恒原理，CAT3636 输入功率 P_{I} 就等于外部 LED 消耗的功率 P_{L} 加上其自身消耗的功率 P_{E}，即 $P_{\mathrm{I}} = P_{\mathrm{L}} + P_{\mathrm{E}}$。CAT3636 自身消耗的功率主要包括电荷泵电压转换功耗 P_{C}，内部恒流源的功耗 P_{S}，内部逻辑功能模块消耗的功率 P_{F}，以及热损耗 P_{T}，即 $P_{\mathrm{E}} = P_{\mathrm{C}} + P_{\mathrm{S}} + P_{\mathrm{F}} + P_{\mathrm{T}}$。

CAT3636 的功率消耗分布如图 4-69 所示。

CAT3636 的转换效率 $\eta = P_L/P_I = P_L/(P_C+P_L+P_S+P_F+P_T)$。由于 P_F 和 P_T 值都比较小，$\eta \approx P_L/(P_C+P_L+P_S)$。在恒定电流工作条件下，白光 LED 的消耗功率 P_L 近似恒定，由此可见，在同一升压模式下，随着输入电压的降低，输出电压随之降低，作用于内部恒流源的电压也随之降低，因此恒流源消耗的功率 P_S 也随之下降，CAT3636 的转换效率 η 升高；在相同的输入电压下，模式越高，输出电压越高，则内部恒流源消耗的功率就会越大，转换效率随之降低。这也就是带 1.33 倍压模式的白光 LED 驱动器要比仅有 1.5 倍压或 2 倍压模式的驱动器综合转换效率要高的原因。图 4-70 是 CAT3636 工作在锂离子电池放电范围内的转换效率图。

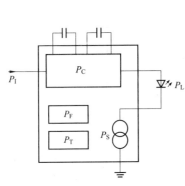

图 4-69　功率消耗分布图

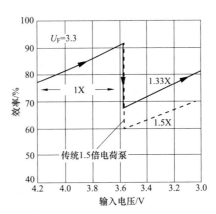

图 4-70　CAT3636 转换效率

采用 CAT3636 设计的 LED 驱动电路，在采用简洁的电荷泵方案的同时享有基于电感方案的效率，并且不需要增加成本、外围元件和印刷电路板面积。由于采用了兼容 RoHS 标准的微型 3×3mmTQFN 封装，CAT3636 四模式自适应分数电荷泵的推出，是适用于目前最新的便携式电子设备中的 LED 驱动器的一个飞跃性进步。

CAT3636 包括 6 个驱动 LED 的电流通道，分配到 3 个独立组中分别配置；每组包括一对输出电流匹配良好的通道。在这款驱动器中，依然通过单线 EZDim 编程接口（地址和数据），可获得可编程及模糊控制能力，通过一个单线接口（包含地址和数据）逻辑，可以实现 CAT3636 的功能控制和调光控制，这就可以对各 LED 组进行单独和精确的设置。在含有主、副显示屏的彩色 LCD 背光系统或 RGBLED 组或闪光功能的便携式电子设备中，这一接口还有助于减少引脚和接口连接数量。还可对用于主、副显示屏或结合 RGBLED、闪光灯功能的彩色 LCD 背光进行灵活控制。特有的新型 1.33 倍压工作模式减少了电池端输入切换电流，可使整体电源端噪声达到最小；并提供短路保护和热过载故障保护措施。

CAT3636 的典型应用电路如图 4-71 所示，电路中除被驱动的 LED 外，仅需要 2 个普通的 X5R 或 X7R 电容。其内建 6 个回路恒流源，可以驱动 6 只共正极并联 LED。对于不使用的 LED 端口，只需要将该端口直接连至 VOUT 端，CAT3636 会自动检测端口的状态，关闭不使用的 LED 端口。

由于 CAT3636 采用 1-Wire 可编程数字接口，1-Wire 接口只有一根控制线，没有时钟线与编程数据同步线，这就需要有严格的时序要求，以保证编程数据的正确性。所以在实际应用中，要严格按照 CAT3636 的时序要求，发送控制命令。

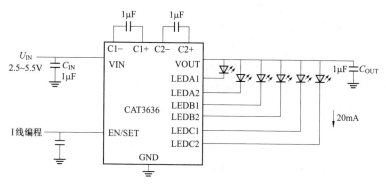

图 4-71 CAT3636 典型应用电路

实例 27 **基于 LM3402/3402HV 的 LED 背光照明驱动电路**

LM3402/3402HV 是一款由可控电流源衍生的降压型稳压器，该器件可驱动串联的大功率 LED 串。当使用 LM3402 时，可以接受范围在 6~42V 的输入电压，当使用引脚兼容的 LM3402HV 时，输入电压的上限可达到 75V。在应用中可按照需要对变换器的输出电压进行调节，以维持通过 LED 阵列的恒定电流水平。LM3402/3402HV 的输出电压范围从 U_{OUTmin} 为 200mV（参考电压）扩展到由最小关断时间（典型值 300ns）决定的 U_{OUTmax}，只要 LED 阵列的组合前馈电压不超过 U_{OUTmax}，电路就能保持任意数量 LED 的电流不变。

采用 LM3402 设计的驱动单只 LED 的电路，可提供 350mA 的恒定电流，其电压约为 3.5V（是 InGaN 技术的白光、蓝光和绿光 LED 的典型值）。当采用 24V±5% 输入电压供电时，会维持 LED 的平均电流 I_F 在 350mA±10% 范围以内，纹波电流 Δi_F 不会超过 70mA 峰峰值。在输入电压 6~42V，开关频率为 600kHz±10%。

采用 LM3402HV 设计的驱动单只 LED 的电路，可提供 350mA 的恒定电流，电压约为 3.5V。当采用 48V±5% 输入电压供电时，维持 LED 的平均电流 I_F 在 350mA±5% 范围以内，纹波电流将不会超过 70mA 峰峰值。在输入电压 6~75V，开关频率为 250kHz±10%。

LED 阵列的电流 I_{LED} 为 350mA 是许多 1W 大功率 LED 的典型值，为了调节该值，电流设定电阻 R_{SNS} 值可以根据式（4-35）计算，即

$$R_{SNS} = \frac{0.2 \times L}{L \times I_F U_O \times t_{SNS} - 0.5 \times t_{ON}(U_{IN} \times U_{OUT})} \tag{4-35}$$

式中：$t_{SNS} = 220ns$。

为能承受 LED 电流引起的功耗，应将该电阻功率容量取额定值。例如，设定电流为 350mA 的 LED，最接近 5% 误差的电阻为 0.56Ω。稳定状态下该电阻将消耗（$0.35^2 \times 0.56$）= 69mW，表明适合采用 1/8W 额定功耗的电阻。

DIM1 端口为脉冲宽度调制（PWM）信号提供输入端，可对 LED 阵列进行调光。为了对 LM3402/3402HV 进行完全使能和止能，PWM 信号的最大逻辑低电平应为 0.8V，最小逻辑高电平为 2.2V，最高的 PWM 调光频率应至少比 LM3402/3402HV 的开关频率低一个数量级。

DIM1 的逻辑是正向的，因此当 DIM1 端口为高电平时，LM3402/3402HV 会输出稳定的电流。当 DIM1 处为低电平时，禁止任何电流输出。连接 DIM 到一个固定的逻辑低电平会禁止输出，

DIM 引脚处于开路状态时，对 LM3402/3402HV 进行使能。DIM1 功能仅禁止功率 NFET，IC 内其他电路模块仍然工作，由此可将变换器的响应时间降到最低。

DIM2 为 PWM 调光提供了第二种方法，可将 DIM2 端连接到可选 NFET（VT1）的栅极，在标准设计上没有列出 VT1，所以必须为执行 DIM2 的功能添加 VT1。VT1 提供 LED 电流的分流路径，这种小型 NFET 的开启和关闭比 LM3402/3402HV 启闭内置的 NFET 更加迅速，从而为更高频率和更高精度的 PWM 调光信号提供更快的响应时间。但当 LED 关闭时会有满幅电流通过 VT1，会导致较低的效率

DIM2 的逻辑是反相的，因此当 DIM2 为低电平时，LM3402/3402HV 会输出稳定的电流。当 DIM2 处为高电平时，则禁止电流输出。将 DIM2 连接一个固定逻辑高电平则关闭 LED，但不会关闭 LM3402/3402HV。

将 $\overline{\text{OFF}}$ 端口接地，从而将 LM3402/02HV 置于一个低功率关机状态（典型值为 90μA），在正常工作期间，该端口应始终保持在开路状态。

将 DIM 端口悬浮或者接至逻辑高电平，一旦输入电压达到 6V 时，LM3402/3402HV 就开始工作。在输入端已供电，输出未连接任何 LED 阵列的情况下，输出电压将会上升到和输入电压相等。电路的额定输出为 50V（LM3402）或 100V（LM3402HV），此时器件不会受到损坏，然而在稳定状态下，输出电压高于 LED 阵列的预期电压时，则不要连接任何 LED 阵列。一个内置的比较器检测 CS 引脚电压，在该情况下会禁止内置的 NFET 工作。使电路进入一个低功率打嗝模式，用以防止输出端的过压以及电感、内置 NFET 和输入电压源上的热应力。基于 LM3402 驱动 LED 电路如图 4-72 所示。

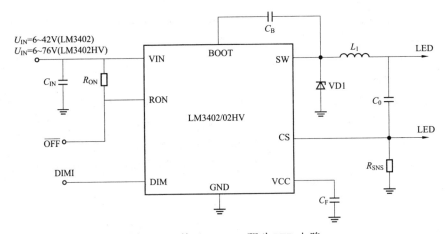

图 4-72　基于 LM3402 驱动 LED 电路

实例 28　基于 LM27952 的 LED 背光照明驱动电路

基于 LM27952 电荷泵驱动 4 个白光 LED 电路如图 4-73 所示，在图 4-73 所示电路中，电荷泵的输入连接至 VIN 引脚，输出连接至 VOUT 引脚。电荷泵有开环和闭环两种工作模式。在开环模式中，VOUT 端的电压等于输入电压乘以增益倍数。当电荷泵工作在闭环模式时，VOUT 端的电压被调节到一个恒定电压值（U_{REG}）。内部电流源控制共正极配置的每个白光 LED 电流，并可通过外部电阻（R_{SET}）对峰值驱动电流进行编程。

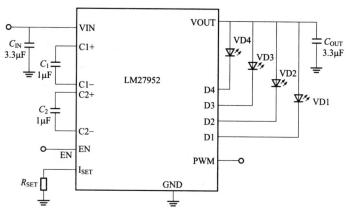

图 4-73 基于电荷泵驱动 4 个白光 LED 电路

LM27952 工作在 1 倍压模式由低压降调节器完成电流调节功能，如图 4-74 所示。误差放大器将 R_2 上的电压（U_2）与基准电压（U_{REF}）进行比较，然后通过串联旁路元件（N 沟道 MOS 晶体管）把白光 LED 电流（I_{LED}）调节到驱动误差信号（$U_{ERR} = U_{REF} - U_2$）所需的值。这个电流值应尽量接近零。U_{REF} 为

$$U_{REF} = I_{SET} \times R_1 \qquad (4-36)$$

式中：$I_{SET} = 1.25U/R_{SET}$。

在恒流白光 LED 驱动器中，误差放大器将 R_2 上的电压（U_2）与基准电压（U_{REF}）进行比较。假设 $U_{REF} = U_2$，则通过每个白光 LED 的电流为

$$I_{LED} = (R_1/R_2) \times I_{SET} \qquad (4-37)$$

但这只有在 $U_{OUT} - U_{LED}$ 的值足够高以避免旁路元件饱和时才适用，事实上，电流源要求一个被称为净空电压（U_{HR}）的最小电压，以提供通过白光 LED 的期望调节电流。净空电压可由一个电阻 R_{HR} 来模拟出，采用电阻 R_{HR} 的模拟曲线如图 4-75 所示。电流源净空电压（U_{HR}）用一个电流等于 I_{LED} 的等效电阻来模拟

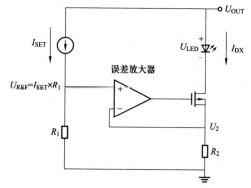

图 4-74 低压降调节器电路

$$U_{HR} = R_{HR} \times I_{LED} \qquad (4-38)$$

另外，可根据白光 LED 正向压降、电流源上的电压以及输入电压来选择增益以维持电流调整状态。这样，在最大范围的输入电压上，器件都能保持工作在效率最高的 1 倍压模式，从而降低电池功耗。

电荷泵的一个重要参数是输出阻抗（R_{OUT}），该参数与电荷泵工作增益有关，由于输出阻抗导致电荷泵输出 U_{OUT} 下降，此电压的下降幅度与电荷泵输出电流成正比，所以损耗参数可被等效为一个电阻。假设电荷泵工作在 1 倍压模式，则 U_{IN} 上的电压非常高，足以用编程电流向所有白光 LED 供电，有

$$U_{IN} \geqslant (4R_{OUT \times 1} \times I_{DX}) + U_{LED(MAX)} + U_{HR} + U_{HYS} \qquad (4-39)$$

电压 U_{HYS} 在 1 倍压到 1.5 倍压和 1.5 倍压到 1 倍压之间跃迁时产生滞后现象，如图 4-76 所示。这种滞后可防止电荷泵因系统参数（U_{IN}、U_{LED} 等）微小变化而不断来回地从一种模式转换到另一种模式，从而得到界限分明的增益跃迁。

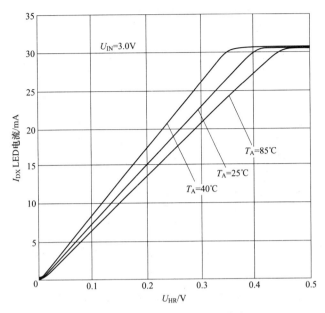

图 4-75　采用电阻 R_{HR} 模拟曲线

图 4-76 所示的滞后特性图显示了针对指定的 U_{IN} 和 I_{LED} 的增益跃迁，若下列条件成立，则该器件将工作在可调节输出电压 U_{REG} 的闭环模式下，U_{REG} 大于 U_{LED}（最大值）及 U_{HYS} 和 U_{HR} 之和，即

$$U_{REG} > U_{LED(MAX)} + U_{HYS} + U_{HR} \tag{4-40}$$

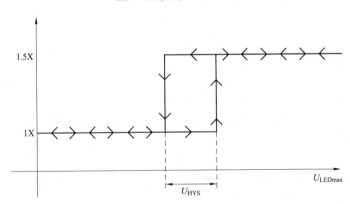

图 4-76　滞后特性图

否则，该器件将工作在开环模式，以允许输出电压跟随输入电压，有

$$U_{OUT} = U_{IN} - (4R_{OUT×1} × I_{DX}) < U_{REG} \tag{4-41}$$

具有 1 倍压的开环模式也称为旁路模式，这种工作模式类似于低压降调节器工作在压降区域时的工作模式。内部电路在电压开始下降时监控所有电流源，此时电流源不再提供编程电流。随着电池电压的降低，具有最大正向电压的 LED 将首先达到压降阈值（dropoutthreshold），即

$$U_{LED(MAX)} = U_{IN} - (4R_{OUT×1} × I_{DX}) - U_{HR} \tag{4-42}$$

当所有的 LED 都达到压降阈值时，LED 驱动器将切换到 1.5 倍压模式，而电荷泵将工作在

输出电压 U_{OUT} 被调节为 U_{REG} 的闭环模式下。只要下列条件成立，器件工作在 1.5 倍压模式下

$$U_{LED(MAX)} > U_{IN} - (R_{OUT×1} × 4 × I_{LED}) - U_{HR} - U_{HYS} \qquad (4-43)$$

当电荷泵工作在 1.5 倍压模式时，U_{IN} 上的电压不足以维持调节输出电压 U_{REG}，于是电荷泵将工作在开环模式，有

$$U_{OUT} = 1.5 × U_{IN} - (R_{OUT×1.5} × 4 × I_{LED}) < U_{REG} \qquad (4-44)$$

输出电压的调节是通过调节开关驱动电路的电源电压来实现的，这样对电荷泵内部的损耗也进行了调节。通过用一个电阻 R_{OUT} 来模拟电荷泵中的损耗，调节电阻 R_{OUT} 将获得期望的输出电压 U_{REG}，即

$$U_{REG} = (G × U_{IN}) - (R_{OUT} × I_{OUT}) \qquad (4-45)$$

$R_{OUT×1.5}$ 和 $R_{OUT×1}$ 分别代表电荷泵为 1.5 倍压模式和 1 倍压模式时的最小输出阻抗，U_{REG}、R_{HR}、$R_{OUT×1}$ 和 $R_{OUT×1.5}$ 的典型值分别为 4.5V、10mV/mA、1Ω 和 3Ω。

假设所有 LED 都是一样的，用于计算效率的输出功率关系为

$$P_{OUT} = 4 × U_{LED} × I_{DX} \qquad (4-46)$$

LED 的驱动效率为

$$\eta = (4 × U_{LED} × I_{DX}) / (U_{IN} × I_{IN}) \qquad (4-47)$$

式中：$I_{IN} = Gain × 4 × I_Q$；I_Q 是 LED 驱动器的电源电流；G 为放大器增益。

图 4-77 给出了一个用步长表示增益跃迁的典型效率图，在典型的效率图中，步长变化代表增益跃迁。但对给定的 LED 电流而言，LED 正向电压可随温度而变化。这意味着尽管 LED 的亮度保持一致，但它们的效率不一样，因为 LED 亮度只和电流有关。

基于自适应电荷泵的 LED 驱动器电路的有关参数为：$U_{LED} = 3.0V$、$I_{DX} = 15mA$、$U_{IN} = 3.7V$，忽略静态电流 I_Q，当电荷泵以 1 倍压模式工作时，输入电流为

$$I_{IN} = 1 × 4 × I_{LED} = 60mA$$

因此，该电路的效率和输入功率为

$$\eta = (4 × U_{LED} × I_{LED}) / (U_{IN} × I_{IN}) \approx 81.1\%$$
$$P_{IN} = 222mW$$

若 LED 的正向电压为 3.3V，则相同电路的效率和输入功率计算为

$$\eta = (4 × U_{LED} × I_{LED}) / (U_{IN} × I_{IN}) \approx 89.2\%$$
$$P_{IN} = 222mW$$

由此可见，虽然电路的效率提高了，但输入功率保持不变。这说明 LED 效率不影响从电池获得的

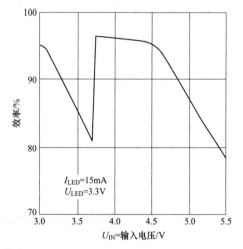

图 4-77 在典型的效率图

功率，而是影响驱动电路的总功耗。因此，效率并不是一个合适的用于评估功耗的优良指数。评估功耗必须考虑输入功率与 LED 亮度（即 LED 电流）的关系，输入功率可真实反映电源为 LED 提供的工作电流。在上述条件下，不论 U_{LED} 等于多少，具有 1.5 倍压模式电路的输入功率等于 333mW。

由于电荷泵变换器的电压增益数量有限，所以根据具体的应用，驱动电路中总是存在一定的功率损耗。因此，为将输入功率减至最小，电荷泵的工作增益应尽可能小，这点非常重要。低 R_{OUT} 和 U_{HR} 使电荷泵能在尽可能宽的输入电压范围工作在 1 倍压模式下。

实例29 基于AS3691的LED背光照明驱动电路

奥地利微电子公司提供的白光LED驱动芯片AS3691非常适合白色和彩色高亮度LED应用，因为它不但能支持极高的电流，还能在确保精度的情况下提供极大的灵活性，提高了效率，且方便易用。AS3691在每块芯片上集成了四个独立的电流源，使之既能驱动每个吸收电流为400mA的四个白光LED，又能驱动一个吸收电流高达1.6A的白光LED。每个LED通道的工作电流能通过一个外置的电阻器进行设置，而LED亮度则可以通过四个独立的脉宽调制输入元件进行控制。

这款IC的绝对电流精准度为0.5%，可实现高精度的亮度设置，并成为支持R.G.BLED背光LCD显示器等复杂彩色管理应用的理想选择。

基于AS3691线性驱动器可以避免LCD显示器应用中由感应升压器衍生的种种典型问题，比如严重电磁干扰或图像抖动。为了优化应用的效率，每个通道都包含一个反馈输出。它可以通过对一个或多个外部电源进行简单的调节，将整体功耗控制在最小范围内，AS3691采用小型QFN4×4封装或定制模式。

AS3691还能搭配各种彩色LED设定，如R.G.G.B或R.G.B.A。其电流输入组件支持15V电压范围，允许高的LED电源电压，且最高电压值仅受整个产品的最高消耗功率所限制，可将整体功耗控制在最小范围内。AS3691驱动LED典型应用电路如图4-78所示。

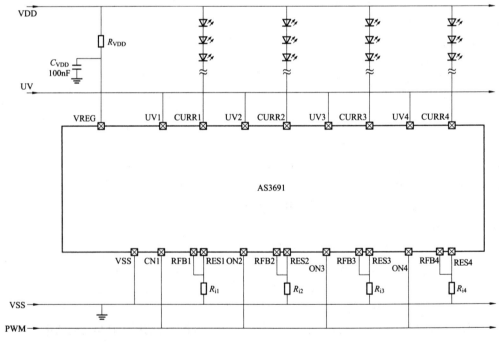

图4-78 AS3691驱动LED典型应用电路

实例30 基于SP761x的LED背光照明驱动电路

Sipex公司推出的SP761x系列低压差线性LED驱动器，由于无需升压，所以外围电路非常简单，不需要电感和电容，仅需一个电阻来设置流过 LED 的电流。基于 SP7611A 和 SP7612 分别驱动 4 只 LED 和 3 只 LED 的应用电路如图 4-79（a）和图 4-79（b）所示，通过两个 GPIO 端口和两个电阻调节背光亮度的电路如图 4-79（c）所示。

在图 4-79（a）所示电路中，SP7611A 是灌电流的 LED 驱动芯片，流过 LED 的电流和设置电阻 R_{set} 上的电流成比例，同时流过 LED 上的电流还和 LED 正向导通压降 U_f 以及 LED 的阴极电压有关。因此，应用 Sipex 公司生产的低压差线性 LED 驱动器的一个重要条件是 LED 的导通压降不可以太高，一般推荐设计中选用导通压降小于或等于 3.2V 的 LED。

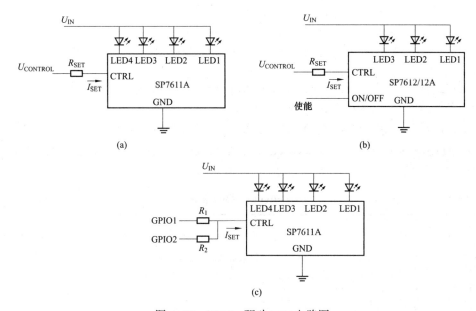

图 4-79 SP761x 驱动 LED 电路图
（a）SP7611A 的背光应用电路图；（b）SP7612/12A 的背光应用电路图；
（c）通过两个 GPIO 端口和两个电阻调节背光亮度电路图

SP761x 系列低压差线性 LED 驱动器的最大优点在于应用简单，外围电路只需一个用来设置电流的电阻。当 LED 阴极到地的电压 $U_{LED} \leqslant 300\mathrm{mV}$ 时，流过 LED 的电流为

$$I_{LED} = 200 \times (U_{CONTROL} - U_{CTRL}) / R_{SET} \tag{4-48}$$

当 LED 阴极到地的电压 $U_{LED} \geqslant 500\mathrm{mV}$ 时，流过 LED 的电流为

$$I_{LED} = 435 \times (U_{CONTROL} - U_{CTRL}) / R_{se} \tag{4-49}$$

式中：200、435 是电流的放大倍数。

从式（4-49）可看出，LED 电流等于流过 R_{SET} 的电流乘以一个放大倍数，而这个放大倍数与 LED 的导通压降有关。图 4-80 所示为 LED 电流的放大倍数跟 LED 的导通压降的关系曲线图。在 SP761x 系列低压差线性 LED 驱动器应用电路设计中，若需要调节 LED 的亮度，可以通过以下多种方式实现 LED 亮度调节。

（1）模拟调节。如图 4-79（a）所示电路，可以调节给定电压 $U_{CONTROL}$ 或电流设置电阻 R_{set} 的大小来调节 LED 电流，达到控制亮度的目的。

（2）数字调节。在电压 $U_{CONTROL}$ 和电流设置电阻给定的情况下，可以通过管脚 CTRL 输入 PWM 信号来调节亮度。PWM 信号可以通过微处理器的 GPIO 口输出，由软件设置 PWM 的占空

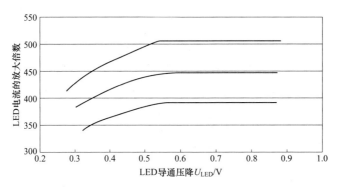

图 4-80   LED 电流的放大倍数跟 LED 的导通压降的关系曲线图

比以达到控制亮度的目的。这个 PWM 信号的最高频率可达 1MHz，但考虑到目前 LED 的响应速度不会超过 10kHz，所以推荐频率为 500Hz~1.5kHz。

（3）通过两个 GPIO 端口和两个电阻，分成 6 个档次来调节 LED 亮度，如图 4-79（c）所示电路。GPIO 端口可以参照表 4-13 来设置，其中 R_1 大于 R_2，具体阻值可以根据实际应用情况来设置。

表 4-13 GPIO 端口的设置表

GPIO 状态		I_{SET}
GPIO1	H	$(U_{\mathrm{CONTROL}}-U_{\mathrm{CTRL}})(R_1+R_2)/R_1 \times R_2$
GPIO2	H	
GPIO1	X	$(U_{\mathrm{CONTROL}}-U_{\mathrm{CTRL}})/R_2$
GPIO2	H	
GPIO1	H	$(U_{\mathrm{CONTROL}}-U_{\mathrm{CTRL}})/R_1$
GPIO2	X	
GPIO1	L	$(U_{\mathrm{CONTROL}}-U_{\mathrm{CTRL}})/R_2-U_{\mathrm{CTRL}}/R_1$
GPIO2	H	
GPIO1	H	$(U_{\mathrm{CONTROL}}-U_{\mathrm{CTRL}})/R_1-U_{\mathrm{CTRL}}/R_2$
GPIO2	L	
GPIO1	L	0
GPIO2	L	
GPIO1	L	
GPIO2	X	
GPIO1	X	
GPIO2	L	

白光 LED 在照明和提供背光源的应用中，通常需要大电流才能提供足够的亮度，因此需要很多数量的白光 LED。传统上有两种组合方案：LED 串联方案和 LED 并联方案。LED 串联方案中的 LED 电流一致，控制简单，但由于要求很高的输出电压，所以必须将输出电压升高。升压方式通常采用电感式升压电路，将低输入电压通过开关式升压变换器转换成高输出电压。这种

方式由于存在开关噪声、功率电感和 EMI，设计难度较大。

并联 LED 采用电荷泵驱动，比串联方案简单，EMI 也比较容易控制。但白光 LED 数目较多，需要多路白光 LED 驱动通道，而现有芯片最多支持 6 个通道，所以要求采用多个芯片，这样将导致电流一致性变差、成本增加。

考虑到以上两种方案的优缺点，串并联方案通常是更好的选择。Sipex 公司的 SP7615/6 系列正是基于这种应用而开发的芯片，它不是传统的电感式升压芯片，也不是基于电容式的电荷泵升压芯片，而是线性降压灌电流型的恒流源芯片。

SP7616 是工作电压为 4.5~30V 的 4 通道恒流线性白光 LED 驱动器，内置均流匹配电路，使每通道之间的电流差异小于 1.5%。SP7616/SP7615 的典型应用电路如图 4-81 所示，SP7616 每通道支持最大 60mA 电流；SP7615 每通道支持最大 126mA 电流。在图 4-81（a）所示的 SP7616 典型应用电路中，如果 $U_{CC} > (N \times U_F + U_{DROP})$，则流过 4 个通道白光 LED 的电流都是恒流且匹配的。其中：N 是每串的白光 LED 数目，由于输入电压最高支持到 30V，所以每串的白光 LED 数量最大支持到 $29/U_F$ 只；U_F 是电流流过白光 LED 时的导通压降；U_{DROP} 是芯片本身的截止电压，也是白光 LED 的阴极到地的电压，它与通过白光 LED 的电流有密切关系，LED 电流与 U_{DROP} 的关系如图 4-82 所示。

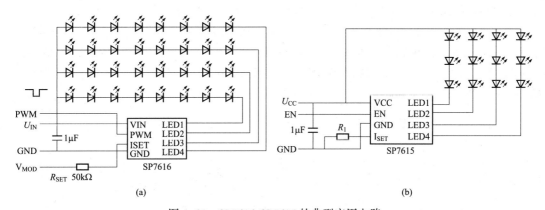

图 4-81　SP7616/SP7615 的典型应用电路
（a）SP7616 典型应用电路；（b）SP7615 的典型应用电路

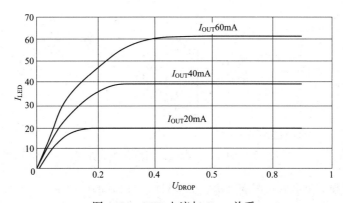

图 4-82　LED 电流与 U_{DROP} 关系

图 4-81（a）所示电路中，R_{SET} 被用来设定每一通道最大电流，$R_{SET} = 1.0V \times 950 / I_{OUT}$；其中

1.0V 是 I_{SET} 脚对地的电平；950 是电流的放大倍数，即流过白光 LED 串的电流是流过 R_{SET} 电流的 950 倍；

图 4-81（a）所示的电路还可以通过 PWM 信号控制 PWM 脚来实现调光，并支持 10%~90% 占空比的 100Hz~5kHz 的 PWM 信号。当某一通道不用时，可以将其短路到地，但 LED2 脚不能短路到地，因为 LED2 是电流设定基准，其他几个通道与 LED2 是镜像电流源的关系。

由图 4-82 可知，U_{DROP} 不能超过 0.9V，所以最大效率 η =（30-0.9）/30=97%。由于是线性的电源方案，所以 U_{DROP} 的大小直接影响损耗，$P_S = U_{DROP} \times I_{OUT}$。因此当设计该电路时，在满足能驱动白光 LED 串的前提下尽量让 U_{DROP} 低一些，即输入电压不能太高以减小芯片上的电压损耗，并通过在 PCB 上覆铜来解决芯片的散热问题，以免过热。

从图 4-81（a）所示电路中可以看出，该方案是线性降压方案，SP7616 内置电流匹配电路，不存在开关信号，没有电感，具有成本低、效率高、设计简单的优势。此方案可广泛应用于 14# 以下 LCD 背光，从而取代传统的 DC/AC 的 CCFL 背光方案。

如果每个通道需要更大的电流，可以选用 Sipex 公司的 SP7615。SP7615 是工作电压为 4.5~ 16V 的、每通道最大电流为 126mA 的 4 通道恒流源白光 LED 驱动器，典型应用电路如图 4-81（b）所示。SP7615 工作原理和设计方法跟 SP7616 类似，只是每通道电流最大可到 126mA。

某些特殊的应用领域要求串联更多的 LED，这就需要更高的工作电压，针对这类应用 Sipex 也推出了相应的解决方案，即 U_{CC}、U_{IN} 采用独立供电方式如图 4-83 所示。U_{CC} 为芯片正常工作的电源，U_{IN} 供电实现白光 LED 的恒流工作。U_{IN} 根据串联白光 LED 的个数和 U_F 来确定，例如，如果串联 12 只白光 LED，当电流等于 40mA、U_F = 3V 时，U_{IN} 大于 36V，考虑到 U_{DROP} 和散热问题，U_{IN} 应采用 37V 电源。

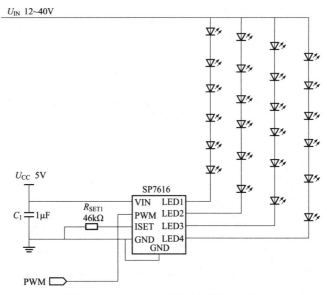

图 4-83　U_{CC}、U_{IN} 采用独立供电方式

U_{CC}、U_{IN} 采用独立供电方式可满足串联更多只白光 LED 的应用要求，此外，如果某些系统无法提供两个独立的电源，则通过稳压管和三极管将 12V 转换为 5V 给芯片供电，如图 4-84 所示。如果系统无法提供高的输入电压，则需要通过升压电路将 U_{IN} 升压到白光 LED 串所需的电压。

图 4-85所示为利用 SP6136 将 9~12V 电压升高到能驱动 8 个白光 LED 电路，此电路可应用于电池供电的便携式电子设备的 LCD 背光，如移动 DVD、数码相机等。

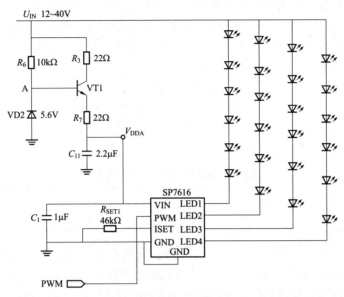

图 4-84　通过稳压管和三极管将 12V 转换为 5V 给芯片供电方式

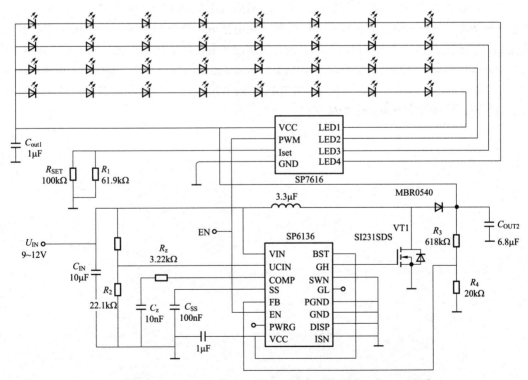

图 4-85　利用 SP6136 将 9~12V 电压升高到能驱动 8 个 LED 电路

总之，SP7615/6 是业界超小尺寸的恒流驱动芯片，采用 2×3mmDFN-8 封装，具有无电感、无电容、无开关噪声、无 EMI、内置均流电路、设计简单、效率高、低成本的优势，能满足驱动大电流白光 LED 的需求。

效率也是 LED 背光应用中比较重要的一个参数，背光效率最准确的算法应该是用消耗在 LED 上的能量除以输入能量。由于 SP761x 系列低压差线性 LED 驱动芯片的工作漏电流非常小（μA 级），所以流过所有 LED 的输出电流可以近似等于输入电流，总体效率等于 LED 的导通压降 U_F 与输入电压（即电池电压 $U_{battery}$）的比值

$$\eta = 100 \times U_F / U_{battery} \qquad (4\text{-}50)$$

基于 SP761x 系列低压差线性 LED 驱动芯片设计 LED 驱动器时，推荐选用导通压降小于或等于 3.2V 的 LED，取 $U_F = 3.2V$，则效率见表 4-14。当电池电压小于 3.6V 时，整体背光效率高于 90%；当电池电压为 4.2V，最低效率也有 76%。

表 4-14　　　　　　　　　　LED 的导通压降 U_f = 3.2V 的效率

效率 $\eta\%$	76	78	80	82.1	84.2	86.5	88.9	91.4	94.1
$U_{battery}$/V	4.2	4.1	4	3.9	3.8	3.7	3.6	3.5	3.4

目前手机用锂电池的工作范围在 3.4~4.2V，大约有 20% 的电池能量集中在 4.2~4.0V，70% 的能量集中在 4.0~3.5V，剩余的 10% 左右的电池能量集中在 3.5V 电压以下区间，因此电池电压从 4.0~3.5V 区间的效率最重要。SP761x 系列的效率为 80%~91.4%，且电池电压越接近 LED 的导通压降，其效率越高。

与升压驱动芯片和电荷泵芯片相比，SP761x 系列低压差线性 LED 驱动芯片的效率并不逊色，并且在电池电压降低的情况下具有更好的性能。在电池电压降低的情况下，SP761x 系列低压差线性 LED 驱动芯片的背光效率反而升高，而升压驱动和电荷泵驱动芯片此时的背光效率将下降。虽然目前升压驱动芯片和电荷泵驱动芯片可以达到 90% 以上的效率，但是整体背光效率在 75%~85%，且需要电感或者电容等储能元件。SP761x 系列低压差线性 LED 驱动芯片的最高具有 90% 以上的效率，整体背光效率可达 85% 左右。

参 考 文 献

1. 周志敏，周纪海，纪爱华 . LED 驱动电路设计与应用［M］. 北京：人民邮电出版社，2006.

2. 周志敏，周纪海，纪爱华 . LED 驱动电路设计实例［M］. 北京：电子工业出版社，2007.

3. 周志敏，周纪海，纪爱华 . LED 照明技术与应用电路［M］. 北京：电子工业出版社，2009.

4. 周志敏，纪爱华 . LCD 背光源驱动电路设计及应用［M］. 北京：人民邮电出版社，2009.

5. 周志敏，纪爱华 . LED 照明技术与工程应用［M］. 北京：中国电力出版社，2009.

6. 周志敏，纪爱华 . LED 驱动电源设计 100 例［M］. 北京：中国电力出版社，2009.

7. 周志敏，纪爱华 . 太阳能 LED 路灯设计与应用［M］. 北京：电子工业出版社，2009.

8. 周志敏，周纪海，纪爱华 . LED 驱动电路设计实例［M］. 北京：电子工业出版社，2007.

9. 周志敏，周纪海，纪爱华 . LED 照明技术与应用电路［M］. 北京：电子工业出版社，2009.